高职高专"工作过程导向"新理念教材　计算机系列

Linux服务器配置与管理项目化教程

王宝军　编著

清华大学出版社
北京

内 容 简 介

本书精选了一个典型中小型企业网络信息服务项目,将其优化为 8 个学习领域的教学项目。其中,项目 1 主要让读者掌握企业网络信息服务项目的工程概况、需求分析、项目规划以及服务平台的部署;项目 2~项目 8 为整个项目实施而划分的 7 个子项目,包括 DHCP、DNS、Web、FTP、E-mail、VPN、CA 服务器的配置与管理,项目 8 还包含了 CA 在基于 SSL 安全 Web 服务中的应用、Linux 防火墙的配置与管理等。每个网络服务项目都从知识预备与方案设计到 Linux 平台下实施配置,再到深入配置与维护,由浅入深、从易到难、层层递进地组织教学内容,便于理实一体化教学的实施。

本书还提供了 3 个实用的附录。其中,附录 A 浓缩了 Linux 系统管理基础知识和基本操作;附录 B 提供了 3 个内容较复杂的配置文件详解;附录 C 提供了经过简化的项目文档。

本书可作为高职计算机类专业的教材,也可作为读者自学自练的参考用书。

图书在版编目(CIP)数据

Linux 服务器配置与管理项目化教程/王宝军编著. —北京:清华大学出版社,2020.1(2022.1重印)
高职高专"工作过程导向"新理念教材——计算机系列
ISBN 978-7-302-54587-3

Ⅰ.①L… Ⅱ.①王… Ⅲ.①Linux 操作系统-高等职业教育-教材 Ⅳ.①TP316.89

中国版本图书馆 CIP 数据核字(2019)第 296146 号

责任编辑:孟毅新
封面设计:傅瑞学
责任校对:赵琳爽
责任印制:宋 林

出版发行:清华大学出版社
  网 址:http://www.tup.com.cn,http://www.wqbook.com
  地 址:北京清华大学学研大厦 A 座   邮 编:100084
  社 总 机:010-62770175   邮 购:010-62786544
  投稿与读者服务:010-62776969,c-service@tup.tsinghua.edu.cn
  质量反馈:010-62772015,zhiliang@tup.tsinghua.edu.cn
  课件下载:http://www.tup.com.cn,010-83470410
印 装 者:北京鑫海金澳胶印有限公司
经 销:全国新华书店
开 本:185mm×260mm   印 张:19   字 数:427 千字
版 次:2020 年 3 月第 1 版   印 次:2022 年 1 月第 2 次印刷
定 价:56.00 元

产品编号:083341-01

前　言

企业网络信息化是当前最为活跃的技术应用领域之一。在已构建的企业网络硬件基础上配置各种网络服务,是为企业网络提供丰富、实用、完整的信息服务乃至整个企业信息化的基础性工作,也是计算机网络技术、计算机信息管理等专业高技能应用型人才必须掌握的重要职业能力之一。

根据高等职业教育的特点和专业人才的规格和定位,作者结合长期教学实践以及专业建设与改革经验,本着注重技能训练、追求实用创新的总体思想,摒弃传统以学科体系为主线的内容组织方式,采用“项目引导、任务驱动”的方式组织教学内容。作为架设各种网络服务的操作系统平台,Linux 是主要运行在基于 x86 架构计算机上的典型多用户、多任务网络操作系统,也是一套免费使用和自由传播的类 UNIX 操作系统,其完善的内置 TCP/IP 网络和通信功能、众多的优良特性和极高的性价比使之得以广泛应用,特别是在企业网络服务器以及云计算、大数据平台的架构等领域占据着明显的优势和日益增多的市场份额。因此,Linux 服务器配置与管理、Linux 系统应用等课程是几乎所有高职计算机网络技术及相关专业为培养学生核心职业能力而开设的专业必修课程,作者特为此编著了这部删繁就简、弃旧图新、浅显实用的《Linux 服务器配置与管理项目化教程》。

本书精选了一个典型中小型企业网络信息服务项目,将其优化为 8 个学习领域的教学项目。其中,项目 1 主要让读者掌握企业网络信息服务项目的工程概况、需求分析、项目规划以及服务平台的部署;项目 2~项目 8 为整个项目实施而划分的 7 个子项目,包括 DHCP、DNS、Web、FTP、E-mail、VPN、CA 服务器的配置与管理,项目 8 还包含了 CA 在基于 SSL 安全 Web 服务中的应用、Linux 防火墙的配置与管理等。每个网络服务项目的配置采用目前流行的 CentOS 系统为平台,同时对采用其他 Linux 版本配置时的不同之处给予特别提示。作为岗位能力和职业素质培养并举的学习项目,每个项目具体实施时都从简明的知识预备与方案设计开始,并以精细到每一条命令、每一次操作、每一处提醒注意的“手把手”方式,教会读者完成网络服务最基本的架设,然后启发读者对网络服务实施更深入的配置与维护。在各项工作任务的驱动下,由浅入深、从易到难、层层递进地组织教学内容。读者只要仔细阅读教材并按给定的步骤操作,就可以在普通网络实训条件下顺利完成这些网络服务器配置与管理项目的实施,从"做到"所收获的喜悦和成就感中"学到"相关知识,领会操作要领,进而懂得举一反三。

对于学习过 Linux 操作系统基础课程的学生,本课程建议学时数为 60～70;对于零基础的学生,则建议学时数为 80～90。为顾及不同基础的读者学习本课程之用,附录 A 中浓缩了 Linux 系统管理基础知识和基本操作(部分内容在项目 1 中介绍),既可使 Linux 初学者能顺利地开始学习网络服务配置项目的实施,还为具有一定基础的读者提供常用命令的速查工具;附录 B 详解了 3 个内容较复杂的配置文件,为读者进一步深入学习提供帮助。在课堂教学组织实施时,建议采用项目分组方式的"理实一体"教学模式,每个项目组可由 5～7 人组成,并且具备模拟实际企业网络信息服务项目配置的实训环境,各项目组成员可以扮演项目执行经理、安全评估顾问、信息技术顾问、系统管理员等不同角色,通过项目的具体实施过程将"教、学、做"融于一体。课程的考核评价建议以项目实施情况的过程化考核为主,结合一定比例的理论知识考试以及课后完成的项目文档评价。为此,附录 C 提供了经过简化的项目文档,包括项目规划书、7 个子项目的实施报告以及个人工作总结,用以锻炼读者撰写项目文档的能力,也为教学提供参考。

本书虽是一部专为高职计算机类专业培养企业网络信息服务配置与管理这一核心职业技能而量身定做的教材,但同样也适用于中专、中职计算机类专业教学,并且也非常适合对架设 Linux 服务器有兴趣的读者自学自练。本书的特点可以概括为:以实际项目引领、工作任务驱动的方式组织内容;便于模拟项目组采用角色扮演方法实施课堂教学;所有项目均可在普通的网络实训条件下顺利实施。

本书由浙江交通职业技术学院王宝军编著,江锦祥主审。在本书的编著及有关项目的方案设计与实施过程中,得到了浙江交通职业技术学院江锦祥、戎成、王永平等老师的热情帮助,他们以渊博的学识和丰富的教学实践经验,对书中内容的构思提出了许多宝贵建议;同时,编著者还参考了相关内容的多部优秀教材和专著,并获得了许多写作灵感,受益匪浅。在此,向各位老师和作者一并表示诚挚的感谢。

由于编著者水平所限,书中难免有不足之处,恳请读者不吝指正。

编著者

2020 年 1 月

目　录

项目 1　网络服务项目规划与平台部署

能力目标

- 能根据企业需求合理规划和设计企业网络信息服务总体方案。
- 能正确安装 Linux 并设置网络环境,部署企业信息服务平台。
- 具备 Linux 字符界面下进行基本操作、引导配置与系统管理的能力。

知识要点

- 企业网络信息服务的基本概念与作用。
- 规划和设计企业网络信息服务总体方案的基本内容。
- Linux 系统的起源、特点、引导过程和用户界面。

1.1　企业网络信息服务项目规划

1.1.1　企业信息化需求分析

1. 企业内部网概述

随着 WWW 服务的日益增长和浏览器的广泛使用,计算机技术人员开始考虑将成熟可靠的 Internet(因特网)技术,特别是 WWW 服务与企业内部的局域网结合起来,于是,一种特殊的内部网络 Intranet 出现了。

Intranet 又称企业内部网,是由于在企业的局域网内部采用了因特网技术而得名的。事实上,Intranet 指的是私人、公司或企业内部网络上为用户提供信息的任何基于 TCP/IP 的网络。例如,利用公司安装的 Web 服务器,内部员工间可以发布公司业务通信、销售图表及其他公共文档,公司员工使用 Web 浏览器可以访问其他员工发布的信息。因此,Intranet 对内可提供一个灵活、高效、快速、廉价、可靠的信息交流、信息共享和企业管理的理想环境,对外又可以全面展示企业形象、宣传和发布产品信息、保持与客户的密切联系,真正实现企业管理的电子化、科学化和自动化,大大提高工作效率。

1997 年年初,正当 Intranet 热潮到来之际,Extranet 又成为最火爆的新概念之一。Extranet 一词来源于 Extra 和 Network,可理解为企业外部网。Extranet 是一种以简单、安全、有效的形式扩展 Intranet 的解决方案。企业外部网可看作企业网络的一部分,它采用防火墙技术来隔离企业的保密信息,使企业的重要客户和贸易合作伙伴能获取以前只供内部网中员工使用的重要信息。Intranet 关心的主要问题是如何组织企业内部的信息、信息交流和信息共享,而 Extranet 主要关心的是如何保持核心信息数据的安全。

在企业内部网络中,网络服务器是网络环境下为客户提供某种服务的专用计算机,其规划是否合理,会直接影响整个网络的性能,进而影响整个网络架构项目的成败。规划网络服务器除了要考虑硬件选型、IP 地址规划等问题外,还要合理选择网络服务器操作系统平台。主流的服务器操作系统主要有 Windows Server、UNIX、Linux 和 NetWare 等,而对于中小企业网络来说,目前使用的主要是 Windows Server 和 Linux 操作系统。

2. 项目背景与需求分析

总部位于杭州的新源公司是一家主营高品质汽车功放、分频器、滤波器和电源转换器等系列产品的中小型民营企业,下设有行政部、开发部、财务部、销售部等部门,并计划近期在上海组建分公司。近几年来,随着公司业务的迅速发展,公司规模不断扩大,员工数量已从早期的十几人增加至目前的 200 多人,总部的工作站数量已有近 150 台,预计分公司的工作站数量有 50 多台,部分员工使用笔记本电脑。预计在未来 3～5 年,这个数字还会有一定幅度的增加。

目前公司总部已建设好局域网,各个局域网通过千兆光纤接入 Internet,分公司在建设初期仅通过 ADSL Modem 接入 Internet。该公司迫切希望通过实施信息化建设项目,将分散的 IT 基础结构整合成一个完善的企业级网络。员工不仅可以通过整合后的平台进行便利的信息沟通、实名访问因特网,还可以透明地访问所有的公司资源。公司还要求网络支持远程访问,使上海分公司的员工能通过 VPN 访问总部的各个服务器,实现共享资源。

当然,这一切要在确保安全的前提下获得,同时还要便于管理,满足不断扩充的网络需求,具体需求如下。

(1) 使用全新的 x86 架构服务器,系统平台为 Windows Server 2008 和 Linux。

(2) 统一规划各服务器的 IP 地址,客户端能够动态获取 IP 地址。

(3) 架构多个 Web 站点,实现企业信息的共享、交流与沟通平台。

(4) 能够方便、安全地实现企业文件资源管理和共享。

(5) 为每个员工配置邮箱,员工之间可以互通电子邮件。

(6) 支持企业网络的远程访问,实现总部与分公司协同办公。

(7) 充分考虑企业信息特别是电子商务的安全,防范病毒和非法入侵。

1.1.2 项目总体规划与设计

1. 设计项目网络拓扑结构

根据对新源公司网络信息化建设的需求分析,设计该公司网络信息服务项目拓扑结构如图 1-1 所示,这也是一个典型中小型企业网络信息服务项目的网络拓扑结构。

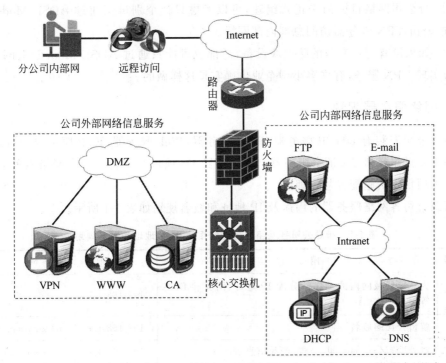

图 1-1   新源公司网络信息服务项目网络拓扑结构

其中,DMZ(Demilitarized Zone,非军事化隔离区)是一个位于内网和外网之间的特殊区域,通常用于放置公司对外开放的服务器,如 Web 服务器、VPN 服务器、CA 服务器等。事实上,DMZ 就是一个网络,但是为什么需要 DMZ 这个单独的网络,而不把这些服务器直接放在公司的内网中呢?

从技术的可能性上来说,对外网发布的服务器放置在内网中也是可以的,但这样做并非最佳选择,因为内网中还有其他计算机,这些计算机和对外发布的服务器在安全设置上可能并不相同。例如,有些服务器并不开放给外网用户访问,财务室人员使用的计算机会要求有更严格的安全防护。如果把对外发布的服务器与这些计算机一起放在内网中,对访问控制权限的设置是不利的,一旦对外发布的服务器出现安全问题,有可能危及内网中其他计算机的安全。因此,比较安全的解决方法是把对外发布的服务器放在一个单独的隔离网络中,管理员可以针对隔离网络进行有别于内网的安全配置,这样做显然有利于提高企业网络的安全性。

由于本书的重点是让读者学会在 Linux 平台下配置与管理各种常规网络服务,便于模拟项目分组和角色扮演的"理实一体"模式实施教学。因此,作为学习项目,在有限的网络实训条件下,也可以把上述网络信息服务项目的拓扑结构做如下简化。

(1)仍然把 Web 服务器、VPN 服务器、CA 服务器与其他服务器一起放置在同一个网络(即企业内网)中。

（2）分公司网络目前尚未正式组建，可以考虑只让个别员工通过 ADSL Modem 上网，通过公司 VPN 服务器访问总部内部网络。

（3）如果没有配置专门的防火墙设备，总部也可能只通过 ADSL Modem 上网，使用单网卡实现 VPN 服务，有许多小型企业也确实是这样做的。

2. 网络服务器规划

新源公司安装有 DHCP 服务器、DNS 服务器、Web 服务器、FTP 服务器、E-mail 服务器、VPN 服务器和 CA 证书服务器。本书项目 2～项目 8 中将这 7 个网络服务器分解为各个子项目来实施配置与管理。

新源公司各网络服务器的用途及 IP 地址和域名规划如表 1-1 所示。

表 1-1　新源公司各网络服务器的用途及 IP 地址和域名规划

服务器	用　　　途	IP 地址	域　　名
DHCP	为总部局域网内的工作站分配 IP 地址、网关和 DNS 等信息	192.168.1.1	
DNS	解析公司的域名	192.168.1.1	dns.xinyuan.com
Web	对外发布公司的新闻、公告、产品信息等	192.168.1.2	www.xinyuan.com
FTP	提供文件传送服务，让公司员工可以下载和上传各种公司内部的文件和资料	192.168.1.4	ftp.xinyuan.com
E-mail	提供公司员工之间相互收发电子邮件的服务	192.168.1.3	mail.xinyuan.com
VPN	提供虚拟专用网服务，实现总部与分公司互联互通，使总部与分公司就像一个大的内部局域网一样	192.168.1.2	
CA	数字证书验证中心（Certification Authority，CA）主要负责产生、分配并管理所有参与网上交易的实体所需的身份验证数字证书	192.168.1.2	

至此，读者可以根据企业需求，考虑分组实训的条件，对企业网络信息服务项目进行规划和设计，并撰写项目规划书。如果各项目组拥有的服务器数量不够，还可以进一步把多个不同的网络服务架设在同一台服务器上。在项目 2～项目 8 中每个网络服务器配置项目实施完成后，都要求撰写一份项目实施报告，以锻炼读者撰写项目文档的能力。简化的项目规划书、项目实施报告和个人工作总结参考附录 C。

注意：Windows Server 2008/2012、RHEL/CentOS Linux 等操作系统是目前流行的网络信息服务平台。在实际企业中，各种网络服务器也可以架设在不同操作系统平台上，但本书仅介绍 Linux 平台下各种常规网络服务的配置与管理，并且主要以 CentOS 为蓝本，同时对 Red Hat、Fedora 和 RHEL 版本中某些不同之处会加以说明。在进行各种网络服务实施配置之前，本项目首先来了解 Linux 及其引导过程，并进行系统的安装和网络服务平台的部署。

1.2　认识 Linux 及其安装过程

1.2.1　Linux 的起源与特点

1. Linux 的起源

在 20 世纪 70 年代,UNIX 操作系统的源程序大多是可以任意传播的。Internet 的基础协议 TCP/IP 就产生于那个年代。在那个时期,人们在创作各自的程序中享受着从事科学探索、创新活动所特有的那种激情和成就感。那时的程序员并不依靠软件的知识产权向用户收取版权费。

1979 年,AT&T 宣布了 UNIX 的商业化计划,随之出现了各种二进制的商业 UNIX 版本。于是就兴起了基于二进制机读代码的版权产业(Copyright Industry),使软件业成为一种版权专有式的产业,围绕程序开发的那种创新活动被局限在某些骨干企业的小圈子里,源码程序被视为核心"商业机密"。一方面,这种做法产生了大批商业软件,极大地推动了软件业的发展,诞生了一批软件巨人;另一方面,由于封闭式的开发模式,也阻碍了软件业的进一步深化和提高。由此,人们为商业软件的 Bug 付出了巨大的代价。

1984 年,理查德・马修・斯托曼(Richard Matthew Stallman)面对程序开发的封闭模式发起了一项关于国际性源代码开放的 GNU 计划(gnu 是产自南非的外形像牛一样的大羚羊,故称牛羚),力图重返 20 世纪 70 年代基于源代码开放来从事创作的美好时光。为了保护源代码开放的程序库不会再度受到商业性的封闭式利用,斯托曼创立了自由软件基金会(Free Software Foundation),制定了一项 GPL 条款,称为 Copyleft 版权模式。GNU 是 Gnu's Not UNIX 的递归缩写,类似于 UNIX 且是自由软件的完整操作系统,即 GNU 系统,后来将各种使用 Linux 为核心的 GNU 操作系统都称为 GNU Linux。斯托曼最大的影响是为自由软件运动树立道德、政治及法律框架,后来被誉为美国自由软件运动的精神领袖。

1987 年 6 月,斯托曼完成了 11 万行源代码开放的编译器(GNU gcc),获得了一项重大突破,为国际性源代码开放作出了极大的贡献。

1989 年 11 月,Tiemann M 以 6000 美元开始创业,创建了专注于经营 Cygnus Support 源代码的开放计划(注意,Cygnus 中隐含着 GNU 的 3 个字母)。Cygnus 是一家专营源代码程序的商业公司。Cygnus 编译器的客户中有许多是一流 IT 企业。

1991 年 11 月,芬兰赫尔辛基大学一位名叫林纳斯・本纳第克特・托瓦兹(Linus Benedict Torvalds)的学生写了一个小程序,取名为 Linux,放在 Internet 上。他最初是希望开发一个运行在基于 Intel x86 系列 CPU 的计算机上、能代替 Minix 的操作系统"内核"。这完全是一个偶然事件,但出乎意料的是,Linux 刚一出现在 Internet,便受到广大 GNU 计划追随者的喜欢,他们很快将 Linux 加工成了一个功能完备的操作系统,叫作 GNU Linux。可以说,Linux 内核的横空出世与 GNU 项目成为天作之合,而现在人们习惯把这个完全免费和开源的 GNU Linux 操作系统简称为 Linux,事实上是不够确切和完整的。

从此,在斯托曼和托瓦兹等一批前辈们的精神感召下,无数人接受了开源(Open Source,开放源代码)的思想和理念,兴起了开源文化运动。1994 年 3 月,Linux 1.0 内核发布,也可以说是一种正式的独立宣言,Linux 转向 GPL 版权协议。此后 Linux 的第一个商业发行版 Slackware 也于同年问世。

1995 年 1 月,Bob Young 创办了 Red Hat(红帽)公司,它以 GNU Linux 为核心,集成了 400 多个源代码开放的程序模块,开发出一种冠以品牌的 Linux,即 Red Hat Linux,称为“Linux 发行版”,在市场上出售。这在经营模式上是一个创举。Bob Young 称:“我们从不想拥有自己的‘版权专有’技术,我们卖的是‘方便’(给用户提供支持和服务),而不是自己的‘专有技术’。”源代码开放程序促使各种品牌发行版出现,极大地推动了 Linux 的普及和应用。

1996 年,美国国家标准技术局的计算机系统实验室确认由 Open Linux 公司打包的 Linux 1.2.13 版本符合 POSIX 标准。1998 年 2 月,以 Eric Raymond 为首的一批年轻的“老 GNU 骨干分子”终于认识到 GNU Linux 体系产业化道路的本质并非是自由哲学,而是市场竞争的驱动,因此创办了 Open Source Initiative(开放源代码促进会),树起了“复兴”的大旗,在 Internet 世界里展开了一场历史性的 Linux 产业化运动。以 IBM 和 Intel 为首的一大批国际性重量级 IT 企业对 Linux 产品及其经营模式的投资及全球性技术支持,进一步促进了基于源代码开放模式的 Linux 产业的兴起。

因此,可以说 Linux 是一个诞生于网络、成长于网络并且成熟于网络的操作系统,没有互联网就没有 Linux,它不是一个人在开发,而是由世界各地成千上万的程序员协同设计和实现的。Linux 之所以受到广大计算机爱好者的喜爱,最根本的原因主要有两个:①Linux 是一套自由软件,用户可以无偿得到它及它的源代码,以及大量的应用程序,而且可以对它们进行任意修改和补充,这对用户学习、了解 UNIX 操作系统的内核非常有益;②它具有 UNIX 操作系统的全部功能,任何使用 UNIX 或想要学习 UNIX 的人们都可以从 Linux 中获益。

2. Linux 的特点

目前 Linux 已经成为主流的操作系统之一。Linux 操作系统之所以在短短几年之内就得到了迅猛发展和不断完善,是与其良好的特性分不开的。Linux 可以支持多用户、多任务环境,具有较好的实时性和广泛的协议支持。同时,Linux 操作系统在服务器、嵌入式等方面获得了长足的发展,在系统兼容性和可移植性方面也有上佳的表现,并在个人操作系统方面有着大范围的应用,这主要得益于其开放性。Linux 可以广泛应用于 x86、Sun SPARC、Digital、Alpha、MIPS、PowerPC 等平台。

相对于 Windows 和其他操作系统,Linux 操作系统以其系统简明、功能强大、性能稳定以及扩展性和安全性高而著称,其主要特性可以归纳为以下几个方面。

(1) 开放性。开放性是指系统遵循世界标准规范,特别是遵循开放系统互联(OSI)国际标准。凡遵循国际标准所开发的硬件和软件,都能彼此兼容,可方便地实现互联。

（2）多用户。多用户是指系统资源可以被不同用户各自拥有，即每个用户对自己的文件、设备等资源都有特定的权限，互不影响。

（3）多任务。多任务是现代操作系统的一个主要特点。它指计算机能够同时执行多个程序，且各个程序的运行互相独立。Linux 系统调度每一个进程平等地使用 CPU。由于 CPU 的处理速度非常快，从 CPU 中断一个应用程序的执行到 Linux 调度 CPU 再次运行这个程序之间只有很短的时间延迟，以至于用户感觉不到，所以从宏观上看好像多个应用程序在并行运行，而微观上看 CPU 是由多个应用程序轮流使用的。

（4）良好的用户界面。Linux 向用户提供了两种界面：用户界面和系统调用。其中用户界面又有字符用户界面和图形用户界面两种。Linux 的传统用户界面是字符界面 Shell。用户可方便地将多条 Shell 命令逻辑地组织在一起，编写成可以独立运行的 Shell 程序。Linux 还为用户提供了图形用户界面，利用鼠标、菜单、窗口、滚动条等设施，给用户呈现了一个直观的、易操作的、交互性强的友好图形化界面。系统调用是提供给用户在编程时可直接调用的命令，为用户程序提供了低级、高效率的服务。

（5）设备独立性。设备独立性也称设备无关性，是指操作系统把所有的外部设备统一当成文件来看待，只要安装这些外部设备的驱动程序，任何用户都可以像使用文件一样来操纵和使用这些设备，而不必知道它们具体的存在形式。Linux 是一种具有设备独立性的操作系统，它的内核具有高度适应能力，而且用户还可以修改内核源代码，以适应新增的各种外部设备。

（6）丰富的网络功能。完善的内置网络和通信功能是 Linux 的一大特点。Linux 提供完善、强大的网络功能主要体现在 3 个方面：①支持 Internet，Linux 为用户免费提供了大量支持 Internet 的软件，使用户可以轻松地实现网上浏览、文件传送和远程登录等网络工作，还可以作为服务器提供 WWW、FTP 和 E-mail 等 Internet 服务，其实 Internet 就是在 UNIX 基础上建立并繁荣起来的；②支持文件传送，用户能通过一些 Linux 命令完成内部信息或文件的传送；③支持远程访问，Linux 不仅允许进行文件和程序的传送，也能为系统管理员和技术人员提供访问其他系统的窗口，使得技术人员能够有效地为多个系统服务，即使那些系统位于相距很远的地方。

（7）可靠的系统安全。Linux 采取了许多安全技术措施，包括对读、写操作进行权限控制，带保护的子系统，审计跟踪和核心授权等，这为网络多用户环境中的用户提供了必要的安全保障。

（8）良好的可移植性。可移植性是指操作系统从一个硬件平台转移到另一个硬件平台后仍然能按其自身方式运行的能力。Linux 能够在微型计算机到大型计算机的多种硬件平台上运行，如具有 x86、SPARC 和 Alpha 等处理器的平台。良好的可移植性为运行 Linux 的不同计算机之间提供了准确而有效的通信手段，而无须增加特殊或昂贵的通信接口。此外，Linux 还是一种嵌入式操作系统，可以运行在掌上电脑、机顶盒或游戏机上。Linux 2.4 内核就已完全支持 Intel 64 位芯片架构，并支持多处理器技术，使系统性能大大提高。

1.2.2　Linux 的版本

Linux 的版本有内核版本和发行版本两种。

1. Linux 的内核版本

严格来说,Linux 本身只定义了一个操作系统内核,其主要作用包括进程调度、内存管理、配置管理虚拟文件系统、提供网络接口以及支持进程间通信。Linux 的内核版本是指在 Linus Torvalds 领导下的开发小组开发的系统内核的版本号。和所有软件一样,Linus Torvalds 和他的小组在不断地开发和推出新内核,其版本也在不断升级。

Linux 的内核版本使用 4 种不同的编号方式。

第 1 种方式用于 1.0 版本之前,包括最初的版本 0.01 至 0.99 以及之后的 1.0。

第 2 种方式用于 1.0 之后到 2.6,由 A.B.C 格式的三个数字组成,其中,A 代表主版本号,它只有在内核发生很大变化时才改变(历史上只发生过两次,1994 年的 1.0 和 1996 年的 2.0);B 代表次主版本号,通常它为偶数时表示是稳定的版本,如 2.2.5,若为奇数则表示有一些新的东西加入,是不稳定的测试版本,如 2.3.1;C 代表较小的末版本号,代表一些 Bug 修复、安全更新、添加新特性和驱动的次数。

2003 年 12 月,Linux 的内核发布了 2.6.0 版本,它在性能、安全性和驱动程序等方面都做了关键性的改进,还支持多处理器配置、64 位计算以及实现高效率线程处理的本机 POSIX 线程库(NPTL)。同时,内核版本的编号使用了第 3 种方式,即 ime-based 格式。这种编号方式在 3.0 版本之前是 A.B.C.D 格式,前两个数字 A.B 即 2.6 在七年多时间里一直保持不变,C 随着新版本的发布而增加,D 代表一些 Bug 修复、安全更新、添加新特性和驱动的次数。

2011 年 7 月发布 3.0 版本之后,编号使用了第 4 种方式,即 A.B.C 格式,虽然看上去类似于第 2 种编号方式,但其中的数字 B 只是随着新版本的发布而增加,不再像第 2 种编号方式那样用偶数表示稳定版本、用奇数表示测试版本,例如,版本 3.7.0 代表的不是开发版,而是稳定版。

2. Linux 的发行版本

有一些组织或商业厂家将 Linux 的内核与外围应用软件及文档打包,并提供一些系统安装界面和系统设置与管理工具,这样就构成了一个发行版本。Linux 的发行版本众多,但都建立在同一个内核基础之上。表 1-2 列出了几款较常见的 Linux 发行版本及其主要特点。

值得一提的是,在众多的 Linux 发行版本中,Red Hat 公司的系列产品相对成熟,也是目前广泛流行的 Linux 发行版。Red Hat 家族有 Red Hat Linux 和针对企业发行的版本 RHEL(Red Hat Enterprise Linux),它们都能够通过网络免费获得并使用,但 RHEL 的用户如果要在线升级(包括补丁)或者咨询服务,就必须付费。2003 年,Red Hat Linux 停止了发布,它的项目由 Fedora Project 取代,并以 Fedora Core(简称 FC)这个名字发行,

表 1-2 常见的 Linux 发行版本及特点

版本名称	网 址	特 点	软件包管理器
Debian Linux	www.debian.org	开放的开发模式,易于进行软件包升级	apt
Fedora Core	www.redhat.com	拥有数量庞大的用户、优秀的社区技术支持,并且有许多创新	up2date(rpm) yum(rpm)
CentOS	www.centos.org	将商业的 Linux 操作系统 RHEL (Red Hat Enterprise Linux)进行源代码编译后分发,并在 RHEL 基础上修正了不少已知的 Bug	rpm
SUSE Linux	www.suse.com	专业的操作系统,易用的 YaST 软件包管理系统开放	YaST(rpm),第三方 apt (rpm)软件库(repository)
Mandriva	www.mandriva.com	操作界面友好,使用图形配置工具,有庞大的社区进行技术支持,并支持 NTFS 分区	rpm
KNOPPIX	www.knoppix.com	可以直接在 CD 上运行,具有优秀的硬件检测和适配能力,可作为系统的急救盘使用	apt
Gentoo Linux	www.gentoo.org	高度的可定制性,使用手册完整	portage
Ubuntu	www.ubuntu.com	优秀易用的桌面环境,基于 Debian 的不稳定版本构建	apt

继续提供给普通用户免费使用。FC Linux 发行版更新很快,半年左右就有新的版本发布,其试验意味比较浓厚,每次发行都有新的功能加入,这些功能在 FC Linux 中试验成功后就加入 RHEL 的发行版中。然而,被频繁改进和更新的不稳定产品对于企业来说并不是最好的选择,所以大多数企业还是会选择有偿的 RHEL 产品。

构成 RHEL 的软件包都是基于 GPL 协议发布的,也就是人们常说的开源软件。正因为如此,Red Hat 公司也遵循这个协议,将构成 RHEL 的软件包通过二进制和源代码两种方式进行发布。这样,只要是遵循 GPL 协议,任何人都可以在原有 RHEL 源代码的基础上再开发和发布。其中,CentOS(Community Enterprise Operating System,社区企业操作系统)就是将 RHEL 发行的源代码重新编译一次,形成一个可使用的二进制版本,或者说是由 RHEL 克隆的一个 Linux 发行版本。这种克隆是合法的,但 Red Hat 是商标,所以必须在新的发行版里将 Red Hat 的商标去掉。Red Hat 对这种发行版的态度是:"我们其实并不反对这种发行版,真正向我们付费的用户,他们重视的并不是系统本身,而是我们所提供的商业服务。"因此,CentOS 可以得到 RHEL 的所有功能,甚至是更好的软件。但 CentOS 并不向用户提供商业支持,当然也不需要负任何商业责任。其实 RHEL 的克隆版本不只 CentOS 一个,还有 White Box Enterprise Linux、TAO Linux 和 Scientific Linux 等。

3. Linux 发行版本的选用

由于 Linux 发行版本众多,许多人会为选用哪个 Linux 发行版本而犯愁,这里给出几点建议,供读者参考。

(1) Linux 服务器系统的选用。如果你不希望为 RHEL 的升级而付费,而且有足够的 Linux 使用经验,RHEL 的商业技术支持对你来说也并不重要,那么你可以选用 CentOS 系统。CentOS 安装后只要经过简单的配置就能提供非常稳定的服务,现在有不少企业选用了 CentOS,比如会议管理系统 MUNPANEL 等。但如果是单纯的业务型企业,还是建议选购 RHEL 并购买相应服务,这样可以节省企业的 IT 管理费用,并可得到专业服务。因此,选用 CentOS 还是 RHEL,取决于你的公司是否拥有相应的技术力量。当然,如果你需要的是一个坚如磐石、非常稳定的服务器系统,那么建议你选择 FreeBSD;如果你需要一个稳定的服务器系统,而且还想深入了解 Linux 各个方面的知识,想自己定制许多内容,那么推荐你选用 Gentoo。

(2) Linux 桌面系统的选用。如果你只是需要一个桌面系统,并不想花钱购买商业软件,又不想自己定制任何东西,也不想在系统上花费太多的时间,那么你可以根据自己的爱好在 Ubuntu、Kubuntu 和 Xubuntu 中选择一款,这三者之间的区别仅仅是桌面程序不同。如果你想非常灵活地定制自己的 Linux 系统,让自己的计算机运行得更加流畅,而不介意在 Linux 系统安装和定制方面多花费时间,那么你可以选用 Gentoo。当然,如果你是初学 Linux 服务配置,希望经过简单配置就能提供非常稳定的服务,也可以选用 CentOS。

除上述选用建议外,实际上还应考虑选用较新的 Linux 内核版本,目前的 Linux 发行版本都已采用 3.x 甚至 4.x 的内核版本了。另外,一个典型的 Linux 发行版还包括一些 GNU 程序库和工具、命令行 Shell、图形界面的 X Window 系统和相应的桌面环境(如 KDE、GNOME 等),并包含数千种办公套件、编译器、文本编辑器、科学工具等应用软件,所以在实际选用时还要考虑你所需的系统开发和应用环境等多种因素。

1.2.3　Linux 安装前的准备工作

Linux 一般会提供从硬盘、CD-ROM、U 盘和网络驱动器安装等多种安装方式。其中,将 U 盘制作成 Linux 安装盘,然后设置计算机从 U 盘启动来安装 Linux 是目前使用较多也较为方便、快速的一种安装方式。因此,在安装之前首先应准备好 CentOS 的系统安装盘,然后根据需求确定将 Linux 安装到计算机上的方式,并收集有关系统信息。

1. 根据需求确定 Linux 的安装方式

根据用户的不同需求,通常可以选择以下三种方式将 Linux 系统安装到计算机上。

(1) 安装成 Linux 虚拟机。对于 Linux 初学者来说,如果你的计算机上已经安装了 Windows 系统,安装 Linux 系统只是为了学习用,又不想从现有硬盘分区中划分出空间专供 Linux 使用,而且你的计算机配置(主要是运算速度和内存容量)比较高,那么可以将

Linux 安装为虚拟机。这种安装方式的过程较为简单,也无须担心对现有系统的影响以及破坏,但要在 Windows 系统中首先安装好虚拟机软件(如 VMware、Virtual PC 等),然后打开虚拟机软件创建好一个新的虚拟机。

(2) 安装成 Linux 和 Windows 的双系统。如果你的计算机已经安装了 Windows 系统,而且空闲的硬盘空间足够大,也不怕做一些比较复杂的硬盘分区工作,又不想删除正在使用的 Windows 系统,则可以让 Linux 与现有的 Windows 系统共存,即安装成双系统。采用这种方式,通常的做法是:①将硬盘上最后一个逻辑盘的数据进行备份;②通过"计算机"→"管理"打开"计算机管理"窗口,选择"磁盘管理",将刚才已备份的逻辑盘删除。一般来说,该逻辑盘是扩展分区中划分出的逻辑盘之一,所以最后还必须使用分区工具(如 PQmagic 等)将该逻辑盘的空间从扩展分区中释放出来成为未分区的空间。

(3) 安装成 Linux 单系统。不管你的计算机上是否已经安装过操作系统,如果你只想把计算机安装成 Linux 单个系统来使用(通常在服务器上都只安装单系统),那就简单多了,你只要让计算机从 Linux 安装盘启动,在安装 Linux 的过程中对整个硬盘进行 Linux 分区即可。

2. 收集和准备计算机系统信息

在 Linux 安装过程中,系统将检测硬件,若无法准确识别硬件设备,则必须手动输入相应的信息。因此,在安装 Linux 系统之前,还应该收集和准备好以下信息。

(1) 硬盘的数量和大小。

(2) 内存的大小。内存的大小将直接影响系统的性能。

(3) 光驱的型号与接口类型。目前市面上的光驱一般分为 SCSI 和 SATA 两种。

(4) 鼠标的类型(PS/2、USB 或 COM)、品牌、型号。

(5) 显卡的型号。最好能够知道显卡所使用的显示芯片名称和显卡内存的大小。

(6) 显示器的型号、规格。

(7) 所使用的网卡是否被支持。如果不支持,则应准备好驱动程序。

(8) 网络配置信息,包括 IP 地址、子网掩码、默认网关和 DNS 服务器地址。

1.2.4 Linux 安装中的难点释疑

由于现在的 Linux 发行版大多采用了类似 Windows 的图形化安装向导,因此安装过程变得非常简单,而且读者通过"百度"等可以搜索到几乎任何一个 Linux 版本的详细安装教程。因此,这里不赘述每一步骤呈现的界面及选项,仅以 CentOS 6.5 为例,介绍 Linux 安装过程中的关键步骤和涉及的相关概念与知识,并对其他 Linux 发行版本安装中某些不同之处做简单的说明。

1. 从 Linux 系统安装盘启动计算机

在完成上述安装前的准备工作之后,将计算机设置成从系统安装盘启动,然后重启计算机。无论采用哪种方式将 CentOS 6.5 安装到计算机上,从 CentOS 6.5 安装盘成功引导后就会出现包含以下 5 个菜单项的画面。

（1）Install or upgrade an existing system：安装或升级现有的系统。

（2）Install system with basic video driver：安装过程中采用基本的显卡驱动。

（3）Rescue installed system：进入系统修复模式。

（4）Boot from local drive：退出安装从硬盘启动。

（5）Memory test：内存检测。

通常只须选择默认的第一个菜单项，就可以进入图形化安装向导。在经过确认是否测试安装介质（一般不需要，直接单击 Skip）、选择安装过程使用的语言、计算机命名（默认为 localhost.localdomain）、时区设置、根账号（即 root 用户）密码设置等步骤后，即进入设置安装类型的步骤，也就是对分区进行布局，这是很多初学者安装 Linux 系统时遇到的第一个难题。

2. 根据需求来布局 Linux 分区

安装类型设置的向导界面如图 1-2 所示。

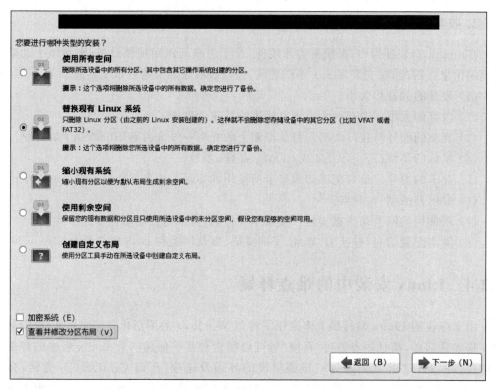

图 1-2　设置安装类型

一般来说，如果直接将计算机安装成 Linux 单系统或者在 VMware 等虚拟机上安装 Linux，可以直接选择"使用所有空间"选项；如果计算机上已安装了 Windows 系统，并且硬盘上已腾出未分区的空间，则可以选择"使用剩余空间"选项来安装成双系统；如果原来已安装过其他版本的 Linux 系统，则可以选择"替换现有 Linux 系统"选项。选择上述选项后,CentOS 会自动按默认的分区方案进行分区,所以对不熟悉 Linux 分区的初学者来说往往使用这些选项来安装 Linux 系统。

默认情况下,CentOS 会在未分区的磁盘空间中划分出两个基本分区:①挂载标志为/的根分区,它是 Linux 固有文件系统所处的位置(类似于安装 Windows 系统所用的 C:),其文件系统类型为 ext4;②挂载标志为 swap 的交换分区,它是用于实现虚拟存储器的交换空间,其文件系统类型为 swap。

注意:对普通用户来说,Linux 的文件系统与 Windows 有很大差别,这也是习惯使用 Windows 的用户转向 Linux 较难理解之处。严格地说,在 Linux 系统中没有"盘"的概念,整个存储系统只有一个根(/),即用于安装 Linux 系统文件的根分区,而所有其他硬盘分区、光盘、U 盘等都作为一个独立的文件系统挂载在这个根目录下的某级子目录(即挂载点)。

交换分区是一个较复杂的概念,它涉及操作系统原理方面的知识,是现代操作系统普遍实现的"虚拟内存"技术。但由于交换分区空间的设置对 Linux 服务器特别是 Web 服务器的性能至关重要,有时甚至可以克服系统性能瓶颈,节省系统升级费用,所以这里对交换分区做一个简单的介绍。

虚拟内存的实现不但在功能上突破了物理内存的限制,使程序可以操纵远大于实际物理内存的空间。更重要的是,虚拟内存是隔离每个进程的安全屏障,使每个进程都不受其他进程的干扰。交换分区的作用可简单描述为:当系统的物理内存不够用时,将物理内存中的一部分空间释放出来,以供当前运行的程序使用。那些被释放的空间可能来自一些很长时间没有什么操作的程序,这些被释放的空间中的数据被临时保存到交换分区中,等到那些程序要运行时,再从交换分区中将保存的数据恢复到内存中。这样,系统总是在物理内存不够时才使用交换分区交换。

需要说明的是,并不是所有从物理内存中交换出来的数据都会被放到交换分区中,有相当一部分数据被直接交换到文件系统。例如,有的程序会打开一些文件,对文件进行读/写(其实每个程序都至少要打开一个文件,那就是程序本身),当需要将这些程序的内存空间交换出去时,就没必要将文件部分的数据放到交换分区,可以直接将其放到文件里。如果是读文件操作,那么内存数据被直接释放,不需要交换出来,因为下次需要时,可直接从文件系统恢复;如果是写文件,只需要将变化的数据保存到文件中,以便恢复。但是那些用 malloc() 和 new() 函数生成的对象数据则不同,它们需要交换分区,因为它们在文件系统中没有相应的储备文件,所以被称作匿名(anonymous)内存数据。这类数据还包括堆栈中的一些状态数据和变量数据等。因此,可以说交换分区是匿名数据的交换空间。

注意:在 Windows 系统中,用户可以在任何一个磁盘中开辟指定的空间作为虚拟内存使用;而在 Linux 系统中,虚拟内存的交换空间是给定的一个独立的特殊分区,即交换分区,因此在安装 Linux 时需要设定其大小,通常是实际物理内存的 1~2 倍。

有 Linux 使用经验的用户往往选择"创建自定义布局"选项,进入手动分区的界面来定制自己的分区方案。除了创建默认需要的根分区(/)和交换分区(swap)外,许多用户还会创建一个 boot 分区,用来存放 Linux 引导所需的文件,其挂载点为/boot,文件系统类型为 ext4,磁盘空间大小一般为 200MB。另外,用户还可以根据需要创建多个用户分区,其空间大小、挂载点可根据用户需要和喜好来设置,就像安装 Windows 时往往会创建诸如 D:、E:等多个用于存放用户数据的逻辑盘。这样做的好处是,用户的文件一般都存放在用户分区的挂载目录下(与系统文件目录分开存放),当系统遇到问题需要修复时,可以保留原来的分区方案进行修复,而不会破坏用户分区存放的文件。

3. 选择安装类型及需要安装的软件

对安装类型进行选择的界面如图 1-3 所示。

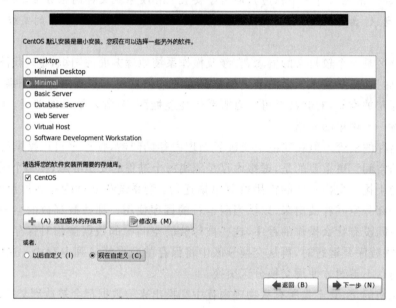

图 1-3　选择安装类型

首先对安装系统的 8 种类型进行选择(默认为最小安装,即 Minimal)。

(1) Desktop:基本的桌面系统,包括常用的桌面软件,如文档查看工具。

(2) Minimal Desktop:基本的桌面系统,包含的软件更少。

(3) Minimal:基本的系统,不包含任何可选的软件包。

(4) Basic Server:基本系统的平台支持,不包含桌面。

(5) Database Server:基本系统平台加上 MySQL 和 PostgreSQL 数据库的客户端,不包含桌面。

(6) Web Server:基本系统平台,加上 PHP、Web Server,还有 MySQL 和 PostgreSQL 数据库的客户端,不包含桌面。

(7) Virtual Host:基本系统加虚拟化平台。

(8) Software Development Workstation:包含的软件安装包较多,主要有基本系统、虚拟化平台桌面环境、开发工具等。

然后选中"现在自定义"单选按钮后单击"下一步"按钮,用户可根据自己的需要,进一

14

步定制需要安装的软件。

    注意：多数流行的 Linux 版本在安装过程中涉及的难点主要是 Linux 分区和软件类型选择，而且安装步骤也与 CentOS 6.5 基本类似（如 Fedora Core、Red Hat 等）。但 CentOS 7 及以后的版本在安装时把用户可以配置的所有项目都集中在如图 1-4 所示的"安装信息摘要"对话框中，包括日期和时间、键盘、语言支持、安装源、软件选择、安装位置、网络和主机名等，用户可以单击相应选项分别进行配置。

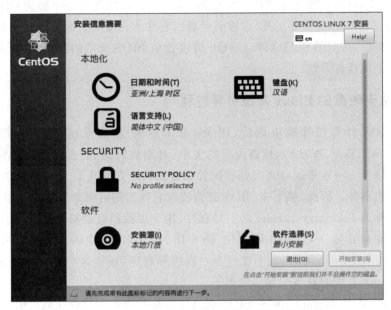

图 1-4　CentOS 7 安装向导的"安装信息摘要"对话框

4. 登录 CentOS

    完成各项安装配置后，单击"开始安装"按钮即可。安装完成后重启计算机，即可进入 CentOS 6.5 的字符登录界面，如图 1-5 所示。

图 1-5　CentOS 6.5 的字符登录界面

    注意：如果在安装过程中用户选择了 Desktop 安装类型，则启动后会直接进入图形桌面的登录界面。在图 1-5 所示的登录界面中，localhost 是默认的计算机名。在 login：后输入用户名（root 是 Linux 默认的超级用户），按 Enter 键后会提示 Password：要求输入密码。Linux 系统中输入密码时是没有任何显示的，不像 Windows 系统中那样会显示 * 号。登录后就会显示登录的时间和终端，tty1 表示第一个字符终端。

15

1.3 使用 Linux 引导配置与用户界面

1.3.1 Linux 的引导过程与引导器

打开计算机并加载操作系统的过程称为引导。Linux 系统有一个称为 GRUB(Grand Unified Boot Loader)的引导工具(也称引导器),它在 Linux 安装时会取代引导扇区中的引导程序。因此,在计算机启动时,GRUB 将接管由 BIOS 交给的控制权,从而引导安装在指定分区上的操作系统。

1. 安装于硬盘的 Linux 系统引导过程

当一台 x86 计算机接通电源后,BIOS(基本输入/输出系统)首先进行加电自检 (Power On Self Test,POST),检查内存的大小、日期和时间、磁盘设备以及它们被用于引导时的顺序等。一般来说,BIOS 都被配置成首先检查光盘或 U 盘等可移动设备,然后再尝试从硬盘引导。因此,接下来 BIOS 就会读取它找到的可引导介质的引导扇区,它包含了一小段称为 Bootstrap Loader 的引导程序,用于加载和启动操作系统。

通常把硬盘的第一个扇区(第 0 柱、第 0 面、第 0 扇区)中的内容称为主引导记录 (Master Boot Record,MBR),它不仅包含一段引导程序,还包含一个硬盘分区表。安装于硬盘的 Linux 系统的具体引导步骤如下。

(1) 从 BIOS 到 Kernel。如果 BIOS 在其他可移动设备中没有找到可引导的介质,那么 BIOS 就会将控制权交给 MBR,而运行 MBR 中的引导程序又会把控制权传递给可引导分区上的操作系统以完成启动过程。有许多引导程序可以使用,例如,Windows NT 系统的引导程序 NTLDR 把分区表中标记为 Active 的分区的第一个扇区(一般存放着操作系统的引导代码)读入内存,并跳转到那里开始执行。而 Linux 系统常用的引导程序有 LILO(Linux Loader)、GRUB 等,现在一般都使用 GRUB,它也是 Linux 默认的引导程序。但 GRUB 的安装位置有以下两种不同的选择,所以从 BIOS 到 Linux 内核引导的过程也略有不同。

① 把 GRUB 安装在 MBR。这种情况下,由 BIOS 直接把 GRUB 代码调入内存,然后执行 GRUB 代码,即引导过程为:BIOS→GRUB→Kernel。

② 把 GRUB 安装在 Linux 分区并把 Linux 分区设为 Active。这种情况下,BIOS 调入 Windows 下的 MBR 代码,然后由这段代码来调入 GRUB(位于活动分区的第 0 个扇区)。即引导过程为:BIOS→MBR→GRUB→Kernel。

注意:MBR 虽然只有 512B,但其中包含了十分重要的操作系统引导程序和磁盘分区表,MBR 损坏将造成无法引导操作系统的严重后果。对于 Linux 来说,无论使用哪种方式启动,都要保证 Kernel 放在 1024 柱面之前,因为在读入及执行 MBR 时,只能用 BIOS 提供的 INT 13 来进行磁盘操作,只有在 Kernel 引导到内存之后才有读/写 1024 柱面之后的数据的能力。

（2）从 Kernel 到 init。首先进行内核初始化，即由 GRUB 引导内核中没有被压缩的部分，以此来引导并解压缩内核的其他部分，并开始初始化硬件和设备驱动程序；然后内核开始执行/sbin/init 程序，生成系统的第一个进程，即 init 进程，它按照引导配置文件/etc/inittab 执行相应的脚本来进行系统初始化，如设置键盘、装载模块和设置网络等。

（3）运行/etc/rc.d/rc.sysinit 及/etc/rc.d/rc 脚本。在根据/etc/inittab 中指出的默认运行级别（如 id:3:initdefault:）运行 init 程序后，将运行/etc/rc.d/rc.sysinit 脚本，执行激活交换分区、检查并挂载文件系统、装载部分模块等基本的系统初始化命令。例如，系统启动进入运行模式 3 后，/etc/rc.d/rc3.d 目录下所有以"S"开头的文件将被依次执行；系统关闭时，离开运行模式 3 之前所有以"K"开头的文件将被依次执行。

🐟 **注意**：/etc/rc.d/init.d 目录下存放了进入 0～6 运行级别需要执行的所有脚本，而每个运行级别各自需要执行的脚本是以符号链接文件的形式分别存放在/etc/rc.d/rc0.d～/etc/rc.d/rc6.d 目录下的，这些符号链接文件均指向/etc/rc.d/init.d 目录下对应的某个脚本。上述有关引导配置文件/etc/inittab 和运行级别（系统状态）的概念及其配置稍后予以详细介绍。

（4）运行/etc/rc.d/rc.local 及/etc/rc.d/rc.serial 脚本。/etc/rc.d/rc 脚本执行完毕，init 将会运行以下两个文件。

① rc.local 脚本。只在运行级别 2、3 和 5 之后运行一次，用户可以把需要在引导时运行一次的程序加入该脚本文件。

② rc.serial 脚本。只在运行级别 1 和 3 之后运行一次，以初始化串行端口。

（5）用户登录。最后在虚拟终端上运行/sbin/mingetty，等待用户登录。至此，Linux 启动结束。引导后系统处于控制台，用户可以使用以下 3 种方法来查看引导信息。

① 按右 Shift+PgUp 组合键翻页查看。

② 运行 dmesg 程序来查看。

③ 浏览/var/log/messages 文件内容。

2. 引导工具 GRUB 及其设备命名

GRUB 是比 LILO 更新、功能更强大的引导程序，也可以说是一个多重启动管理器，专门处理 Linux 与其他操作系统共存的问题。它可以引导的操作系统有 Linux、OS/2、Windows、Solaris、FreeBSD 和 NetBSD 等，其优势在于支持大硬盘、提供开机画面和菜单式选择，并且在分区位置改变后不必重新配置，使用非常方便。较新的各 Linux 发行版本大多采用 GRUB 作为默认的引导程序。

GRUB 支持三种引导方法：①直接引导操作系统内核；②通过 chainload 间接引导；③通过网络引导。对于 GRUB 能够支持的 Linux、FreeBSD、OpenBSD 和 GUN Mach 可以通过直接引导完成，不需要其他引导程序；但是对于 GRUB 不能直接支持的操作系统，需要用 chainload 来完成。

使用 GRUB 时，设备命名的格式是：（设备号，分区号）。

（1）设备号首先用字母指明设备类别，如 hd 表示 IDE 硬盘、sd 表示 SCSI 硬盘、fd 表示软盘等。光驱与磁盘的命名方式相同。紧跟其后再用一位数字表示依照 BIOS 确定的同类设备的编号（从 0 开始），如 hd0 表示第一个 IDE 硬盘、sd1 表示第二个 SCSI 硬盘。

（2）分区号表示相应设备上第几个分区，从 0 开始编号。例如，（hd0,0）表示第一个 IDE 硬盘上的第一个分区；（sd1,2）表示第二个 SCSI 硬盘上的第三个分区。

💠 **注意**：在 Linux 内核文件系统中，每个设备都被映射为一个系统设备文件，这些设备文件都存放在/dev 目录下，所以对设备的命名方式与 GRUB 中有所不同。首先，命名格式上不使用括号，也不用逗号间隔，而是直接将设备号和分区号连在一起；其次，紧跟在设备类别后的一位数字改为用 a、b、c、d 表示同类设备的编号；最后，分区号不是从 0 开始，而是从 1 开始编号，因为一个物理硬盘最多可分为 4 个主分区或扩展分区，所以 1~4 为主分区或扩展分区的编号，从 5 开始以后的编号为逻辑分区（或者说是扩展分区中划分出的逻辑盘）。例如，/dev/hda1 表示第一个 IDE 硬盘的第一个分区；/dev/sdb7 表示第二个 SCSI 硬盘的第三个逻辑分区。

1.3.2　设置 GRUB 菜单及默认运行级别

从 Linux 系统的引导过程可知，用户可以干预或设置的内容主要有以下 3 个方面。

（1）设置 GRUB 菜单。包括可引导的菜单项（通常是操作系统的名称）、默认引导的操作系统和延迟时间。

（2）设置系统默认运行级别（系统状态）。在内核初始化后开始执行/sbin/init 程序，它根据/etc/inittab 中指定的默认运行级别进行系统初始化，因此，可以通过修改/etc/inittab 文件来设置系统启动时的默认运行级别。

（3）设置随系统启动而自动运行的程序。在用户登录之前还会运行/etc/rc.d/rc.local 脚本，如果用户有需要随系统启动而自动运行一次的程序，则可以添加到该脚本文件中。

下面介绍设置 GRUB 菜单和系统默认运行级别（系统状态）的方法。

1. 设置 GRUB 菜单

从 Linux 的引导过程可知，如果把 GRUB 安装在 MBR，则计算机启动后就会直接进入 GRUB 的引导菜单。若用户安装的是 Linux 和 Windows 双系统，那么 GRUB 菜单中就会显示两个菜单项供用户选择，分别用于启动这两个操作系统。当屏幕上显示 GRUB 的菜单后，如果用户在设定的延迟时间内没有进行选择，就会按默认的选项启动对应的操作系统。

这里以安装了 Windows 7 和 CentOS 6.5 的双系统为例，通过修改 GRUB 的配置文件来修改菜单项、默认引导的操作系统和延迟时间。用 vi/vim 文本编辑器打开 GRUB 配置文件/boot/grub/grub.conf，或者编辑该文件的符号链接文件/etc/grub.conf。

```
[root@localhost ~]#vim /boot/grub/grub.conf    //文件内容中以#号开头的为注释行
#grub.conf generated by anaconda
#
#Note that you do not have to rerun grub after making changes to this file
#NOTICE:   You have a /boot partition.   This means that
#          all kernel and initrd paths are relative to /boot/, eg.
#          root (hd0,0)
#          kernel /vmlinuz-version ro root=/dev/mapper/VolGroup-lv_root
#          initrd /initrd-[generic-]version.img
#boot=/dev/sda
default=0                                   //指定默认引导的操作系统
timeout=5                                   //设置延迟时间为 5s
splashimage=(hd0,0)/grub/splash.xpm.gz      //开机画面文件的路径和名称
hiddenmenu                                  //隐藏 GRUB 菜单
title CentOS 6.5 (2.6.32-431.el6.i686)      //菜单上显示的选项
    root (hd0,6)                            //第 1 个硬盘的第 7 个分区
    kernel /vmlinuz-2.6.32-431.el6.i686 ro root=UUID=1747f9fa-9c72-41b9-
888f-fc0a3f96cc9b rd_NO_LUKS KEYBOARDTYPE=pc KEYTABLE=us rd_NO_MD crashkernel=
auto LANG=zh_CN.UTF-8 rd_NO_LVM rd_NO_DM rhgb quiet    //以只读方式载入内核
    initrd /initramfs-2.6.32-431.el6.i686.img    //初始化映像文件并设置相应的参数
title Windows 7
    rootnoverify (hd0,0)                    //第 1 个硬盘的第 1 个分区
chainloader+1                               //装入 1 个扇区数据并把引导权交给它
[root@localhost ~]#
```

两个 title 行分别定义了在 GRUB 菜单上显示的菜单项,按先后顺序编号为 0 和 1。如果在安装 Linux 时没有修改过 GRUB 菜单项,则启动 Windows 的菜单项(即后一个编号为 1 的 title 项)通常是 Other,为了使显示的菜单项更直观、明确,可以将 Other 改为 Windows 7。

default=后面的数字表示默认引导的菜单项编号;timeout=后面的数字表示启动菜单出现后,在用户不做任何操作的情况下,延迟多少时间(以秒为单位)自动引导默认操作系统。因此,要修改默认引导的操作系统和延迟时间,可以分别修改 default 和 timeout 的值。修改完毕保存文件,重启计算机即可。

🖋注意:这里首次用到了 Linux 中著名的文本编辑器 vi/vim,其具体的使用方法可参见附录 A。用户安装 CentOS 6.5 完成并重启计算机后可能并未出现 GRUB 菜单而直接进入了 CentOS 系统,这是因为 grub.conf 文件中的 hiddenmenu 配置项默认是有效的,即隐藏了 GRUB 菜单,用户可以将该配置行加井号注释使其无效。还需要说明的是,稍早前的 Red Hat、Fedora 以及 CentOS 6 等版本的 Linux 系统中使用的都是 GRUB-1.x 版本,而 CentOS 7 及以后(包括较新的 RHEL)都采用了 GRUB-2.x 版本,其配置文件更改为/boot/grub2/grub.cfg,脚本中的配置项格式也略有不同。有关 GRUB 配置文件 grub.conf 以及控制台应用的详解可参阅附录 B。

2. 设置默认运行级别

Linux 把系统关闭、重启、完全多用户模式的命令行界面、图形用户界面等看作系统处于不同的状态,或者说被赋予了不同的运行级别(runlevel),这是 Linux 系统一个特殊的重要概念。Linux 的 init 程序分为两种:UNIX System V 和 BSD init。Red Hat 系列 Linux(包括 CentOS)使用 UNIX System V,其运行级别为 0~6,各运行级别及其含义如表 1-3 所示。

表 1-3 运行级别及其含义

运行级别	含义
0	halt,完全关闭系统
1	单用户模式,系统设置为最小配置,只允许超级用户访问整个多用户文件系统
2	多用户模式,但不支持 NFS,若不连接网络,则与运行级别 3 相同
3	完全多用户模式,允许与网络上的其他系统进行远程文件共享
4	未使用
5	图形模式,启动 X Window 系统和 xdm 程序
6	reboot,重新引导系统

从 Linux 系统的引导过程中可以看出,init 程序根据/etc/inittab 文件中指定的默认运行级别初始化系统。也就是说,Linux 启动后进入命令行界面还是图形用户界面是由/etc/inittab 文件指定的。以下是 CentOS 6.5 中用 vim 编辑器打开并显示的/etc/inittab 文件内容。

```
[root@localhost ~]#vim /etc/inittab
#inittab is only used by upstart for the default runlevel.
#ADDING OTHER CONFIGURATION HERE WILL HAVE NO EFFECT ON YOUR SYSTEM.
#System initialization is started by /etc/init/rcS.conf
#Individual runlevels are started by /etc/init/rc.conf
#Ctrl-Alt-Delete is handled by /etc/init/control-alt-delete.conf
#Terminal gettys are handled by /etc/init/tty.conf and /etc/init/serial.conf,
#with configuration in /etc/sysconfig/init.
#For information on how to write upstart event handlers, or how
#upstart works, see init(5), init(8), and initctl(8).
#Default runlevel. The runlevels used are:
#   0 -halt (Do NOT set initdefault to this)
#   1 -Single user mode
#   2 -Multiuser, without NFS (The same as 3, if you do not have networking)
#   3 -Full multiuser mode
#   4 -unused
#   5 -X11
#   6 -reboot (Do NOT set initdefault to this)
```

```
id:3:initdefault:
[root@localhost ~]#
```

/etc/inittab 文件中配置行的格式为 id:runlevels:action:command,各个字段之间以冒号(:)间隔,其含义如下。

(1) id:配置行标识。用单个或两个字符序列来作为本行的标识,它在此文件中是唯一的,某些记录必须使用特定的 code 才能正常工作。

(2) runlevels:运行级别。指定该记录行针对哪个运行级别(或系统状态)配置。

(3) action:动作。即在某一特定运行级别下执行 command 命令可能的动作或方式,有 initdefault、respawn、wait、once、boot、bootwait、sysinit、powerwait、powerfail、powerokwait、ctrlaltdel、kbrequest 共 12 种。

(4) command:给出相应记录行要执行的命令。

可以看出,CentOS 6.5 的/etc/inittab 中只有 id:3:initdefault:行是有效配置行,它表示 Linux 启动时将系统初始化为运行级别 3,即进入多用户命令行界面。很显然,如果希望启动 Linux 时直接进入图形用户界面,只须将该行中的 3 改为 5,然后保存文件,重启计算机即可。

注意:因为 id:3:initdefault:配置行表示 Linux 系统默认的初始化运行级别(initdefault),所以不需要第 4 个 command 字段给出命令,但最后一个间隔符(:)不可省略。不要把 initdefault 设置为 0 或 6。另外,在 CentOS 7 及以上版本中,设置 Linux 启动时的默认运行级别已不再通过修改/etc/inittab 文件中的 id:3:initdefault:配置行来实现,而是使用以下命令和方法来实现。

```
#systemctl get-default                      //查看默认运行级别
#systemctl set-default multi-user.target    //设置默认运行级别为 3
#systemctl set-default graphical.target     //设置默认运行级别为 5
//也可先删除/etc/systemd/system/default.target 文件再重建链接
//设置默认运行级别为 3
#rm -f /etc/systemd/system/default.target
#ln -sf /lib/systemd/system/multi-user.target /etc/systemd/system
/default.target                             //或使用以下命令
#ln -sf /lib/systemd/system/runlevel3.target /etc/systemd/system
/default.target
//设置默认运行级别为 5
#ln -sf /lib/systemd/system/graphical.target /etc/systemd/system
/default.target                             //或使用以下命令
#ln -sf /lib/systemd/system/runlevel5.target /etc/systemd/system
/default.target
```

1.3.3　使用 Linux 用户界面

操作系统为用户提供了两种接口:一种是命令接口,用户利用这些命令来组织和控制作业的执行或对计算机系统进行管理;另一种是程序接口,编程人员调用它们来请求操作系统服务。命令接口通常又有三种形式:命令行界面(CLI)、图形用户界面(GUI)和文本用户界面(TUI)。作为网络服务器平台的 Linux 系统通常使用命令行界面,很少使用图形用户界面。因此,读者应重点掌握 CLI 的基本使用及操作技巧,对 GUI 的使用只须了解即可,而 TUI 在后续用到时会有提及。

1. Shell 简介

Linux 为用户提供了功能异常强大的命令行界面,称为 Shell。它是用户和 Linux 内核之间的接口,提供了输入命令和参数并可得到执行结果的使用环境。Shell 具有内置的命令集,这些命令也能被系统中其他有效的 Linux 实用程序和应用程序所调用。用户在提示符后输入的命令都由 Shell 先解释,然后传给 Linux 内核。因此,Shell 是使用 Linux 的主要环境,也是学习 Linux 不可或缺的重要部分。

Linux 的 Shell 命令中,有些命令的解释程序是包含在 Shell 内部的,如显示当前工作目录的命令 pwd 等;而有些命令的解释程序是作为独立的程序存在于文件系统的某个目录下的,比如复制命令 cp、移动命令 mv 等。这些单独存放在某个目录下的程序其实也可看作应用程序,可以是 Linux 本身自带的实用程序,也可以是购买的商业程序。Shell 在执行一个命令时,会首先检查该命令是否为内部命令,若不是,则 Shell 会试着在搜索路径(能找到可执行程序的目录列表)里查找该命令的解释程序,如果找到,那么 Shell 的内部命令或应用程序将被分解为系统调用并传递给 Linux 内核;如果找不到,则 Shell 会显示一条错误信息。因此,对于用户来说,并不需要知道一个命令是否为内部命令。

Shell 可以交互式地解释和执行用户的命令,即遵循一定的语法,将输入的命令加以解释并传递给系统内核;同时,Shell 定义了各种变量和参数,并提供了许多在高级语言中才具有的控制结构,如循环和分支语句。Shell 虽然不是 Linux 内核的一部分,但它调用了系统内核的大部分功能来执行程序、创建文档,并且以并行的方式协调各个程序的运行。

Linux 将 Shell 独立于内核之外,使得它如同一般的应用程序,可以在不影响操作系统本身的情况下进行修改、更新版本或添加新的功能。用户登录 Linux 系统时,如果系统默认运行级别被设置为 3,即进入命令行界面,则显示一个等待用户输入命令的 Shell 提示符;如果系统默认运行级别被设置为 5,即自动启动图形用户界面,则可以依次选择"系统工具"→"终端"命令,运行终端仿真程序,在终端窗口的命令提示符下输入 Shell 命令及参数。

Linux 开发商设计了很多种不同的 Shell,以下三种常用的 Shell 在大部分 Linux 发行版中被广泛支持。它们在交互模式下的表现类似,但在语法和执行效率上有所不同。

(1) Bourne Shell(AT&T Shell,在 Linux 下是 Bash)。这是标准的 UNIX Shell,也是 RHEL、CentOS 等多数 Linux 默认使用的 Shell,大多数系统管理命令(如 rc start、stop、shutdown)都是其命令文件,且在单一用户模式下以 root 登录时它常被系统管理员使用。在 Bash 中超级用户 root 的提示符是♯,普通用户的提示符是 $。

(2) C Shell(Berkeley Shell,在 Linux 下是 Tcsh)。这种 Shell 加入了一些新特性,如

别名、内置算术运算以及命令和文件名自动补齐等,对于常在交互模式下执行 Shell 命令的用户会比较喜欢,其默认提示符是%。

(3) Korn Shell。它由 AT&T 的 David Korn 开发,默认提示符也是 $。

2. Shell 命令行格式与操作技巧

Linux 系统中常用的命令行格式如下。

```
命令名［选项］［参数 1］［参数 2］...
```

命令行的各部分之间必须由一个或多个空格或制表符<Tab>隔开。其中,选项采用"-"开头紧跟一个字母的形式,使命令具有某个特殊的功能,有时候一条命令可能需要多个选项的字母,则可用一个"-"后跟多个字母。例如,命令 ls -l -a 可直接写成 ls -la,它们是等价的。

在 Linux 中输入命令时可使用 Shell 提供的许多实用功能,用户掌握这些技巧就可以大大提高命令输入的速度和效率。下面列举几个常用的技巧(前两个使用尤为频繁)。

(1) 轻松调出先前已执行过的命令。有时需要重复执行先前已执行过的命令,或者对其进行少量修改后再执行,这种情况下就可以用↑、↓键来调出先前执行过的命令,或输入少量命令字符后按 Ctrl+R 组合键来快速查找先前执行过的命令(重复按 Ctrl+R 组合键可在整个匹配的命令列表中循环)。

(2) 命令名和文件名自动补全。用户有时候会记不清命令名或文件名的全部,或因名称较长,逐个字母全名输入既麻烦又耗时间,还容易出错,这种情况下可使用命令名和文件名自动补全功能,以提高命令输入的速度和效率。具体地说,就是在输入命令名或命令中某个目录和文件名时,只需输入前几个字符后按 Tab 键,系统就会自动匹配以已输入字符开头的命令名称,或者在指定路径下搜索以已输入字符开头的目录或文件名,若匹配到一个则自动补全,若匹配到多个则显示列表供用户选择一个。下面通过几个实例来说明。

```
[root@localhost ~]#cd /u<Tab>                          //会自动扩展成 cd /usr/
[root@localhost ~]#cd /usr/sr<Tab>                     //扩展成 cd /usr/src/
[root@localhost ~]#cd /usr/src/ker<Tab>                //扩展成 cd /usr/src/kernels/
[root@localhost ~]#cd /usr/src/kernels/<Enter>        //执行后改变了当前目录
[root@localhost kernels]#cd
[root@localhost ~]mkd<Tab>                             //此时会列出所有以 mkd 开头的命令
mkdict mkdir mkdirhier mkdosfs mkdumprd
[root@localhost ~]#mkdir                              //从列表中选择一个输入完整
[root@localhost ~]#rpm -ivh thisis<Tab>   //自动匹配到以 thisis 开头的 RPM 软件包
[root@localhost ~]#rpm -ivh thisisaexample-5.6.7-i686.rpm
[root@localhost ~]#
```

(3) 常用的命令行编辑快捷键。主要有:光标移至命令行首(Ctrl+A)、光标移至命令行尾(Ctrl+E)、删除光标位置至行首的所有字符(Ctrl+U)、删除光标位置至行尾的所有字符(Ctrl+K)、粘贴最后被删除的内容(Ctrl+Y)等。

(4) 使用命令别名。如果需要频繁地使用参数相同的某条命令，可以为这个完整的命令创建一个别名，此后就可以用别名来输入这条命令了。例如：

```
[root@localhost ~]#alias ls='ls -l'       //此后输入 ls 会自动以 ls -l 代替
[root@localhost ~]#alias  -p              //-p 选项用于列出系统当前已定义的命令别名
alias cp='cp -i'
alias l.='ls -d .* --color=auto'
alias ll='ls -l --color=auto'
alias ls='ls -l'                          //此项正是刚才用 alias 命令定义的命令别名
alias mc='. /usr/libexec/mc/mc-wrapper.sh'
alias mv='mv -i'
alias rm='rm -i'
[root@localhost ~]#
```

3. X Window 简介

X Window 系统形成了开放源码桌面环境的基础，它提供了一个通用的工具包，包含像素、明暗、直线、多边形和文本等。X Window 于 1984 年由麻省理工学院（MIT）计算机科学研究室开始开发，当时 Bob Scheifler 正在开发分布式系统，同一时间 DEC 公司的 Jim Gettys 正在麻省理工学院做 Athena 计划的一部分。两个计划都需要一个相同的东西，就是一套在 UNIX 机器上运行优良的视窗系统，于是他们开始合作。他们从斯坦福大学得到了一套名为 W 的实验性视窗系统。因为是以 W 视窗系统为基础开始发展的，所以当发展到足以和原先系统有明显区别时，他们把这个新系统叫作 X。严格地说，X Window 系统并不是一个软件，而是一个协议，它定义了一个系统所必须具备的功能，任何系统只要满足此协议及符合 X 协议的其他规范，便可称为 X。

X Window 是 Linux 下的 GUI，虽然它可以方便和简化系统与网络管理工作，但大部分系统管理员和网络管理员仍喜欢在命令行界面下工作。GUI 是由图标、菜单、对话框、任务条、视窗和其他一些具有可视特征的组件组成的。CentOS 等 Linux 中基于 X Window 的图形界面管理系统主要有 KDE 和 GNOME，这些功能强大的图形化桌面环境可以让用户方便地访问应用程序、文件和系统资源。

4. KDE 与 GNOME

KDE 是在 1996 年 10 月发起的项目，目的是为了在 X Window 上建立一个完整易用的桌面系统，是 TrollTech 公司开发的 Qt 程序库。Qt 本身作为一种基于 C++ 的跨平台开发工具非常优秀，但它不是自由软件。TrollTech 公司允许任何人使用 Qt 编写免费软件给其他用户使用，但是如果想利用 Qt 编写非免费软件，则需要购买他们的许可证。

1997 年 8 月，为了克服 KDE 所遇到的 Qt 许可协议和单一 C++ 依赖的困难，以墨西哥的 Miguel de Icaza 为首的 200 多个程序员开启了 GNOME 项目，经过 14 个月的共同努力完成了项目开发。现在 GNOME 已经成为市场份额较大的 Red Hat 系列 Linux 默认的图形用户界面，拥有大量的应用软件，包括文字处理、电子表格和图形图像处理等软件。

KDE 和 GNOME 都集成了桌面环境,用户看到的窗口界面几乎是一致的,并且都可以用客户程序编辑文档、进行网上冲浪等。现在 KDE 和 GNOME 已成为两大竞争阵营,这必将使得 Linux 的用户界面更加美观易用。对于习惯使用 Windows 用户来说,使用 KDE 和 GNOME 这样的桌面系统并不困难。因此,这里仅介绍 KDE 和 GNOME 的启动,以及它们和字符终端之间的切换等内容。

(1) 启动 KDE 和 GNOME 桌面的命令如下。

```
[root@localhost ~]#kdm              //启动 KDE 图形用户界面
[root@localhost ~]#startx           //启动 GNOME 图形用户界面
[root@localhost~]#
```

🌶 **注意**:Red Hat 系列 Linux(包括 CentOS)的默认桌面是 GNOME,如果用 startx 命令启动的 GNOME 是英文的图形用户界面,可以使用命令 startx /etc/X11/prefdm,即通过加载 prefdm 文件来启动中文的图形界面。

(2) 设置 GNOME 或者 KDE 为默认的启动桌面环境,可以修改/etc/sysconfig/desktop 文件。若 desktop 文件不存在,则创建该文件并输入以下内容。

```
[root@localhost ~]#vim /etc/sysconfig/desktop       //输入以下两行内容
DESKTOP="GNOME"
DISPLAYMANAGER="GNOME"
//若设置 KDE 为默认桌面,则以上两行中的 GNOME 改为 KDE
[root@localhost ~]#
```

(3) 控制台的切换。Linux 是一个真正的多用户操作系统,和 UNIX 一样提供了虚拟控制台(终端)的访问方式,它允许同时打开 6 个字符终端和 1 个图形终端以接受多个不同用户登录,也允许同一个用户在不同终端上进行多次登录。如果用户已登录到某个字符终端下,要切换到另一个字符终端,可以按 Alt+F1~F6 组合键,要切换到图形终端可以按 Alt+F7 组合键;从图形终端切换到某个字符终端,可以按 Ctrl+Alt+F1~F6 组合键。

1.4　部署 Linux 网络服务器平台

在动手配置各种网络服务之前,还需要做一些准备工作,如正确配置 TCP/IP 网络参数、测试网络连通性、检查所需的网络服务软件包是否已完整安装等,这也是日常管理和维护网络正常运行的工作之一。

1.4.1　配置 TCP/IP 网络参数

Linux 的网络功能不仅非常强大和完善,而且与内核紧密结合在一起。不管 Linux 操作系统在 TCP/IP 网络中用作服务器还是客户机,要与其他主机连通并以域名方式使用各种信息服务,首先就要正确配置主机在网络上的主机名、IP 地址、子网掩码、默认网关、DNS 服务器地址等基本网络参数。

1. 设置主机名

如果运行 Linux 系统的主机用作网络服务器,为了能让网络中的其他主机以 Internet 方式访问服务器,主机名一般都采用 DNS 命名方式,即格式为"主机名.域名"。若安装 Linux 时未设置主机名,则默认主机名为 localhost.localdomain。当然,如果 Linux 系统只是个人使用或用作小型网络的客户机,其主机名也可以使用简单的名称。

hostname 命令可用于查看和设置主机名,虽然它可以使设置立即生效,但只能用于临时设置,即重启后无效。如果要让设置的主机名永久有效,可以修改/etc/sysconfig/network 文件中的 HOSTNAME 配置项值。具体操作如下。

```
[root@localhost /]#hostname                      //查看主机名
localhost.localdomain
[root@localhost /]#hostname wbj                  //临时设置主机名为 wbj
[root@localhost /]#hostname
wbj
[root@localhost /]#vim /etc/sysconfig/network    //永久设置主机名
NETWORKING=yes                                   //表示启用网络
HOSTNAME=localhost.localdomain                   //设置主机名
//将 localhost.localdomain 改为 wbj.xinyuan.com 后保存并退出
[root@localhost /]#reboot                        //重启系统并显示如下登录信息
CentOS release 6.5 (Final)
Kernel 2.6.32-431.el6.i686 on an i686
wbj login: root                                  //可见主机名修改已生效
Password:
Last login: Sat Aug 18 10:03:30 on tty1
[root@wbj ~]#                                    //提示符上的主机名已变为 wbj
[root@wbj ~]#hostname                            //查看主机名
wbj.xinyuan.com
[root@wbj ~]#
```

注意:在 CentOS 7 中新增了 hostnamectl 命令,不仅可以显示当前主机名信息,而且使用 hostnamectl set-hostname wbj.xinyuan.com 命令就可以直接将主机名永久设置为 wbj.xinyuan.com。

2. 配置网络接口(网卡)参数

只要在 Linux 系统安装时网络接口卡(NIC,简称网卡)被自动识别,并正确安装了网卡驱动程序,则在/etc/sysconfig/network-scripts 目录下可以看到一个名为 ifcfg-eth$N$ 的配置文件。其中,eth$N$ 为网卡的设备名,N 是数字,如果计算机上只安装有一块网卡,则设备名通常是 eth0。网络接口 eth0 配置文件 ifcfg-eth0 的默认内容如下。

```
[root@wbj ~]#cd /etc/sysconfig/network-scripts
[root@wbj network-scripts]#ls ifcfg*
ifcfg-eth0 ifcfg-lo
//ifcfg-eth0 为网络接口 eth0 的配置文件,ifcfg-lo 为内部回送接口的配置文件
[root@wbj network-scripts]#cat ifcfg-eth0          //查看 eth0 配置文件
DEVICE=eth0                                         //此配置文件对应的设备名称
HWADDR=00:26:2D:FD:6B:5C                            //网卡的物理地址(MAC 地址)
TYPE=Ethernet                                       //网卡的类型
UUID=e662bd32-f9e2-47b0-9cbf-5154aa468931           //系统层的全局唯一标识
ONBOOT=no                                           //系统引导时是否激活该接口
NM_CONTROLLED=yes          //是否使用 NetworkManager 服务来控制接口
BOOTPROTO=dhcp             //激活此接口时使用什么协议来配置属性
[root@wbj network-scripts]#
```

可以看到,ONBOOT 设置为 no,说明网络接口 eth0 没有随着 Linux 系统的启动而被激活;BOOTPROTO 指定为 dhcp,表示激活网络接口时使用 DHCP 协议来获取 IP 地址等网络参数,实际中根据需要还可以设置为 bootp、static 或 none,分别表示使用 BOOTP 协议(用于无盘工作站)、静态分配(即固定 IP 地址)和不使用协议。

这里把 ONBOOT 设置为 yes;NM_CONTROLLED 设置为 no;BOOTPROTO 设置为 static;然后添加配置 IP 地址、子网掩码、默认网关、DNS 服务器地址等网络参数的配置项(以前面规划的新源公司 Web 服务器为例)。具体修改如下。

```
[root@wbj network-scripts]#vim ifcfg-eth0  //编辑 eth0 配置文件
DEVICE=eth0
HWADDR=00:26:2D:FD:6B:5C
TYPE=Ethernet
UUID=e662bd32-f9e2-47b0-9cbf-5154aa468931
ONBOOT=yes                                //系统引导时激活该接口
NM_CONTROLLED=no
BOOTPROTO=static                          //激活时使用静态 IP 地址
IPADDR=192.168.1.2                        //设置 IP 地址
NETMASK=255.255.255.0                     //设置子网掩码
BROADCAST=192.168.1.255                   //设置广播地址(可不设)
NETWORK=192.168.1.0                       //设置网络地址(可不设)
GATEWAY=192.168.1.254                     //设置网关地址
DNS1=210.33.156.5                         //设置主 DNS 服务器地址
DNS2=202.101.172.35                       //设置第二 DNS 服务器地址(可不设)
[root@wbj network-scripts]#
```

注意:在修改网络接口配置文件时,切记不要随意修改默认已有的 HWADDR 配置行内容。HWADDR 后面指定的是网卡的 MAC 地址,也称物理地址或硬件地址,由 48 位二进制数组成,通常用十六进制数且每个字节之间以冒号(:)间隔的格式表示,其中前 24 位表示网卡制造厂家的标识号(Vendor Code),由 IEEE 统一分配;后 24 位是网卡

27

的序列号（Serial Number），由网卡的生产厂家分配。每块网卡都有一个全球唯一的 MAC 地址，在安装网卡驱动程序后系统会自动识别并生成该网卡的配置文件。除了通过修改网卡配置文件设置网络参数外，在 Red Hat、Fedora 和 CentOS 等 Linux 系统中，还可以使用 setup 命令进入如图 1-6 所示的文本用户界面（TUI），选择 Network configuration 菜单项进入 Device configuration 界面来配置 IP 地址、子网掩码、默认网关和 DNS 服务器地址。setup 菜单中的每个菜单项都对应一条命令，如使用 system-config-network 命令即可进入网络配置界面、使用 system-config-firewall 命令即可进入是否启用防火墙设置界面等。事实上有一系列有关系统设置的命令，在命令行界面下输入 system-config-后按 Tab 键就会列出以该字符串开头的命令。另外，使用 ifconfig 命令还可以临时配置网络参数，该命令的具体使用将在稍后予以介绍。

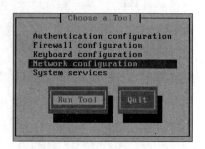

图 1-6　使用 **setup** 命令进入的菜单界面

3. 启动与查看网络接口配置

修改配置文件 ifcfg-eth0 或者使用 setup 命令设置网络接口，都是永久性设置，但设置后并不会立即生效，需要重启网络服务才会生效。用于启动（start）、关闭（stop）、重启（restart）网络的命令和方法主要有以下几种。

```
service network start|stop|restart|status          //方法 1
/etc/init.d/network start|stop|restart|status      //方法 2
ifconfig eth0 up|down                              //方法 3
ifup eth0                                          //方法 4
ifdown eth0
```

其中，前两种方法用于网络服务的启动、关闭、重启（restart 也可以用 reload）和状态查看，是针对所有网络接口操作的；后两种方法用于指定网络接口的启动和关闭。这里还需要对 service 和 ifconfig 这两个最常用的命令做进一步的说明。

（1）service 是启动、关闭、重启服务以及查看服务状态的一个通用命令，后面跟的是服务名称，如 network、smb、named、httpd 等。

（2）ifconfig 类似于 Windows 系统中的 ipconfig 命令，其完整格式中可用参数非常多，这里仅给出实际使用较多的三种典型格式及对应的功能。

```
ifconfig [-a] [eth0]                        //格式 1：查看全部或指定接口配置参数
ifconfig eth0 up|down                       //格式 2：启动或关闭指定接口
ifconfig eth0 address [netmask <address>]   //格式 3：临时配置接口地址
```

下面通过一些实际操作来熟悉上述命令的用法。

```
[root@wbj network-scripts]#cd /
[root@wbj /]#service network start          //启动网络服务
Bringing up loopback interface:[OK]
Bringing up interface eth0: Determining if ip address 192.168.1.2 is already
in use for device eth0...[OK]
//显示的前一行表示内部回送接口启动成功,后一行表示网络接口 eth0 启动并已使用 IP 地址
[root@wbj /]#ifconfig eth0                  //查看 eth0 的参数配置
eth0   Link encap:Ethernet Hwaddr 00:26:2D:FD:6B:5C
       inet addr: 192.168.1.2 Bcast: 192.168.1.255 Mask:255.255.255.0
       inet6 addr: fe80::226:2dff:fefd:6b5c/64 Scope:Link
       UP BROADCAST RUNNING MULTICAST MTU:1500 Metric:1
       RX packets:87 errors:0 dropped:0 overruns:0 frame:0
       TX packets:13 errors:0 dropped:0 overruns:0 carrier:0
       collisions:0 txqueuelen:1000
       RX bytes:5822 (5.6 KiB) TX bytes:1070 (1.0 KiB)
       Interrupt:20 Memory:f2400000- f2420000


[root@wbj /]#service network restart        //重启网络服务
Shutting down interface eth0[OK]
Shutting down loopback interface[OK]
Bringing up loopback interface:[OK]
Bringing up interface eth0: Determining if ip address 192.168.1.2 is already
in use for device eth0...[OK]
[root@wbj /]#ifdown eth0                     //关闭网络接口 eth0
[root@wbj /]#ifconfig eth0                   //请比较与前面显示内容的区别
eth0   Link encap:Ethernet Hwaddr 00:26:2D:FD:6B:5C
       BROADCAST MULTICAST MTU:1500 Metric:1
       RX packets:102 errors:0 dropped:0 overruns:0 frame:0
       TX packets:21 errors:0 dropped:0 overruns:0 carrier:0
       collisions:0 txqueuelen:1000
       RX bytes:6722 (6.5 KiB) TX bytes:1622 (1.5 KiB)
       Interrupt:20 Memory:f2400000- f2420000
[root@wbj /]#ifup eth0                       //启动网络接口 eth0
Determining if ip address 192.168.1.2 is already in use for device eth0...
[root@wbj /]#service network status         //查看网络服务状态
Configured devices:
lo eth0
Currently active devices:
lo eth0 virbr0
[root@wbj /]#
```

🔥 **注意**：虽然目前大多数管理员仍一直在使用 ifconfig 命令来执行检查、配置网卡信息等相关任务,但官方已经多年不再维护和推荐使用,并且有些最新 Linux 发行版中已

29

经废除了包括 ifconfig 在内的一些较陈旧的网络管理命令,取而代之的是功能更强大的 ip 命令。只须使用 ip 命令就可以完成显示或操纵 Linux 主机的路由、网络设备、策略路由和隧道等网络管理任务。下面给出 ip 命令的一般格式和常见用法,以供读者进一步学习。

一般格式如下。

> ip[选项] 对象 {命令|help}

常用选项如下。

-s:打印更多信息(如统计信息 RX/TX errors),可多次使用。

-f:指定协议集(inet/inet6/bridge/ipx/dnet/link),link 不涉及任何协议。

-r:使用系统的名字解析功能打印出 DNS 名字,而不是主机地址。

常用对象如下。

address:设备上的协议(IP/IPv6) 地址。

link:网络设备。

maddress:多播地址。

route:路由表项。

rule:路由规则。

常用命令如下。

在指定对象上执行的动作,包括 add/delete/show/list/help。

使用示例如下。

```
#ip link show                                          //显示网络接口信息
#ip link set eth0 up                                   //启动网卡
#ip link set eth0 down                                 //关闭网卡
#ip link set eth0 promisc on                           //启动网卡的混合模式
#ip link set eth0 promisc off                          //关闭网卡的混合模式
#ip link set eth0 txqueuelen 1200                      //设置网卡队列长度
#ip link set eth0.mtu 1400                             //设置网卡最大传输单元
#ip addr show                                          //显示网卡 IP 地址信息
#ip addr add 192.168.0.1/24 dev eth0                  //设置网卡的 IP 地址
#ip addr del 192.168.0.1/24 dev eth0                  //删除网卡的 IP 地址
#ip route list                                         //查看路由信息
#ip route add 192.168.4.0/24 via 192.168.0.254 dev eth0
//设置 192.168.4.0 网段的网关为 192.168.0.254
#ip route add default via 192.168.0.254 dev eth0      //设置默认网关
#ip route del 192.168.4.0/24                           //删除指定网段的网关
#ip route del default                                  //删除默认路由
```

4. 配置 DNS 和 hosts 域名解析

基于 TCP/IP 的网络中的主机之间都是通过 IP 地址来进行通信的,或者说用户要访问网络上的某台主机就要指定该主机的 IP 地址,网络上传输的数据包中包含的源主机和目的主机地址也都是 IP 地址。虽然 IP 地址采用"点分"十进制表示已较为简单,但人们总是习惯使用和容易记忆用文字表达的地址。于是,人们给网络上的每台主机赋予一个含有某种意义且便于记忆的名称,当用户要访问某台主机时,只要给出其名称,计算机系统就会自动、快速地将主机名称转换为它对应的 IP 地址,这就是主机"名称—IP 地址"转换方案。

早在 ARPANET 时代,由于网络规模较小,整个网络仅有数百台计算机,这时在本地主机上使用一个名为 hosts 的纯文本文件来记录网络中各主机 IP 地址与主机名之间的对应关系,如同现在人们在自己的手机中建立了一个通信录。这样,当用户要与网络中的主机进行通信(如访问某主机的主页)时,就可以在地址栏输入要访问的主机名,由系统通过 hosts 文件将其转换为 IP 地址来实现通信,就像现在人们可以方便地通过手机通信录找到对方姓名来拨打电话一样。

但是,早期的 hosts 文件的应用存在着许多不足。例如,一旦网络中有主机与 IP 地址的对应关系发生变化,所有主机的 hosts 文件内容都要随之修改。由管理员在各自的 hosts 文件中手工增加、删除和修改主机记录非常麻烦,而且随着网络规模的不断扩大,依靠管理员来维护 hosts 文件几乎难以做到,在庞大的 hosts 文本文件中搜索主机名并转换为 IP 地址的效率也十分低下。为此,人们设计了另一种称为域名系统(Domain Name System,DNS)的"名称—IP 地址"转换方案。DNS 制定了一套树状分层的主机命名规则,并采用分布式数据库系统以及客户/服务器(C/S)模式的程序来实现主机名称(即域名)与 IP 地址之间的转换。存储 DNS 数据库并运行 DNS 服务程序(或称解析器)的计算机称为域名服务器或 DNS 服务器,它为客户端的主机提供 IP 地址的解析服务。

随着 Internet 的普及应用,现在都采用 DNS 名称解析方案,所以只要用户上网就必定要配置至少一个 DNS 服务器地址(也可以是自动获取)。但有时候在一个没有连接 Internet 的小型局域网内部,或者暂时不通过 DNS 服务器来解析域名的情况下,要用域名测试一个自己架设的内部站点,仍可以使用 hosts 文件来解析域名。

关于 DNS 域名结构、域名解析过程以及 DNS 服务器的配置将在项目 3 中予以详细介绍和实施,这里主要说明作为网络客户端的 Linux 系统中,涉及主机名称解析的 3 个文件的配置方法。

(1) 在/etc/resolv.conf 文件中配置 DNS 服务器地址。/etc/resolv.conf 文件的配置内容很简单,主要就是用 nameserver 来指定 DNS 服务器地址。可以用多个 nameserver 语句来设置多个 DNS 服务器地址,解析域名时会按先后顺序来查找,所以第一个 nameserver 指定的地址称为首选 DNS,后面每个 nameserver 指定的地址都称为备用 DNS。

```
[root@wbj /]#vim /etc/resolv.conf      //配置 DNS 服务器地址
#Generated by NetworkManager
#No nameservers found; try putting DNS servers into your
#ifcfg files in /etc/sysconfig/network-scripts like so:
```

```
#
#DNS1=xxx.xxx.xxx.xxx
#DNS2=xxx.xxx.xxx.xxx
#DOMAIN=lab.foo.com bar.foo.com
search xinyuan.com
nameserver 210.33.156.5
nameserver 202.101.172.35
[root@wbj /]#    //设置后保存并退出
```

　　注意：因为前面各项任务都在 CentOS 中实施，在修改网络接口配置文件 ifcfg-eth0 时就已经使用 DNS1 和 DNS2 语句指定了两个 DNS 服务器地址，所以在打开 resolv.conf 文件时就看到已经有两个 nameserver 配置行的内容。实际上在上述 resolv.conf 文件的注释中也告诉用户，可以在/etc/sysconfig/network-scripts 目录下相应的 ifcfg 配置文件中使用 DNS1 和 DNS2 格式来指定 DNS 服务器地址。但是，在 Red Hat、Fedora 等 Linux 版本中，DNS 不在 ifcfg-eth0 文件中配置，必须在 resolv.conf 文件中由 nameserver 来指定。

　　（2）配置/etc/hosts 文件。该文件包含了 IP 地址和主机名之间的映射，每行内容可分为三部分：IP 地址、主机名或域名、主机别名（可以有多个）。hosts 文件中默认已包含本机回送地址 IPv4 和 IPv6 的两行，下面添加一行本机 IP 地址和主机名的映射记录。

```
[root@wbj /]#vim /etc/hosts        //配置 hosts 文件
127.0.0.1 localhost localhost.localdomain localhost4 localhost4.localdomain4
::1     localhost localhost.localdomain localhost6 localhost4.localdomain6
192.168.1.2 wbj.xinyuan.com wbj
//IP 地址、主机名或域名、主机别名的每项之间用空格或 Tab 间隔
[root@wbj /]#
```

　　（3）配置/etc/host.conf 文件。既然系统中同时存在 DNS 和 hosts 两种名称解析机制，其优先顺序就要通过配置/etc/host.conf 文件来确定，其中最重要的就是用于说明优先顺序的 order hosts,bind 配置行，这里表示先用本机 hosts 主机表进行名称解析，如果找不到该主机名称，再搜索 bind 名称服务器（DNS 解析）。

```
[root@wbj /]#vim /etc/host.conf         //配置 host.conf 文件
multi on                                //允许主机有多个 IP 地址
nospoof on                              //禁止 IP 地址欺骗
order hosts,bind                        //名称解析顺序
[root@wbj /]#
```

　　为方便读者记忆，这里再把 Linux 中与网络环境相关的配置文件及其用途做一个简单的归纳，如表 1-4 所示。其中，最后两个文件与网络服务和协议的配置有关，虽然不在本书讨论的范围内，但因其重要性也一并列于表中让读者知悉。

表 1-4　与网络环境相关的配置文件及其用途

配 置 文 件	用　　途
/etc/sysconfig/network	设置网络主机名
/etc/sysconfig/network-scripts/ifcfg-eth*N*	配置第 *N* 个网络接口的各项参数
/etc/resolv.conf	配置 DNS 服务器地址
/etc/hosts	包含本地 hosts 解析所用的 IP 地址和主机名之间的映射
/etc/host.conf	设置本地 hosts 解析和 DNS 域名解析的优先顺序
/etc/services	设置可用的网络服务及其使用的端口
/etc/protocols	设定主机使用的协议以及各个协议的协议号

1.4.2　测试网络连通性

在本地计算机上正确配置网络环境后,还要确保与网络上的其他主机正常连通,才有可能访问对方的资源。不仅如此,管理员通过测试本地计算机与不同 IP 地址、域名地址之间的连通性,还有助于分析、判断进而排除网络故障。用于测试网络是否连通的命令有很多,如 ping、traceroute、nslookup、mtr 等,其中 ping 是最简便也是最常用的命令。

1. 使用 ping 命令测试网络连通性

ping 命令是用于测试网络连接状况的 ICMP(Internet Control Message Protocol)工具程序之一。ICMP 是 TCP/IP 中面向连接的协议,用于向源节点发送"错误报告"信息。ping 命令通过发送 ICMP ECHO_REQUEST 数据包到网络主机,并显示响应情况,这样就可以根据它输出的信息来确定目标主机是否可访问。

ping 命令会每秒向目标主机发送一个 ICMP 数据包,并且将每个接收到的响应输出。ping 命令的一般格式如下。

```
ping ［选项］主机名或 IP 地址
```

Linux 和 Windows 系统中都有 ping 命令,但两者有一个细小的差别,就是 Windows 中的 ping 命令默认发送 4 个 ICMP 数据包,而 Linux 中的 ping 命令默认情况下会不停地发送 ICMP 数据包,需要按 Ctrl＋C 组合键才会终止。因此,在 Linux 中使用 ping 命令时,使用最多的选项就是-c <*n*>,*n* 为发送 ICMP 数据包的个数。

下面使用 ping 命令来测试网络连通性。

```
[root@wbj /]#ping-c 4 127.0.0.1
//Ping 本机回送地址,以下显示表示 Ping 通
Ping 127.0.0.1 (127.0.0.1) 56(84) bytes of data.
64  bytes from 127.0.0.1: icmp_seq=1 ttl=64 time=0.073 ms
64  bytes from 127.0.0.1: icmp_seq=2 ttl=64 time=0.027 ms
```

```
64   bytes from 127.0.0.1: icmp_seq=3 ttl=64 time=0.028 ms
64   bytes from 127.0.0.1: icmp_seq=4 ttl=64 time=0.027 ms
---127.0.0.1 ping statistics ---
4 packets transmitted, 4 received, 0% packet loss, time 3006 ms
rtt   min/avg/max/mdev=0.027/0.038/0.073/0.021 ms
[root@wbj /]#ping-c 4 192.168.1.2
//Ping 本机 IP 地址,以下显示表示 Ping 通
Ping 192.168.1.2 (192.168.1.2) 56(84) bytes of data.
64   bytes from 192.168.1.2: icmp_seq=1 ttl=64 time=0.077 ms
...
[root@wbj /]#ping-c 4 192.168.1.1
//Ping 网内其他主机 IP 地址,以下显示表示 Ping 通
Ping 192.168.1.1 (192.168.1.1) 56(84) bytes of data.
64   bytes from 192.168.1.1: icmp_seq=1 ttl=64 time=2.97 ms
...
[root@wbj /]#ping-c 4 192.168.1.254
//Ping 网关 IP,以下显示表示 Ping 通
Ping 192.168.1.254 (192.168.1.254) 56(84) bytes of data.
64   bytes from 192.168.1.254: icmp_seq=1 ttl=64 time=2.97 ms
...
[root@wbj /]#ping -c 4 www.163.com
//Ping 外网站点域名,以下显示表示 Ping 通
Ping www.163.com.lxdns.com (218.205.75.19) 56(84) bytes of data.
64   bytes from 218.205.75.19: icmp_seq=1 ttl=57 time=5.54 ms
...
[root@wbj /]#ping-c 2 192.168.1.8
//Ping 网内另一主机,以下显示表示未 Ping 通
Ping 192.168.1.8 (192.168.1.8) 56(84) bytes of data.//
From 192.168.1.2: icmp_seq=1 Destination Host Unreachable
From 192.168.1.2: icmp_seq=2 Destination Host Unreachable
---192.168.1.8 ping statistics ---
2 packets transmitted, 0 received,+2 errors, 100% packet loss, time 3004 ms
pipe 2
[root@wbj /]#
```

上述 ping 命令测试网络连通性的过程,正是管理员用来排查网络故障所遵循的"由近及远、从 IP 地址到域名"的常见方法,每一步能否 Ping 通代表了不同含义。

(1) Ping 通内部回送地址,说明网卡及其驱动已正确安装。

(2) Ping 通本机 IP 地址,说明 TCP/IP 协议及 IP 地址和子网掩码配置正确。

(3) Ping 通同网段内相邻主机 IP 地址,说明内部网络线路连接正常。

(4) Ping 通网关 IP 地址,说明只要网关正常工作就可以访问外网。

(5) Ping 通外网的域名地址,说明 DNS 服务器配置正确,域名解析正常。

✏ 注意:根据能否 Ping 通来确定与目标主机(尤其是 Internet 上的服务器)之间的连通性并不是绝对的。有些服务器为了防止通过 Ping 被探测到,通过防火墙设置了禁止

Ping 或者在内核参数中禁止 Ping,这样就不能通过能否 Ping 通来确定该主机是否还处于开启状态。

2. 使用 traceroute 命令测试网络连通性

ping 命令只能用于判断与目标主机是否连通,而 traceroute 命令可以追踪数据包在网络上传输时的全部路径。虽然每次数据包从同一个出发点(source)到达同一个目的地(destination)所走的路径可能会不一样,但大部分时候所走的路径是相同的。

traceroute 命令通过发送小的数据包到目的设备直至返回来测量它所经历的时间。一条路径上的每台设备 traceroute 默认要测 3 次,输出结果中包括每次测试的时间(ms)和设备名称(如果有)及其 IP 地址。Linux 中的 traceroute 命令相当于 Windows 中的 tracert 命令,虽然该命令有很多可用选项,但大多数情况下都直接在命令名后跟上目标主机名或 IP 地址来使用。

```
[root@wbj /]#traceroute www.163.com       //追踪到目标主机的路径
traceroute to www.163.com (218.205.75.19), 30 hops max, 60 byte packets
1  192.168.1.254 (192.168.1.254) 0.482 ms 0.438 ms 0.649 ms
2  10.104.0.1 (10.104.0.1) 4.278 ms 4.272 ms 4.707 ms
3  111.0.94.61 (111.0.94.61) 4.515 ms 4.722 ms 4.707 ms
4  112.11.232.49 (112.11.232.49) 5.402 ms 211.138.114.177 (211.138.114.177)
5.766 ms *
5  211.138.119.58 (211.138.119.58) 6.658 ms 112.17.253.122 (112.17.253.122)
6.301 ms 211.138.119.58 (211.138.119.58) 6.578 ms
6  * * *
7  218.205.72.190 (218.205.72.190) 5.237 ms 5.177 ms 5.178 ms
8  218.205.75.19 (218.205.75.19) 5.817 ms 6.276 ms 6.851 ms
[root@wbj /]#
```

从序号 1 开始,每个记录就是一跳,每跳表示一个网关。每行中的三个时间(以 ms 为单位)就是 traceroute 默认的三次探测的时间,即 traceroute 向每个网关发送三个数据包,并得到网关响应后返回的时间,也可以用-q 选项来指定发送数据包的个数。

有一些显示行上会出现星号(*),可能是防火墙封掉了 ICMP 的返回信息,所以得不到相关的数据。有时候在某一网关处会延时较长,可能是某个网关比较阻塞,也可能是物理设备本身的原因。同样,如果某台 DNS 出现问题而不能解析域名时,也会有延时较长的现象,这种情况可以加-n 选项来避免 DNS 解析,以 IP 格式输出数据。如果在局域网的不同网段之间,还可以通过 traceroute 来排查是主机还是网关出了问题。

3. 使用 nslookup 命令监测 DNS 服务器是否能正常实现域名解析

nslookup 命令的使用较为简单,直接指定要解析的域名或 IP 地址即可。如果要求将指定的域名解析为 IP 地址,就是检测正向解析是否成功;如果要求将指定的 IP 地址解析为域名,就是检测反向解析是否成功。也可以不给定参数而直接执行简单的 nslookup 命令,这时候会出现大于号(>)作为 nslookup 的命令提示符,然后再输入要求解析的域名或 IP 地址。要退出 nslookup，则输入 exit 命令。

```
[root@wbj /]#nslookup
>www.zjvtit.edu.cn          //以下显示表示正向解析成功
Server: 210.33.156.5
Address: 210.33.156.5#53

Name: www.zjvtit.edu.cn
Address: 60.191.9.25
>210.33.156.5              //以下显示表示反向解析成功
Server: 210.33.156.5
Address: 210.33.156.5#53

5.156.33.210.in-addr.arpa    Name=jtxx.zjvtit.edu.cn.
>exit
[root@wbj /]#
```

4. 使用路由分析工具 mtr 判断网络连通性

在 Linux 中，mtr 是一个功能更多的网络连通性判断工具，它可以结合 ping、traceroute 和 nslookup 命令来判断网络的相关特性。mtr 命令较常用的选项如下。

（1）-n：不对 IP 地址做域名解析。

（2）-s：指定 Ping 数据包的大小。

（3）-i：设置 ICMP 返回时间要求，默认为 1s。

（4）-a：设置发送数据包的 IP 地址（用于主机有多个 IP 地址的情况）。

（5）-r：以报告模式显示。

（6）-c：设置每秒发送数据包的个数，默认为 10 个。

```
[root@wbj /]#mtr-r jtxx.zjvtit.edu.cn
HOST: wbj.xinyuan.com   Loss%   Snt   Last   Avg   Best   Wrst   StDev
  1.192.168.1.254       0.0%    10    0.3    0.3   0.2    0.7    0.1
  2. 10.104.0.1         0.0%    10    4.2    4.4   3.6    8.9    1.6
  3. 221.131.253.9      0.0%    10    4.0    3.9   3.2    4.4    0.4
  4. 211.138.127.25     0.0%    10    75.6   13.1  3.1    75.6   22.7
  ...
  15. jtxx.zjvtit.edu.cn0.0%    10    12.5   13.4  12.5   14.6   0.6
[root@wbj /]#
```

在报告模式的显示中，第一列是本机域名和每一跳网关的 IP 地址；后面的 Loss％ 列是每一跳网关的丢包率，Snt 是每秒发送数据包的数量（默认为 10），Last 是最近一次的返回时延，Avg 是发送 Ping 包的平均时延，Best 是最短时延（即最好的），Wrst 是最长时延（即最差的），StDev 是标准偏差。

1.4.3　检查服务器软件与服务启动

1. 检查和安装服务器软件包

在即将为新源公司实施项目 2~项目 8 的各种网络服务器配置之前应首先检查 Linux 服务器平台中是否已完整安装这些服务器软件包。如果没有安装或缺少软件包，则应立即安装。这里以 DNS 服务器为例，介绍网络服务器软件包的检查和安装方法，其他网络服务器软件包的检查和安装读者可自行参照完成。

（1）检查是否已安装 DNS 服务器软件包。DNS 服务器所需要的软件包名称均以 bind 开头，可以使用以下命令来检查系统中是否已经安装完整这些软件包。

```
[root@wbj /]#rpm -qa |grep bind          //查询包含 bind 的软件包
//或者使用命令：
[root@wbj /]#rpm -qa bind*                //查询以 bind 开头的软件包
bind-libs-9.8.2-0.17.rc1.el6_4.6.i686
bind-9.8.2-0.17.rc1.el6_4.6.i686
bind-utils-9.8.2-0.17.rc1.el6_4.6.i686
bind-dyndb-ldap-2.3-5.el6.i686
bind-chroot-9.8.2-0.17.rc1.el6_4.6.i686
//如显示上述 5 个软件包，则已完整安装 DNS 服务器软件包；无显示则表明未安装
[root@wbj /]#
```

（2）安装 DNS 服务器软件包。如果没有安装或缺少软件包，则需要安装。这里以本地安装 DNS 服务器所需要的 RPM 软件包为例（其他如 yum 等安装方法可参考附录 A 中介绍的相关内容），假设 CentOS 的安装盘为 U 盘，则可使用以下命令进行安装。

```
[root@wbj /]#mkdir /mnt/udisk              //创建用于 U 盘的挂载点
[root@wbj /]#mount /dev/sdb1 /mnt/udisk    //挂载 U 盘
[root@wbj /]#cd /mnt/udisk/Packages        //进入 U 盘中的 Packages 目录
//以下 5 个命令用于安装 DNS 服务器所需的 5 个 RPM 软件包，安装过程中的显示信息略
[root@wbj Packages]#rpm -ivh bind-9.8.2-0.17.rc1.el6_4.6.i686.rpm
[root@wbj Packages]#rpm -ivh bind-chroot-9.8.2-0.17.rc1.el6_4.6.i686.rpm
[root@wbj Packages]#rpm -ivh bind-dyndb-ldap-2.3-5.el6.i686.rpm
[root@wbj Packages]#rpm -ivh bind-libs-9.8.2-0.17.rc1.el6_4.6.i686.rpm
[root@wbj Packages]#rpm -ivh bind-utils-9.8.2-0.17.rc1.el6_4.6.i686.rpm
[root@wbj Packages]#cd /                    //回到根目录
[root@wbj /]#umount /mnt/udisk              //卸载 U 盘
[root@wbj /]#
```

注意：上述安装或查询到的软件包名称中的版本号与读者使用的 Linux 系统版本有关，可能并不相同。版本信息中的 .el6 表示软件包是用于 CentOS 系统的，也可以安装 RHEL 系统的 .rhel6 版本。由于笔者安装的是 32 位的 CentOS 6.5 系统，所以本书涉及的 RPM 包都是 .i686 或 .i386（i686 是 i386 的一个子集）。如果读者安装的 Linux 系统

是 64 位的 CentOS 或 RHEL 版本,则这些 RPM 软件包信息中应该是.x86_64。

2. 设置网络服务的自动启动

前面在配置网络接口参数时,使用过 service 命令来启动(start)、关闭(stop)、重启(restart 或 reload)网络服务(network)以及查询网络服务状态(status)。事实上,service是用于各种服务操作的一个通用命令,只要命令后跟不同的服务名称(如 network、named、httpd 等)即可。但 service 命令只能临时启动、关闭和重启服务,如果要将某个服务设置为是否随 Linux 系统的启动而自动启动,一般可以使用以下 3 种方法进行设置。

(1) 使用 chkconfig 命令进行设置。在字符命令界面中直接使用 chkconfig 命令可以查看系统服务在各个运行级别下是否自动启动,也可以永久设置系统服务在指定某个或多个运行级别下是否自动启动。命令使用格式及示例如下。

```
chkconfig[--list][服务名称]                  //格式Ⅰ:查看是否自动启动
chkconfig[--level n][服务名称][on|off]       //格式Ⅱ:设置自动启动或否
//n 为运行级别,指定多个运行级别时数字可连写。以 named 服务为例,使用方法如下
[root@wbj /]#chkconfig --list named
//显示 named 服务在各个运行级别下是否自动启动
named      0:off 1:off 2:off 3:off 4:off 5:off 6:off
[root@wbj /]#chkconfig --level 35 named on
//将 named 服务设置为运行级别 3 和 5 下自动启动
[root@wbj /]#chkconfig --list named
named      0:off 1:off 2:off 3:on 4:off 5:on 6:off
[root@wbj /]#
```

(2) 使用文本用户界面进行设置。在字符命令界面下执行 setup 命令,在打开的文本用户界面中选择 system services 菜单项,或者直接执行 ntsysv 命令,都可以进入如图 1-7 所示的文本用户界面。然后,将光标移至要设置的服务名称(如 named)上并按空格键,就会在此服务名称前面的方括号内出现星号([*]);再按 Tab 键将光标移至 Ok 按钮上并按 Enter 键退出,则 named 服务就被设置为随 Linux 系统的启动而自动启动了。如果不让 named 服务随 Linux 系统的启动而自动启动,则只要将 named 服务方括号内的星号去掉即可。

图 1-7　设置服务是否自动启动 Services 文本菜单界面

(3) 在 GNOME 图形界面中设置。选择"系统"→"管理"→"服务"菜单项，打开"服务配置"窗口。选定某个服务后，使用"启用"或"禁用"按钮来将其设置为是否自动启动。还可以单击"定制"按钮打开"定制运行级别"对话框，将选中的服务设置为指定运行级别下自动启动，如图 1-8 所示。

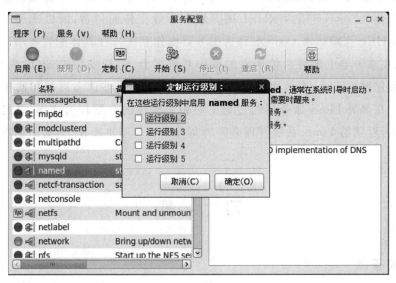

图 1-8 在 GNOME 图形界面的"服务配置"窗口中设置服务是否自动启动

注意：在将指定的服务设置为自动启动后，要重启 Linux 系统后才会生效。如果在关机之前需要启动该服务，则需要用 service 命令临时启动该服务。

在每台网络服务器上安装好 Linux 系统和所需的网络服务软件包，并按照新源公司网络信息服务项目规划配置好网络环境，确保网络连通的情况下，就可以实施项目 2～项目 8 的各项网络服务配置了。

小   结

Intranet 即企业内联网，是 Internet 技术在企业内部的应用。换句话说，任何使用 TCP/IP 为用户提供信息的私人、公司或企业内部的网络都可称为 Intranet。

本书以新源公司网络信息服务项目为案例，在公司组建的局域网基础上架设较为完善的、符合企业需求的网络服务，这也是企业信息化建设的重要组成部分。要完成一个实际企业的网络信息服务项目，首先应了解项目背景，并对项目需求进行广泛深入的调研和科学细致的分析；然后根据需求分析，对网络拓扑结构以及网络服务器的域名、IP 地址、使用的操作系统平台等进行合理的规划、设计和部署，并形成项目文档（撰写项目规划书）。这些是项目的核心工作内容，接下来就按照项目规划所需的 7 个网络服务作为 7 个子项目（本书项目 2～项目 8）进行具体的方案设计和组织实施。

Linux 是主要运行在基于 x86 架构计算机上的典型多用户、多任务网络操作系统，也是免费使用和自由传播的类 UNIX 操作系统，其完善的内置 TCP/IP 网络和通信功能、众多的优良特性和极高的性价比使之得以广泛应用，特别是用作企业网络服务器操作系统平台已成为理想选择。Linux 的发行版本众多，由于本书的项目案例源自一家中小型企业，公司不希望为 RHEL 的升级和商业支持而付费，所以选用了目前流行且免费的 RHEL 克隆版本 CentOS 作为服务器操作系统。在具体配置各项网络服务之前，应首先在服务器上部署后续所需的操作系统平台，包括安装 CentOS 系统、设置网络环境并确保网络连通、安装网络服务组件等。为照顾有些读者可能初次接触 Linux，所以本项目在部署 Linux 服务器的过程中对相关操作的介绍较为详细，并且建议首先阅读附录 A，以熟悉 Linux 系统管理必需的基础知识及基本操作，为后面的项目实施做好铺垫。

习　题

一、简答题

1. 什么是 Intranet？

2. 什么是 DMZ？在企业内部网中设置 DMZ 有什么好处？

3. 在规划和设计一个实际企业的网络信息服务项目时，主要有哪些工作？

4. 目前主流的网络服务器操作系统有哪些？选择 Linux 作为服务器操作系统平台有哪些理由或优势？

5. 你了解的 Linux 发行版本有哪些？作为 Linux 服务器该如何选择合适的版本？

6. 安装 Linux 时默认且必须创建的两个分区是什么分区？分别说出它们的用途。

7. 简述 Linux 的引导过程，并说明各个运行级别的含义。

8. 在 Linux 系统中，用于设置 IP 地址、子网掩码和默认网关等网络参数的配置文件是哪个？用于设置 DNS 服务器地址的配置文件是哪个？

9. 简述网络接口配置文件中各配置项的含义。

10. 网络管理员常常使用 ping 命令来测试网络连通性，应如何使用 ping 命令并根据 Ping 的结果来排查网络故障？

11. 如何检查 Linux 服务器所需要的软件包是否被安装？有哪些方法可以将一个网络服务设置为随 Linux 系统的启动而自动启动？

二、训练题

1. 全班分为多个项目组，每个项目组由 5～7 名学生组成，推荐 1 名学生担任项目执行经理的角色，其余项目组成员可分别担任信息技术顾问、安全评估顾问、系统管理员等角色。要求各项目组在本地走访一家中小型企业(若条件不允许,也可以虚拟一家公司),对该企业网络信息服务的项目需求进行调研、分析、规划和设计,并按照附录 C 中简化的项目文档撰写项目规划书。

2. 各项目组成员在自己的计算机上安装 CentOS 6/7,最好是安装为 Windows 和 Linux 双系统,因为在后续实施各网络服务项目配置时,也需要使用 Windows 客户端对所配置的 Linux 服务器进行测试。

3. 根据项目总体规划,合理配置网络参数,并确保网络连通。

项目 2　DHCP 服务器配置与管理

能力目标

- 能根据企业信息化建设需求和项目总体规划合理设计 DHCP 服务方案。
- 能在 Linux 平台下架设符合企业需求的 DHCP 服务器。
- 能配置 Windows 和 Linux 客户端并测试 DHCP 服务。
- 具备 DHCP 服务器的基本管理和维护能力。

知识要点

- DHCP 服务的概念与作用。
- DHCP 服务的工作机制。
- DHCP 服务中继代理的工作原理。

2.1　知识预备与方案设计

2.1.1　DHCP 及其工作机制

1. DHCP 的概念与作用

DHCP(Dynamic Host Configuration Protocol,动态主机配置协议)是一种用于简化主机 IP 地址分配管理的 TCP/IP 标准协议。利用它可以给网络客户机分配动态的 IP 地址并进行其他相关的网络环境配置工作,如 DNS、WINS、Gateway 等。

具有一定规模的局域网,特别是酒店等客户流动量大的场合,往往都使用 DHCP 服务器来动态处理客户机的 IP 地址配置,实现 IP 地址的集中式管理与自动分配。DHCP 服务主要有以下 3 方面的作用。

(1) 减轻管理员管理 IP 地址的负担,极大地缩短配置或重新配置网络中工作站所花费的时间,达到高效利用有限 IP 地址的目的。

(2) 避免因手工设置 IP 地址及子网掩码所产生的错误。

(3) 避免把一个 IP 地址分配给多台计算机而造成地址冲突的问题。

2. DHCP 服务的工作机制

DHCP 服务采用客户/服务器(Client/Server,C/S)工作模式。网络管理员建立一个

DHCP 服务器,以维护一个或多个 TCP/IP 地址配置信息。当客户机启动时,就会自动地从服务器获得相关的 TCP/IP 地址信息。服务器数据库包含以下信息。

（1）网络上所有客户端的有效配置参数。

（2）在指派到客户端的地址池中维护有效的 IP 地址及用于手动指派的保留地址。

（3）服务器提供的租约持续时间。

通过在网络上安装和配置 DHCP 服务器,启用 DHCP 的客户机可以在每次启动并加入网络时动态地获得 IP 地址、子网掩码等网络配置参数。DHCP 服务器以地址租约的形式将有关网络配置参数提供给发出请求的客户机。

在以下 3 种情况下,DHCP 客户机将申请一个新的 IP 地址。

（1）客户机第一次以 DHCP 客户机的身份启动。

（2）DHCP 客户机的 IP 地址由于某种原因（如租约期到了或断开连接了）已经被服务器收回,并提供给其他 DHCP 客户机使用。

（3）DHCP 客户机自行释放已经租用的 IP 地址,要求使用一个新的 IP 地址。

DHCP 客户机向 DHCP 服务器申请一个 IP 地址的工作过程如图 2-1 所示。

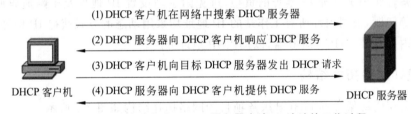

图 2-1　DHCP 客户机向 DHCP 服务器申请 IP 地址的工作过程

（1）DHCP 客户机设置为"自动获得 IP 地址"后,因为还没有 IP 地址与其绑定,此时称为处于"未绑定状态"。这时的 DHCP 客户机只能提供有限的通信能力,如可接收广播消息,但因为没有自己的 IP 地址,所以自己无法发送广播消息。

（2）DHCP 客户机试图从 DHCP 服务器那里"租借"到一个 IP 地址,这时 DHCP 客户机进入"初始化状态"。这个未绑定 IP 地址的 DHCP 客户机会向网络上发出一个源 IP 地址为广播地址（即 0.0.0.0）的 DHCP 探索消息（DHCPDISCOVER）,寻找看哪个 DHCP 服务器可以为它分配一个 IP 地址。

（3）子网中的所有 DHCP 服务器收到这个 DHCP 探索消息后,各 DHCP 服务器确定自己是否有权为该客户机分配一个 IP 地址。

（4）确定有权为该客户机提供 DHCP 服务后,DHCP 服务器开始响应,并向网络广播一个 DHCP 提供消息（DHCPOFFER）,该消息中包含了未租借的 IP 地址信息以及相关的配置参数。

（5）DHCP 客户机会评估收到的 DHCP 服务器提供的消息并进行两种选择:①如果认为该服务器提供的对 IP 地址的使用约定（简称"租约"）可以接受,就发送一个 DHCP 请求消息（DHCPREQUEST）,该消息中指定了自己选定的 IP 地址并请求服务器提供该租约;②如果选择拒绝服务器的条件,就发送一个拒绝消息,然后继续从第（1）步开始执行。

（6）DHCP 服务器在收到确认消息后，根据当前 IP 地址的使用情况以及相关配置选项，向客户机发送一个 DHCP 确认消息（DHCPACK），其中包含了为它分配的 IP 地址及相关的 DHCP 配置选项。

（7）客户机在收到 DHCP 服务器的消息后，绑定该 IP 地址，进入"绑定状态"。于是客户机有了自己的 IP 地址，就可以在网络上进行通信了。

2.1.2 设计企业网络 DHCP 服务方案

1. 项目需求分析

随着新源公司业务的逐渐扩展，公司内拥有的计算机数量从 20 世纪 90 年代初的数十台增加到目前的数百台，从单机应用模式变为数百台的联网模式。网络运行过程中出现了内部 IP 地址经常发生冲突、管理 IP 地址比较费时等问题。为此，公司决定重新规划和管理内部 IP 地址，以实现高效的企业信息化管理。

为了减轻管理员管理 IP 地址的负担，避免因手动设置 IP 地址及子网掩码所产生的地址冲突等问题，公司内部所有工作站的 IP 地址均采用动态的方式获得 IP 地址，这就需要在公司内部安装 DHCP 服务器，以提供 IP 地址分配。

2. 设计网络拓扑结构

新源公司内部架设的 DHCP 服务项目的网络拓扑结构如图 2-2 所示。

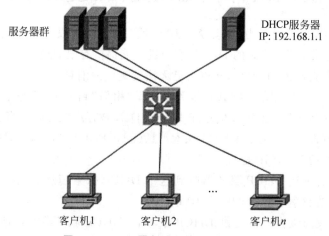

图 2-2　DHCP 服务项目的网络拓扑结构

DHCP 服务能自动为网络客户机分配 IP 地址、子网掩码、网关、DNS 服务器及 WINS 服务器的 IP 地址。

3. 地址规划

根据项目需求，新源公司对 IP 地址的规划有以下要求。

（1）公司内部网络的 IP 地址使用 192.168.1.0/24 网段。

（2）公司网络需要连接 Internet,因此要为网关留出 IP 地址。

（3）公司网络不仅架设有 DHCP 服务器,还要为 DNS、Web、FTP、E-mail、CA、VPN 等服务器留出固定的 IP 地址。

（4）在可供分配的地址范围中间留出 10 个 IP 地址为网络管理人员等留作其他用途。

（5）公司经理需要保留一个如 188 之类的所谓"吉祥"地址。

根据上述要求,新源公司内部网络 IP 地址详细规划见表 2-1。

表 2-1　新源公司内部网络 IP 地址规划

IP 地 址	用　　途	说　　明
192.168.1.1	DHCP、DNS 服务器	固定地址
192.168.1.2	Web、VPN、CA 服务器	固定地址
192.168.1.3	E-mail 服务器	固定地址
192.168.1.4	FTP 服务器	固定地址
192.168.1.5～192.168.1.9	保留	随着公司发展可能增加服务器
192.168.1.10～192.168.1.109	可供分配	供客户机动态获取的 IP 地址
192.168.1.110～192.168.1.120	保留	为网络管理员等留作其他用途
192.168.1.121～192.168.1.220	可供分配	供客户机动态获取的 IP 地址
192.168.1.188	保留	公司经理的计算机每次自动获取该地址
192.168.1.221～192.168.1.253	保留	为 VPN 访问的客户端分配虚拟 IP 地址
192.168.1.254	网关	固定地址

2.2　企业网络 DHCP 服务项目实施

2.2.1　配置 DHCP 服务器

1. 设置 DHCP 服务器自身的 IP 地址

根据新源公司内部网络的 IP 地址规划,DHCP 服务器和 DNS 服务器都架设在 IP 地址为 192.168.1.1 的机器上,网关的 IP 地址为 192.168.1.254。具体设置如下。

```
#vim /etc/sysconfig/network-scripts/ifcfg-eth0        //编辑 eth0 配置文件
DEVICE=eth0
HWADDR=00:26:2D:FD:6B:5C
TYPE=Ethernet
```

```
UUID=e662bd32-f9e2-47b0-9cbf-5154aa468931
ONBOOT=yes
NM_CONTROLLED=no
BOOTPROTO=static
IPADDR=192.168.1.1
NETMASK=255.255.255.0
BROADCAST=192.168.1.255
NETWORK=192.168.1.0
GATEWAY=192.168.1.254
DNS1=192.168.1.1
DNS2=210.33.156.5
#                                  //保存并退出
#service network restart           //重启网络服务
#
```

注意：这里主 DNS 服务器地址暂时设置为自身地址，待下一项目配置 DNS 服务器后域名解析才起作用。另外，从本项目开始在叙述操作命令时均省略命令提示符前面的方括号部分（包括主机名和当前目录），仅保留一个#号提示符。

2. 生成 DHCP 服务器配置文件 dhcpd.conf

DHCP 服务器的配置文件为/etc/dhcp/dhcpd.conf。在 CentOS 6.5 中，默认的 dhcpd.conf 配置文件内容如下。

```
#vim /etc/dhcp/dhcpd.conf
#
#DHCP Server Configuration file.
#   see /usr/share/doc/dhcp*/dhcpd.conf.sample
#   see 'man 5 dhcpd.conf'
#
```

可以看到，默认的/etc/dhcp/dhcpd.conf 文件仅包含 5 行注释，没有任何配置内容。但注释中告诉用户 DHCP 服务器配置文件可参考/usr/share/doc/dhcp*/dhcpd.conf.sample 文件，即系统提供了一个配置文件的样板。其中，星号（*）是版本号，读者可查看/usr/share/doc 目录下以 dhcp 开头的目录名称，然后使用以下命令把该样板文件复制为/etc/dhcp/dhcpd.conf，再对文件内容进行修改。

```
#mv/etc/dhcp/dhcpd.conf /etc/dhcp/dhcpd.conf.old                    //备份原文件
#cp /usr/share/doc/dhcp-4.1.1/dhcpd.conf.sample /etc/dhcp/dhcpd.conf
#
```

3. 修改 DHCP 服务器配置文件 dhcpd.conf

修改配置文件/etc/dhcp/dhcpd.conf 的内容如下。如果没有复制上述 DHCP 配置样板文件，可以直接在默认配置文件中输入以下配置内容。

```
#vim /etc/dhcp/dhcpd.conf                     //输入或修改 dhcpd.conf 文件内容如下
#DHCP Server Configuration file.
ddns-update-style interim;                    //配置使用过渡性 DHCP-DNS 互动更新模式
ignore client-updates;                        //忽略客户端更新
default-lease-time 21600;                     //为 DHCP 客户设置默认的地址租期(单位:s)
max-lease-time 43200;                         //为 DHCP 客户设置最长的地址租期
option routers 192.168.1.1;                   //为 DHCP 客户设置默认网关
option subnet-mask 255.255.255.0;             //为 DHCP 客户设置子网掩码
option domain-name"xinyuan.com";              //为 DHCP 客户设置 DNS 域
option domain-name-servers 192.168.1.1;        //为 DHCP 客户设置 DNS 地址
option time-offset-18000;                     //设置与格林尼治时间的偏移
subnet 192.168.1.0 netmask 255.255.255.0 {    //设置子网声明
        range 192.168.1.10   192.168.1.109;
        range 192.168.1.121   192.168.1.220;
}           //允许 DHCP 服务器分配这两段地址范围给 DHCP 客户
host me {   //设置主机声明,为名为 me 的机器指定固定的 IP 地址
        option host-name "me.xinyuan.com";     //给客户指定域名
        hardware Ethernet 12:34:56:78:AB:CD;   //指定客户的 MAC 地址
        fixed-address 192.168.1.188            //给指定 MAC 地址分配固定 IP 地址
}
#                                             //保存并退出
```

　　上述配置内容最重要的有两部分：①subnet 子网声明，里面包含的每个 range 语句设置一个可供分配的 IP 地址范围；②host me 主机声明，里面设置了为某个 MAC 地址的机器保留的 IP 地址，也就是在新源公司内部网络 IP 地址规划时专为公司经理保留的地址，这样可以让他的主机每次启动都自动获取 192.168.1.188 这个地址。

　　🐟**注意**：在稍早的 Red Hat、Fedora 等 Linux 版本中，DHCP 服务器配置文件 dhcpd.conf 是在/etc 目录下，而不是在/etc/dhcp 目录下，而且默认情况下该配置文件可能并不存在，这就需要将/usr/share/doc/dhcp * /dhcpd.conf.sample 样板文件复制为/etc/dhcpd.conf 文件，当然也可以直接新建该文件。

4. 启动 DHCP 服务

　　在修改 DHCP 服务器配置文件并检查无误后，需要启动 dhcpd 服务才能使配置生效。

```
#service dhcpd start               //启动 dhcpd 服务
Starting dhcpd:[OK]
#
```

2.2.2　配置客户端并测试 DHCP 服务

　　无论是 Windows 客户端还是 Linux 客户端，只要把网络接口参数设置为"自动获得 IP 地址"，在重启网络接口或重启计算机后，即可查看是否已从 DHCP 服务器获取到 IP

地址。

1. 配置 Windows 客户端

右击桌面上的"网上邻居"图标,在弹出的快捷菜单中选择"属性"命令,打开"网络连接"窗口。右击"本地连接"图标,在弹出的快捷菜单中选择"属性"命令,打开"本地连接属性"对话框。在"此连接使用下列项目"列表框中选择"Internet 协议(TCP/IP)"选项,单击"属性"按钮,打开"Internet 协议(TCP/IP)属性"对话框。选中"自动获得 IP 地址"和"自动获得 DNS 服务器地址"两个单选按钮,如图 2-3 所示。

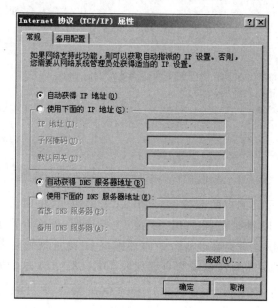

图 2-3 将 DHCP 客户端设置为自动获得 IP 地址

单击"确定"按钮,DHCP 客户端即配置完成。

2. 在 Windows 客户端测试 DHCP 服务

将 Windows 客户端的网络连接设置为"自动获得 IP 地址"并重启网络连接后,就可以查看客户端的 IP 地址及其他网络参数了。如果获得的 IP 地址在 DHCP 服务器的地址池内,并且其他网络参数也符合要求,则表明 DHCP 服务成功实现。在 Windows 客户端查看 IP 地址等网络参数通常有以下两种方法。

1) 在图形界面中查看

右击"本地连接"图标,在弹出的快捷菜单中选择"状态"命令,或者直接双击"本地连接"图标,弹出"本地连接 2 状态"对话框,切换到"支持"选项卡,就会显示该连接的 IP 地址、子网掩码、默认网关等,如图 2-4 所示。如果想看到更详细的网络参数,可以单击"详细信息"按钮,打开"网络连接详细信息"对话框,可以查看实际地址、DHCP 服务器地址、租约时效等信息,如图 2-5 所示。

注意：这里用于测试的客户端 MAC 地址为 00-15-58-2B-41-E3，即公司经理使用的计算机。因在配置 DHCP 服务器时为其专门保留了 IP 地址，所以该客户端每次启动都会自动获得 192.168.1.188 这个特殊的 IP 地址。另外，以上操作是在 Windows Server 2008 下的情形，如果使用 Windows 7 等其他版本的客户机，则需打开"网络和共享中心"→"更改适配器设置"窗口，再查看相应"本地连接"的状态，操作略有不同。

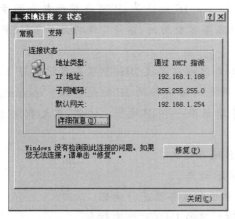

图 2-4　"本地连接 2 状态"对话框

图 2-5　"网络连接详细信息"对话框

2）使用 ipconfig 命令查看

选择"开始"→"运行"命令，在弹出的"运行"对话框中输入 command 或 cmd，单击"确定"按钮，打开 DOS 命令提示符窗口。然后，在 DOS 命令提示符后输入 ipconfig 并按 Enter 键，即会显示客户端的网络连接情况，如图 2-6 所示。

图 2-6　使用 ipconfig 命令查看网络连接情况

注意：ipconfig 命令是查看计算机当前网络连接情况最便捷有效的命令,也是网络管理员使用最多的命令之一。使用 ipconfig /? 将显示 ipconfig 命令所有的选项。

(1) 当使用不带任何选项的 ipconfig 命令时,仅显示绑定到 TCP/IP 的网络接口的 IP 地址、子网掩码和默认网关值。

(2) ipconfig/all 命令显示本地计算机上所有网络连接的 IP 地址、子网掩码和默认网关值,并能显示 DNS 和 WINS 服务器的相关信息,如 IP 地址等,还可以显示本地网卡中的物理地址(MAC)。如果 IP 地址是从 DHCP 服务器租用的,该命令还将显示 DHCP 服务器的 IP 地址和租用地址预计失效的日期。

(3) ipconfig /release 和 ipconfig /renew 命令只能在通过 DHCP 服务器获得 IP 地址的计算机上起作用。ipconfig /release 命令将所有网络连接的 IP 地址释放。ipconfig /renew 命令可使本地计算机重新从 DHCP 服务器租用一个 IP 地址。注意,在大多数情况下,网卡将被重新赋予和以前相同的 IP 地址。

(4) ipconfig /flushdns 命令清除本地 DNS 缓存信息。

(5) ipconfig /displaydns 命令显示本地 DNS 信息。

(6) ipconfig /registerdns 命令使 DNS 客户端向服务器进行注册。

(7) ipconfig /showclassid 命令显示网络适配器的 DHCP 类别信息。

(8) ipconfig /setclassid 命令设置网络适配器的 DHCP 类别信息。

3. 配置 Linux 客户端

(1) 修改网络接口配置文件,将其中的 BOOTPROTO 配置项设置为 dhcp,并将固定 IP 地址、子网掩码、默认网关、广播地址等参数配置项改为注释(如果有的话)。

```
#vim /etc/sysconfig/network-scripts/ifcfg-eth0
#Intel Corporation 82545EM Gigabit Ethernet Controller (Copper)
TYPE=Ethernet
DEVICE=eth0
HWADDR=00:0C:29:13:5D:74
ONBOOT=yes
BOOTPROTO=dhcp              //启用 DHCP 协议
#IPADDR=192.168.1.11        //此后 4 行若有则改为注释
#NETMASK=255.255.255.0
#GATEWAY=192.168.1.1
#BROADCAST=192.168.1.255    //保存并退出
#
```

(2) 重新导入 ifcfg-eth0 网络接口配置文件,或者将网络接口关闭后再重新激活。

```
#service network restart
Shutting down interface eth0:           [OK]
Shutting down loopback interface:       [OK]
Bringing up loopback interface:         [OK]
Bringing up interface eth0:             [OK]
```

```
#ifdown eth0
#ifup eth0
#
```

4. 在 Linux 客户端测试 DHCP 服务

查看是否已从 DHCP 服务器的地址池获得 IP 地址。

```
#ifconfig eth0
eth0       Link encap:Ethernet   HWaddr 00:0C:29:13:5D:74
           inet addr:192.168.1.10  Bcast:192.168.1.255  Mask:255.255.255.0
           inet6 addr: fe80::20c:29ff:fe13:5d74/64 Scope:Link
           UP BROADCAST RUNNING MULTICAST  MTU:1500  Metric:1
           RX packets:413 errors:0 dropped:0 overruns:0 frame:0
           TX packets:572 errors:0 dropped:0 overruns:0 carrier:0
           collisions:0 txqueuelen:1000
           RX bytes:47701 (46.5 KiB)  TX bytes:64842 (63.3 KiB)
           Base address:0x2000 Memory:d8920000-d8940000
#
```

可以看到,客户端已获取 IP 地址 192.168.1.10 以及子网掩码等其他网络参数,表明 DHCP 服务器配置成功并正常运行。

2.3　深入配置 DHCP 服务器

2.3.1　了解 DHCP 服务的中继代理

在大型网络中,可能会存在多个子网。DHCP 客户机通过网络广播消息获得由 DHCP 服务器分配的 IP 地址。但广播消息是不能跨越子网的,因此,如果 DHCP 客户机和服务器在不同的子网内,客户机若想向服务器申请 IP 地址,就要用到 DHCP 中继代理。安装了 DHCP 中继代理的计算机称为 DHCP 中继代理服务器,它承担不同子网间的 DHCP 客户机和服务器的通信任务。

DHCP 中继代理实际上是一种软件技术,是在不同子网上的客户端和服务器之间中转 DHCP/BOOTP 消息的小程序。在征求意见文档中,DHCP/BOOTP 中继代理是 DHCP 和 BOOTP 标准及功能的一部分。

1. 路由器的 DHCP/BOOTP 中继代理支持

在 TCP/IP 网络中,路由器用于连接不同物理网段(子网)上使用的硬件和软件,并在每个子网间转发 IP 数据报。要在多个子网上支持和使用 DHCP 服务,连接每个子网的路由器应具有在 RFC 1542 中描述的 DHCP/BOOTP 中继代理功能。

要符合 RFC 1542 标准并提供中继代理支持,每个路由器必须能识别 BOOTP 和

DHCP 协议消息并处理(中转)这些消息。由于路由器将 DHCP 消息解释为 BOOTP 消息,如通过相同的 UDP 端口编号发送并包含共享消息结构的 UDP 消息,因此具有 BOOTP 中继代理能力的路由器可中转网络上发送的 DHCP 数据报和任何 BOOTP 数据报。

大多数情况下,路由器支持 DHCP/BOOTP 中继代理。如果用户的路由器不支持,则应与路由器制造商或供应商联系,以查明是否能通过软件或固件升级来提供对该功能的支持。当然,如果路由器确实不能作为 DHCP/BOOTP 中继代理运行,也可以在每个子网中都安装并配置一台作为中继代理运行的 DHCP 服务器,以实现 DHCP 的中继代理。

2. 中继代理的工作原理

中继代理会将其连接的一个物理接口(如网卡)上广播的 DHCP/BOOTP 消息中转到其他物理接口连接到的其他远程子网。如图 2-7 所示,子网 2 上的客户端 C 从远程子网 1 上的 DHCP 服务器 1 获得 IP 地址租约的具体过程如下。

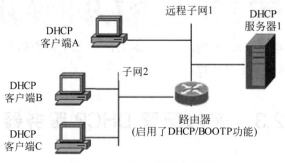

图 2-7　DHCP 中继代理示例

(1) DHCP 客户端 C 使用端口 67 在子网 2 上以用户数据报协议(UDP)的数据报广播 DHCP/BOOTP 查找消息(DHCPDISCOVER)。UDP 端口 67 是 BOOTP 和 DHCP 服务器通信所保留和共享的。

(2) 中继代理。若路由器启用了 DHCP/BOOTP 功能,则检测 DHCP/BOOTP 消息头中的网关 IP 地址。如果网关 IP 地址为 0.0.0.0,则将其改为中继代理或路由器的 IP 地址,然后将消息转发到 DHCP 服务器 1 所在的远程子网 1。

(3) 远程子网 1 上的 DHCP 服务器 1 收到此消息后,将提供可用于 IP 地址租约的 DHCP 作用域,并检查其网关 IP 地址。

(4) 如果 DHCP 服务器 1 有多个 DHCP 作用域,网关 IP 地址(GIADDR)会标识将从哪个 DHCP 作用域提供 IP 地址租约。

例如,如果网关 IP 地址(GIADDR)为 10.0.0.2,则 DHCP 服务器会检查其可用的地址作用域集中是否有与包含作为主机的网关地址匹配的地址作用域范围。在这种情况下,DHCP 服务器将对 10.0.0.1 和 10.0.0.254 之间的地址作用域进行检查。如果存在匹配的作用域,则 DHCP 服务器从匹配的作用域中选择可用地址,以便在对客户端的 IP 地址租约提供响应时使用。

（5）当 DHCP 服务器 1 收到 DHCPDISCOVER 消息后，它会处理 IP 地址租约（DHCPOFFER）并将其直接发送给中继代理。

（6）路由器将地址租约（DHCPOFFER）转发给 DHCP 客户端。此时客户端的 IP 地址仍未知，所以它必须在本地子网上广播。同样，根据 RFC 1542，DHCPREQUEST 消息从客户端中转发到服务器，而 DHCPACK 消息从服务器转发到客户端。

2.3.2　在 Linux 下配置 DHCP 中继代理

本案例使用 3 台安装有 Linux 系统的计算机。其中两台为 Linux 服务器，一台用作 DHCP 服务器，一台用作 dhcprelay 中继代理服务器；第三台是用于测试的客户端 PC。

DHCP 中继代理服务器中安装 3 块网卡：eth0、eth1、eth2，分别用于连接 3 个网段：192.168.5.0/24、192.168.6.0/24、192.168.7.0/24。3 块网卡的 IP 地址分别为：eth0——192.168.5.1、eth1——192.168.6.1、eth2——192.168.7.1。

DHCP 服务器网卡为 eth0，其 IP 地址为 192.168.5.2。DHCP 服务器的配置步骤不再赘述，这里主要介绍中继代理服务器的配置步骤。

（1）配置 DHCP 中继代理。在/etc/sysconfig/dhcrelay 文件中加入如下代码。

```
#vim /etc/sysconfig/dhcrealy          //修改配置项
...
INTERFACES="eth1 eth2"
DHCPSERVERS-"192.168.5.2"
#                                     //保存并退出
```

（2）开启 IPv4 转发功能。在/etc/sysctl.conf 文件中添加如下内容。

```
#vim /etc/sysctl.conf                 //修改配置项
...
net.ipv4.conf.all.bootp_relay=1
net.ipv4.ip_forward=1
#                                     //保存并退出
```

或者执行以下命令。

```
#echo 1>/proc/sys/net/ipv4/conf/all/bootp_relay
#echo 1>/proc/sys/net/ipv4/ip_forward
#
```

（3）开启路由，并启动 dhcrelay 服务。

```
#dhcrelay -i eth1 -i eth2 192.168.5.2          //开启路由
//以下两个命令均可用于临时启动 dhcrelay 服务
#/etc/init.d/dhcrelay start
#service dhcrelay start
```

53

```
Starting dhcrelay:[OK]
//以下命令可永久设置运行级别 2、3、4、5 下自动启动 dhcrelay 服务
#chkconfig --level 2345 dhcrelay on
//也可以使用 ntsysv 命令进入文本菜单界面设置自动启动 dhcrelay 服务
#
```

（4）重新启动 dhcpd 服务。

```
#service dhcpd restart        //重新启动 dhcpd 服务
Stopping dhcpd: .             [OK]
Starting dhcpd:               [OK]
#
```

（5）配置 DHCP 客户端进行测试，其方法见 2.2 节。

如果子网 2 上的客户端能从子网 1 上的 DHCP 服务器获得 IP 地址租约，则表明实现了 DHCP 中继代理。

注意：如果 DHCP 服务器和客户端不在同一个网段，客户端是如何租用 IP 地址的呢？DHCP 信息以广播为主，但路由器不会将广播信息传递到不同网段，解决的办法主要有两种：①在每个网段内都安装 DHCP 服务器；②用户所选择的路由器必须符合 RFC 1542 的 TCP/IP 标准，以便将 DHCP 信息转发到其他网段。

小　　结

DHCP 是一个简化主机 IP 地址分配管理的 TCP/IP 标准协议，利用它可以给网络客户机分配动态的 IP 地址，并进行其他相关的网络环境配置工作。在具有一定规模的企业网络或者人员流动较多的网络环境中，配置 DHCP 服务器可以降低管理员管理 IP 地址的负担，同时可以避免因手工设置 IP 地址等网络参数所产生的错误以及造成 IP 地址冲突的问题。

DHCP 服务使用客户/服务器（C/S）工作模式。网络中的客户机从 DHCP 服务器获取 IP 地址的过程可以简要概括为发现、提供、选择和确认 4 个阶段。在配置 DHCP 服务器之前，首先应对企业内部网络所使用的 IP 地址段进行合理规划，确定哪些地址是分配给需要固定 IP 地址的服务器（包括 DHCP 服务器自身）的、哪些地址是可动态分配给客户机使用的、哪些是需要留作他用的、有无特殊的计算机需要绑定 IP 地址的等。

在 DHCP 服务器主配置文件 /etc/dhcp/dhcpd.conf 的 subnet 子网声明中，使用 range 语句设置可供分配的 IP 地址范围，这是配置 DHCP 服务器过程中最重要的一个步骤。要注意两点：①如果一个可供分配的连续 IP 地址段（如 192.168.0.10～192.168.0.250）内，有一个或多个连续的 IP 地址需要保留而不供分配（如 192.168.0.110～192.168.0.120），则应该把可供分配的 IP 地址范围修改为 192.168.0.10～192.168.0.109 和 192.168.0.121～192.168.0.250，即在配置文件 dhcpd.conf 中用两个 range 语句来进行设置；②如果要将

某台计算机的 MAC 地址绑定某个 IP 地址,可通过在 dhcpd.conf 文件中设置 host me 语句来实现。鉴于有些读者可能在 Windows Server 2008/2012 平台下配置过 DHCP 服务器,而在 Linux 平台下配置 DHCP 服务器时以上两点在处理方法上略有不同,所以特别加以提醒。

DHCP 客户端的设置非常简单,只要将网络参数设置为"自动获得 IP 地址"即可。重新启动客户机后,要检验是否从 DHCP 服务器获取了 IP 地址,可以查看客户机上当前的网络参数配置,其查看方法有很多种,最典型的是使用命令进行查看。注意,在 Windows 客户机和 Linux 客户机上查看当前网络参数配置的命令有所不同,前者使用 ipconfig 命令,后者使用 ifconfig 命令。

习　　题

一、简答题

1. 什么是 DHCP? 在企业内部网络中部署 DHCP 服务有哪些好处?

2. 简述 DHCP 的工作过程。

3. 在 Linux 系统中,DHCP 服务器主配置文件是哪个? 如果默认在/etc/dhcp 目录下没有该配置文件,则通常将哪个文件复制为该配置文件?

4. 解释 DHCP 服务器主配置文件中 range 和 host me 语句的作用。

5. 什么是 DHCP 中继代理? 什么情况下需要配置 DHCP 中继代理?

二、训练题

某经济型酒店目前拥有近 200 间客房,其内网使用 192.168.10.0/24 网段,有两台服务器,办公室工作人员共有 12 台计算机,使用的固定 IP 地址为 192.168.10.100~192.168.10.119(适当留有余量),连接 Internet 使用的网关地址为 192.168.10.254,其余 IP 地址都可自动分配给各间客房供客人自带的计算机使用。另外,酒店经理的笔记本电脑要求每次开机自动获取 IP 地址 192.168.10.188。

(1) 为该酒店合理规划 IP 地址,设计 DHCP 服务器配置方案。

(2) 在 Linux 平台下完成 DHCP 服务器的配置。

(3) 配置多个客户端进行测试。

(4) 按附录 C 中简化的项目文档撰写 DHCP 服务器配置与管理项目实施报告。

项目 3　DNS 服务器配置与管理

能力目标

- 能根据企业信息化建设需求和项目总体规划合理设计 DNS 服务方案。
- 能在 Linux 平台下架设符合企业域名解析服务需求的 DNS 服务器。
- 能配置 Windows 和 Linux 客户端并测试 DNS 服务器的域名解析。
- 具备 DNS 服务器的基本管理和维护能力。

知识要点

- 域名系统的基本概念以及 Internet 域名结构。
- DNS 服务器的工作机制与域名解析过程。
- DNS 服务器主配置文件和区域声明的语句及功能。
- DNS 服务器正向和反向解析资源记录文件的语法。

3.1　知识预备与方案设计

3.1.1　了解域名结构及域名解析过程

在项目 1 中部署 Linux 网络服务器平台时,已经介绍了通过 hosts 文件和 DNS 服务两种实现"名称—IP 地址"的转换方案。现在无论是基于 TCP/IP 的企业网络内部还是通过 Internet 访问企业网络服务器,都是采用 DNS 域名解析的。本项目就是根据新源公司网络信息服务项目的总体规划来设计 DNS 服务方案,并为公司架设 DNS 服务器,实现公司内部网络中多个服务器域名与 IP 地址之间的转换,使客户端能直接通过域名来访问这些服务器。下面首先介绍 DNS 域名结构及域名解析过程。

1. DNS 域名结构

完整的域名是由主机名、域名及间隔符"."组成的,如 www.sina.com.cn 中的 www是这台 Web 服务器的主机名,sina.com.cn 是这台 Web 服务器所在的域名。为了提高查询速度,同时便于记忆,整个 DNS 系统由多个域组成,每个域又细分为很多子域,于是DNS 域的层次就成了树状结构,如图 3-1 所示。

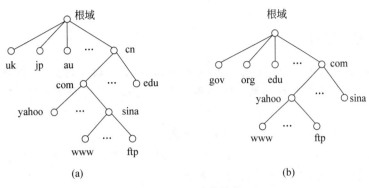

图 3-1　DNS 域的结构

DNS 域结构中,自上而下分别是根域(Root Domain)、顶级域名、二级域名,最后是主机名。域名只是逻辑上的概念,并不反映计算机所在的物理地点。每个域至少由一台 DNS 服务器管辖,该服务器只须存储它管理的域内的数据,同时向上层域的 DNS 服务器注册。例如,管辖 sina.com.cn 的 DNS 服务器就要向管辖 com.cn 的服务器注册,层层向上注册,直到位于树状最高点的根域为止。各个域的特征如下。

(1) 根域。根域位于 DNS 结构的最上层。从理论上讲,只要所查找的主机已按规定注册过,那么无论它位于何处,从根域的 DNS 服务器往下查找,一定可以解析出它的 IP 地址。根域本身不包含文字信息,仅用一个“.”表示,用以定位。通常,在书写一个域名时根域往往是缺省不写的,如新浪网的域名一般写为 www.sina.com.cn。

(2) 顶级域名。根域下的第一级域名称为顶级域名,常见的顶级域名有两类。在美国以外的国家,大多以 ISO 3116 所规定的国家或地区级域名来区分。例如,cn 表示中国,au 表示澳大利亚,jp 表示日本,uk 表示英国等,如图 3-1(a)所示。在美国,虽然也有 us 这个国家或地区级域名,但很少作为顶级域名来使用,而是以组织性质来区分,这些域名也叫通用的顶级域名。例如,com 表示商业机构,edu 表示教育机构,org 表示社会团体,gov 表示政府部门等,如图 3-1(b)所示。由于因特网上用户数量的急剧增加,后来又增设了 7 个通用的顶级域名,分别是: firm 表示公司企业,sgop 表示销售公司和企业,web 表示突出万维网活动的单位,arts 表示突出文化、娱乐活动的单位,rec 表示突出消遣、娱乐活动的单位,now 表示个人,info 表示提供信息服务的单位。

(3) 二级域名。在顶级域名下注册的二级域名均由该国家或地区自行确定。我国将二级域名划分为类别域名和行政区域名两大类。其中类别域名 6 个,分别是: ac 表示科研机构,com 表示工、商、金融等企业,edu 表示教育机构,gov 表示政府部门,net 表示互联网络、接入网络的信息中心和服务提供商等,org 表示各种非营利性组织。行政区域名适用于我国的省、自治区、直辖市及港澳台地区,例如,zj 代表浙江省,bj 代表北京市,sh 代表上海市。

我国顶级域名 cn 的管理以及 cn 下域名的注册管理工作由中国互联网信息中心(CNNIC)负责,包括域名注册、IP 地址分配、自治系统号分配、反向域名登记等。CNNIC 的域名系统管理工作以《中国互联网络域名注册暂行管理办法》和《中国互联网络域名注册实施细则》为基础。

2. 域名解析过程

DNS 域名服务采用客户/服务器(Client/Server)工作模式,把一个管理域名的软件装在一台主机上,该主机就称为域名服务器。在 Internet 上有许多域名服务器分布于世界各地,每个地区的域名服务器以数据库形式将一组本地或本组织的域名与 IP 地址存储为映像表,它们以树状结构连入上级域名服务器。

当客户端发出将域名解析为 IP 地址的请求时,由解析程序(或称解析器)将域名解析为对应的 IP 地址。域名解析过程如图 3-2 所示。

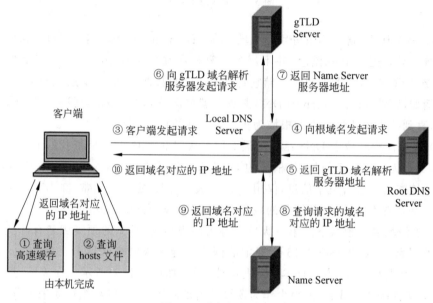

图 3-2　域名解析过程

下面以用户在浏览器中输入域名地址 www.abc.com 为例,详细介绍将域名解析为对应 IP 地址的完整过程。

步骤 1　查询高速缓存。浏览器自身和操作系统都会有一部分高速缓存,用于暂存曾经解析过的域名所对应 IP 地址的记录。因此,浏览器首先会检查自身的缓存,然后检查操作系统缓存,只要缓存中有这个域名对应的解析过的 IP 地址,操作系统就会把这个域名的 IP 地址返回给浏览器,则解析过程结束;如果两种缓存中都没有,则进入步骤 2。

🖱 **注意**:用于暂存曾经解析过的域名所对应 IP 地址的高速缓存,不仅缓存的大小有限制,而且缓存的时间也有限制,通常为几分钟到几小时不等。域名被缓存的时间限制可以通过 TTL 属性来设置。这个缓存时间不宜太长或太短,如果缓存时间设置太长,一旦域名被解析到的 IP 地址有变化,会导致被客户端缓存的域名无法解析到变化后的 IP 地址;如果缓存时间设置太短,会导致用户每次访问网站都要重新解析一次域名。

步骤 2　查询 hosts 文件。hosts 是一个用于记录域名和对应 IP 地址的文本文件(可以理解为一个表),用户可以添加或删除其中的记录。在 Windows 系统中,hosts 文件存放在 C:\Windows\System32\drivers\etc 目录中;而在 Linux 系统中,该文件存放在/etc 目录中。查询 hosts 文件是操作系统在本地的域名解析规程,如果在 hosts 文件中查到了这个域名所对应的 IP 地址,则浏览器会首先使用这个 IP 地址;如果未找到,则进入步骤 3。

🖱 **注意**:虽然现在人们访问 Internet 上的主机都是使用 DNS 实现域名解析的,但利用 hosts 文件来解析域名的方法还是经常会用于服务器的测试。例如,在没有配置 DNS 服务器的情况下,要测试一个 Web 站点的配置是否正确,可以将 Web 站点的域名及对应 Web 服务器的 IP 地址添加到 hosts 文件中,然后通过浏览器用域名访问该站点,检查访问是否正常,这样可以暂时忽略 DNS 域名解析的问题,而仅仅测试 Web 服务器这一单独的业务逻辑是否正确。然而,也正因为操作系统有查询本地 hosts 文件的域名解析规程,所以黑客就有可能通过修改用户计算机上的 hosts 文件而把特定的域名解析到他指定的 IP 地址,导致这些域名被劫持。这在早期的 Windows 版本中出现过很严重的问题,所以在 Windows 7 系统中将 hosts 文件设置成了只读属性,以防止这个文件被黑客轻易修改。其实,不仅是 hosts 文件,修改 DNS 域名解析相关的配置文件也能达到同样的目的,缓存域名失效时间设置过长也不利于安全,作为网络管理员必须注意这些问题。

前面两个步骤都是在客户机完成的,还没有涉及真正的域名解析服务器。如果在客户机中无法完成域名的解析,就会请求域名服务器来解析这个域名。

步骤 3　请求本地域名服务器(Local Domain Name Server,LDNS)解析。在客户机的网络参数配置中都会有"DNS 服务器地址"这一项,这个地址通常设置为提供本地互联网接入的一个 DNS 服务器。例如,你在学校接入互联网,那么你的 DNS 服务器应该就在你的学校;如果你在一个小区接入互联网,那么这个 DNS 服务器就是提供给你接入互联网的服务供应商(Internet Service Provider,ISP),如电信、联通、移动等,它会在你所在城市的某个角落。当客户机通过前两个步骤无法解析到这个域名所对应的 IP 地址时,操作系统会把这个域名发送到你所设置的 LDNS,由它来查询缓存和区域文件,如果找到则直接进入步骤 10,将这个域名所对应的 IP 地址返回给请求解析的客户机;如果 LDNS 仍然没有查找到这个域名,则由 LDNS 完成后面各个步骤的查询,从步骤 4 到步骤 9 是一个递归查询的过程。

🖱 **注意**:一般来说,LDNS 的性能都会很好,当它解析到域名对应的 IP 地址后,也会缓存这个域名的解析结果,当然缓存时间是受域名失效时间控制的(通常缓存空间不是影响域名失效的主要因素)。大约 80% 的域名到这一步都能通过 LDNS 完成域名解析,所以 LDNS 承担了主要的域名解析工作;只有少量的主机名到 IP 地址的映射需要经历以下各个步骤,在互联网上通过递归和迭代方式查询才能完成域名解析。

步骤 4　由 LDNS 向根域名服务器(Root Domain Name Server,RDNS)发送域名解析请求。

🖱 **注意**:全球仅有 13 个根域名服务器,以英文字母 A～M 依序命名,根域名格式为

"字母.root-servers.net"。其中,1个主根服务器放置在美国;其余12个辅根服务器中有9个也在美国,1个在英国,1个在瑞典,1个在日本,它们由互联网名称与编号分配机构ICANN(The Internet Corporation for Assigned Names and Numbers)统一管理。在早期的 Red Hat Linux 中,用来记录每个根域名服务器名称和 IP 地址的列表文件是/var/named/named.root,而在 Fedora 和 CentOS 等版本中,该文件为/var/named/named.ca。

步骤 5 根域名服务器向 LDNS 返回一个查询域的通用顶级域名(gTLD)服务器地址,如.com、.org、.cn 等域名服务器地址。本例中返回.com 的域名服务器地址。

步骤 6 由 LDNS 向步骤 5 中返回的 gTLD 服务器发送域名解析请求。

步骤 7 接受请求的 gTLD 服务器查找并返回此域名对应的 Name Server(域名服务器)地址,这个 Name Server 通常就是用户注册的域名服务器。例如,用户向某个域名服务提供商申请了域名,那么这个域名解析任务就由这个域名提供商的服务器来完成。本例中,gTLD 服务器查找并返回 abc.com 域名服务器的 IP 地址。

步骤 8 由 LDNS 向步骤 7 中返回的 Name Server 发送域名解析请求。

步骤 9 接受请求的 Name Server 会查询存储的域名和 IP 的映像关系表,正常情况下根据域名都能得到目标 IP 地址记录,并连同一个 TTL 值返回 LDNS。本例中,Name Server 查找并返回 www.abc.com 这个域名的 IP 地址及 TTL 值。

步骤 10 LDNS 收到 Name Server 的解析结果后,会缓存这个域名和 IP 地址的对应关系,并将这一结果返回客户机。客户机操作系统也会缓存这个域名和 IP 地址的对应关系,并提交给浏览器。域名缓存时间受 TTL 值控制。

注意:从域名的解析过程可以领会到,在为客户机设置 DNS 服务器地址时,应尽可能选择离客户机距离较近并且高效、优质的 DNS 服务器作为首选 DNS,这样可以提高域名解析的效率及使用域名访问站点的速度。

3.1.2 设计企业网络 DNS 服务方案

1. 项目需求分析

随着新源公司网络规模的不断扩大,公司内部网上的各类服务器(如 Web 服务器、FTP 服务器、E-mail 服务器等)也随着业务量的增加而迅速增多。无论是公司员工的日常办公,还是管理员进行日常网络维护与管理,要记住公司各个服务器的 IP 地址较为困难,使用 IP 地址也不方便。因此,公司员工希望管理员能够为服务器配置好记、有标识性的名字,实现服务器名称化访问,以便企业信息化管理和提高工作效率。

为此,公司准备通过部署企业域名服务器系统 DNS 来实现容易理解的域名与 IP 地址之间的相互转换,方便公司整体机构的协作办公,保证公司各部门之间的数据顺利且方便地传输。

2. 设计网络拓扑

新源公司内部架设的 DNS 服务项目的网络拓扑结构如图 3-3 所示。

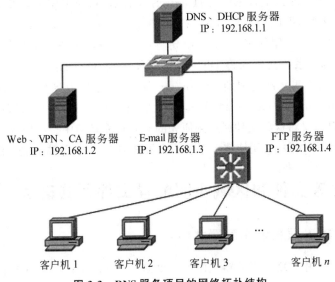

图 3-3　DNS 服务项目的网络拓扑结构

3. 域名方案设计

根据项目需求,新源公司内部网络服务器域名与 IP 地址规划如表 3-1 所示。

表 3-1　新源公司内部网络服务器域名与 IP 地址规划

服 务 器	域 名	IP 地址
DNS 服务器、DHCP 服务器	dns.xinyuan.com	192.168.1.1
Web 服务器、VPN 服务器、CA 认证服务器	www.xinyuan.com	192.168.1.2
E-mail 服务器	mail.xinyuan.com	192.168.1.3
FTP 服务器	ftp.xinyuan.com	192.168.1.4

3.2　认识 DNS 配置文件及其语法

在 Linux 系统中,DNS 服务器所需的软件包名称均以 bind 开头,而服务名称为 named,如何查询和安装可参考项目 1,这里不再赘述。由于配置 DNS 服务器相对比较复杂,所以首先介绍相关的配置文件及其语法,然后针对新源公司的需求进行配置。

61

DNS 服务器的配置主要包括区域声明和资源记录两部分。在较早的 Red Hat 和 Fedora 等版本中,用户需要解析的正向区域和反向区域在 DNS 主配置文件/etc/named.conf 中直接声明,而对应的两个资源记录文件(也称域名数据库文件)存放在/var/named 目录下。但在 Fedora 8 以上及 RHEL/CentOS 等版本中,为了使主配置文件 named.conf 的内容保持简洁清晰,把区域声明部分独立出来,存放在/etc/named.rfc1912.zones 文件中,并在主配置文件的末尾使用 include 语句将该文件包含进来。不仅如此,当用户成功启动 named 服务后,系统会自动将 DNS 服务器部署到/var/named/chroot 环境中,即把主配置文件和区域声明文件复制到 chroot/etc 目录下,把所有区域的正向和反向资源记录文件复制到 chroot/var/named 目录下,也就是把 chroot 视作"根"目录;而当用户正常关闭 named 服务后,又将这些文件回迁到原先的非 chroot 环境中。这样可以避免 DNS 服务器具有系统级的访问权限,从而使整个系统不会被任何 DNS 服务器的安全漏洞所破坏。

3.2.1 主配置文件和区域声明配置文件及其语法

1. 默认的 DNS 服务器主配置文件

在 CentOS 6.5 中,DNS 服务器主配置文件是/etc/named.conf,其内容如下。

```
#vim /etc/named.conf
//named.conf
//See /usr/share/doc/bind*/sample/ for example named configuration files.
//
options {                              //全局配置选项
        listen-on port 53 { 127.0.0.1; };
        listen-on-v6 port 53 { ::1; };
        directory "/var/named";
        dump-file "/var/named/data/cache_dump.db";
        statistics-file "/var/named/data/named_stats.txt";
        allow-query { localhost; };

        recursion yes;
        dnssec-enable yes;
        dnssec-validation yes;
        dnssec-lookaside auto;
        /* Path to ISC DLV key */
        bindkeys-file "/etc/named.iscdlv.key";
        managed-keys-directory "/var/named/dynamic";
};

logging {
        channel default_debug {
                file "data/named.run";
                severity dynamic;
        };
};
```

```
zone "." IN {                          //定义根域声明
        type hint;
        file "named.ca";
};
include"/etc/named.rfc1912.zones";     //包含文件
include"/etc/named.root.key";
#
```

可以看到,在默认的主配置文件 named.conf 中,除了定义全局配置选项的 options 和日志记录规范的 logging 两节内容外,仅有一个 zone 节声明了根域的类型及其对应的资源文件,而在最后使用 include 语句包含了单独用于区域声明的/etc/named.rfc1912.zones 文件,当用户需要添加新的解析区域时只须修改 named.rfc1912.zones 文件,从而避免对主配置文件 named.conf 进行频繁修改。文件开头的注释也提示用户,在/usr/share/doc/bind ＊/sample 目录下还提供了一个 DNS 主配置文件的样板文件,供用户参考。

注意:在 Linux 系统的各种配置脚本中,虽然注释的方法多种多样,但也有一些习惯性的用法。一般来说,说明性文字叙述往往用//开头,在注释内容较多的地方有时也用/＊ …＊/的形式;而那些不需要的配置语句则通常是在行首加 ♯ 号注释,便于以后需要该配置行时只要直接去掉 ♯ 号即可。因此,在修改配置文件时要养成良好的操作习惯。

2. 默认用于区域声明的配置文件

默认用于区域声明的/etc/named.rfc1912.zones 文件的内容如下。

```
#vim /etc/named.rfc1912.zones
zone "localhost.localdomain" IN {      //定义默认完整本地主机名的正向解析声明
        type master;
        file "named.localhost";
        allow-update { none; };
};

zone "localhost" IN {                  //定义默认本地主机别名的正向解析声明
        type master;
        file "named.localhost";
        allow-update { none; };
};

zone "1.0.0.0.0.0.0.0.0.0.0.0.0.0.0.0.0.0.0.0.0.0.0.0.0.0.0.0.0.0.0.0.ip6.
arpa." IN {
        type master;                   //定义 IPv6 回送地址的反向解析区域声明
        file "named.loopback";
        allow-update { none; };
};
```

```
zone "1.0.0.127.in-addr.arpa" IN {        //定义 IPv4 回送地址的反向解析区域声明
    type master;
    file "named.loopback";
    allow-update { none; };
};

zone "0.in-addr.arpa." IN {        //定义反向解析本地网络的声明
    type master;
    file "named.empty";
    allow-update { none; };
};
#
```

可以看到，在默认的区域声明文件 named.rfc1912.zones 中，已经包含了本地主机的完整域名 localhost.localdomain 及别名 localhost 的正向解析区域声明，区域类型为主 DNS 域（master），对应的资源记录文件为 named.localhost；此外，还包含了本地回送地址的 IPv4 和 IPv6 反向解析区域声明，其对应的资源记录文件均为 named.loopback。

注意：在每个正向区域或反向区域声明中，用 file 语句指定对应资源记录文件时通常只需给定文件名，无须指明文件的路径，因为在 DNS 主配置文件 named.conf 的全局配置选项 options 节中已经用 directory 语句指定了默认的资源记录文件都存放在/var/named 目录下。

3. DNS 服务器主配置文件及区域声明的语法

主配置文件 named.conf 中的配置语句、常用的全局配置子句和区域声明子句及其功能分别如表 3-2～表 3-4 所示。

表 3-2 named.conf 中的配置语句及其功能

配置语句	功　　能	配置语句	功　　能
acl	定义 IP 地址的访问控制列表	options	定义全局配置选项
controls	定义 rndc 命令使用的控制通道	server	定义远程服务器的特征
include	将其他文件包含到该配置文件中	trusted-key	为服务器定义 DNSSEC 加密密钥
key	定义授权的安全密钥	zone	定义一个区域
logging	定义日志的记录规范		

表 3-3 全局配置语句的子句及其功能

子　　句	功　　能
recursion yes|no	是否使用递归式 DNS 服务器，默认值为 yes
transfer-format one-answer|many-answer	是否允许在一条消息中放入多条应答信息，默认为 one-answer
directory	定义服务器区域配置文件的工作目录，默认为/var/named
forwarders	定义转发器

表 3-4 区域声明子句及其功能

子　　句	功　　能
type master ｜ hint ｜ slave	master 指定一个区域为主 DNS； hint 指定一个区域为启动时初始化高速缓存的 DNS； slave 指定一个区域为辅助 DNS
file＜filename＞	指定一个区域的信息数据库文件名，即区域文件名

3.2.2　正向和反向解析资源记录文件及其语法

1. 默认本地主机名的正向和反向解析资源记录文件

通常在主配置文件 named.conf 或区域声明文件 named.rfc1912.zones 中定义了一个区域之后，接下来要为该区域建立两个用于正向解析和反向解析的资源记录文件(也称域名数据库文件)。这两个文件位于/var/named 目录下，其文件名必须与区域声明时用 file 语句指定的文件名相同。因为在 named.rfc1912.zones 文件中默认已声明了本地主机名正向解析和 IPv4 回送地址的反向解析区域声明，所以在/var/named 目录下默认就已经有本地主机名的正向和反向解析的资源记录文件，分别是 named.localhost 和 named. loopback。这两个文件的默认配置内容如下。

```
#cat /var/named/named.localhost
$TTL 1D
@       IN SOA    @ rname.invalid. (
                  0     ; serial      //该区域信息文件的版本号
                  1D    ; refresh     //检查 SOA 记录前等待的秒数
                  1H    ; retry       //重试对主 DNS 请求等待的秒数
                  1W    ; expire      //失败时丢弃区信息等待的秒数
                  3H)   ; minimum     //高速缓存中生存的秒数
        NS        @
        A         127.0.0.1
        AAAA      ::1
#
#cat /var/named/named.loopback
$TTL 1D
@       IN SOA    @ rname.invalid. (
                  0     ; serial
                  1D    ; refresh
                  1H    ; retry
                  1W    ; expire
                  3H)   ; minimum
        NS        @
        A         127.0.0.1
        AAAA      ::1
        PTR       localhost.
#
```

2. 正向和反向解析资源记录文件的语法

资源记录文件由若干个资源记录和区域文件指令组成,常用的标准资源记录及其功能如表 3-5 所示。

表 3-5　标准资源记录及其功能

记录类型	功　能
A	将主机名转换为地址。这个字段保存点分十进制形式的 IP 地址。任何给定的主机都只能有一个 A 记录,因为这个记录是授权信息。这个主机的任何附加地址或地址映射必须用 CNAME 类型给出
CNAME	给定一个主机的别名,主机的规范名字是在这个主机的 A 记录中指定的
HINFO	描述主机的硬件和操作系统
MX	建立邮件交换器记录。MX 记录通知邮件传送进程把邮件送到另一个系统,这个系统知道如何将它传送到它的最终目的地
NS	标识一个域的域名服务器。NS 资源记录的数据字段包括这个域名服务器的 DNS 名。还需要指定这个域名服务器的地址与主机名相匹配的 A 记录
PTR	将地址变换成主机名。主机名必须是规范主机名
SOA	告诉域名服务器它后面跟着的所有资源记录是控制这个域的,"(SOA)"表示授予控制权。其数据字段用"( )"括起来并且通常是多行字段

其中,A 记录和 PTR 记录不能同时出现在一个资源记录文件中,A 记录用于正向解析资源记录文件,而 PTR 记录用于反向解析资源记录文件。SOA(Start Of Authority)记录表示一个授权区域的开始,该记录中的数据字段及其功能如表 3-6 所示。

表 3-6　SOA 记录中的数据字段及其功能

数据字段	功　能
contact	该域管理员的邮箱地址。因为@在资源记录中有特殊意义,所以用"."代表这个符号。例如,wbj@xinyuan.com 应写成 wbj.xinyuan.com
serial	该区域信息文件的版本号,它是一个整数。辅助域名服务器用它来确定这个区域信息文件是何时改变的。每次改变信息文件时都应该使这个数加 1
refresh	辅助域名服务器在试图检查主域名服务器的 SOA 记录之前等待的秒数
retry	辅助域名服务器在主域名服务器不能使用时,重试对主域名服务器的请求时等待的秒数
expire	辅助域名服务器不能与主域名服务器取得联系时,在丢掉区域信息之前等待的秒数
minimum	如果资源记录栏没有指定 TTL 值,则以该值为准

DNS 资源记录的格式如下。

```
[domain][ttl][class] type rdata
```

其中,各个字段之间用空格或制表符分隔,这些字段的含义如表 3-7 所示。

表 3-7   资源记录中各字段的含义

字 段	功 能
domain	资源记录引用的域对象名。它可以是单台主机,也可以是整个域。作为 domain 输入的字符串除非不是以一个点结束,否则就与当前域有关系。如果 domain 字段是空的,那么该记录适用于最后一个带名字的域对象
ttl	生存时间记录字段。以秒为单位定义该资源记录中的信息存放在高速缓存中的时间。通常该字段是空的,这表示使用 SOA 记录中为整个区域设置的默认 TTL 值
class	指定网络的地址类别。对于 TCP/IP 网络使用 IN。若未给出类别,就使用前一资源记录的类别
type	标识这是哪一类资源记录
rdata	指定与这个资源记录有关的数据。这个值是必要的。数据字段的格式取决于字段的类型

在区域资源记录文件中使用的区域文件指令及其功能见表 3-8。

表 3-8   区域文件指令及其功能

区域文件指令	功 能
$ INCLUDE	读取一个外部文件
$ GENERATE	创建一组 NS、CNAME 或 PTR 类型的资源记录
$ ORRIGIN	设置管辖源
$ TTL	为没有定义精确生存期的资源定义默认的 TTL 值

3.3   DNS 服务项目的实施

3.3.1   配置 DNS 服务器

为了满足新源公司内部网络服务器的域名解析需求,按照事先设计的域名方案,现在开始具体实施公司 DNS 服务器的配置。

1. 根据新源公司的域名解析需求定义区域声明

为保持 DNS 服务器主配置文件 named.conf 内容的清晰简洁,用户需要解析的区域声明通常添加在/etc/named.rfc1912.zones 文件中。这里需要添加两个区域声明,即新源公司域名 xinyuan.com 的正向解析区域和 1.168.192 的反向解析区域。

```
#vim /etc/named.rfc1912.zones
//默认的文件内容前面已给出,只需在文件末尾添加以下两个 zone 区域声明
```

67

```
...
zone "xinyuan.com" IN {
      type master;
      file "xinyuan.com.zone";        //注意正向解析资源记录文件名
      allow-update { none; };
};

zone "1.168.192.in-addr.arpa" IN {
      type master;
      file "zone.xinyuan.com";        //注意反向解析资源记录文件名
      allow-update { none; };
};                                     //输入完毕,保存并退出
#
```

2. 建立新源公司域名正向和反向解析的资源记录文件

由于/var/named 目录下默认已有本地主机名的正向解析资源记录文件 named.localhost 和本地回送地址的反向解析资源记录文件 named.loopback,所以为方便起见,读者可先把 named.localhost 文件复制为新源公司域名的正向解析资源记录文件 xinyuan.com.zone,把 named.loopback 文件复制为反向解析资源记录文件 zone.xinyuan.com,然后再对它们进行修改。当然,也可以直接新建这两个文件,输入下列内容。

```
#vim /var/named/xinyuan.com.zone
//编辑正向解析资源记录文件,修改或输入以下内容
$TTL 1D
@       IN    SOA    dns.xinyuan.com. admin.xinyuan.com. (
                     0      ; serial
                     1D     ; refresh
                     1H     ; retry
                     1W     ; expire
                     3H)    ; minimum
                     IN  NS     dns.xinyuan.com.
                     IN  MX 5   mail.xinyuan.com.
dns                  IN  A      192.168.1.1
www                  IN  A      192.168.1.2
mail                 IN  A      192.168.1.3
ftp                  IN  A      192.168.1.4
wbj                  IN  CNAME  www.xinyuan.com.
#                                             //输入完毕,保存并退出
#vim /var/named/zone.xinyuan.com
//编辑反向解析资源记录文件,修改或输入以下内容
```

```
$TTL 1D
@      IN     SOA    dns.xinyuan.com. admin.xinyuan.com. (
                        0           ; serial
                        1D          ; refresh
                        1H          ; retry
                        1W          ; expire
                        3H)         ; minimum
               IN  NS     dns.xinyuan.com.
1              IN  PTR    dns.xinyuan.com.
2              IN  PTR    www.xinyuan.com.
3              IN  PTR    mail.xinyuan.com.
4              IN  PTR    ftp.xinyuan.com.
#                                          //输入完毕,保存并退出
```

注意：上述正向解析资源记录文件中,MX 记录用于建立邮件交换器,是在本书项目 6 配置 E-mail 服务器时需要用到的,暂时可以不加此行。另外,正向解析和反向解析的资源记录文件的文件名只要与区域声明时用 file 语句指定的文件名相同即可,并没有特殊的命名规定,但为了增强可读性且便于记忆,习惯上常用"区域名.zone"作为正向解析资源记录文件名,用"zone.区域名"作为反向解析资源记录文件名。

3. 修改 DNS 服务器主配置文件 named.conf 中的全局选项

DNS 服务器主配置文件 named.conf 的 options 节中,默认仅在回送地址 127.0.0.1 和 IPv6 的回送地址::1 上打开 DNS 服务默认的 53 端口,并只允许 127.0.0.1 客户端(即本机)发起查询,如果希望面向所有地址打开 53 端口,并允许网络中所有主机查询,则应将 options 节中作如下修改。

```
#vim /etc/named.conf
        //默认的文件内容前面已给出,只需修改 options 中的以下 3 个配置行
options {                  //全局配置选项
      listen-on port 53{ any; };
      listen-on-v6 port 53{ any; };
      ...
      allow-query { any; };
      ...
};
#                          //修改完毕,保存并退出
```

4. 修改区域解析资源记录文件的权限和所属组

步骤 1　对 xinyuan.com 区域的正向和反向解析资源记录文件分别添加执行权(即 x 权限),或者将其权限设置为所有权限(777)。命令如下。

```
#chmod 777 /var/named/xinyuan.com.zone
#chmod 777 /var/named/zone.xinyuan.com
#
```

步骤 2　将 xinyuan.com 区域的正向和反向解析资源记录文件所属组更改为 named（该用户组在安装 named 服务时系统已自动建立），或者将这两个文件的文件主更改为 named 用户（该用户在安装 named 服务时系统也已自动建立）。命令如下。

```
#chgrp named /var/named/xinyuan.com.zone                    //更改所属组
#chgrp named /var/named/zone.xinyuan.com
```

或者

```
#chown named /var/named/xinyuan.com.zone                    //更改文件主
#chown named /var/named/zone.xinyuan.com
#
```

5. 启动或重新启动 named 服务

使用 rndc 命令启动或重新启动 named 服务。

```
#rndc reload
server reload successful
#
```

也可以使用 service 命令来启动或重新启动 named 服务。

```
#service named restart            //重启 named 服务
Stopping named:[OK]
Starting named:[OK]
#
```

注意：直接对配置文件修改后，要使新设置生效，最好执行 rndc 命令。

6. 关闭 iptables 防火墙和 SELinux

默认情况下，Linux 防火墙 iptables 是处于开启状态的，并且会阻挡 DNS 的访问，导致 DNS 域名解析失败。有关 iptables 的配置将在项目 8 中予以介绍，这里仅对 iptables 服务进行简单的关闭处理，操作方法如下。

```
#service iptables stop
//临时关闭 iptables 服务,如果要永久关闭,可使用下面的命令
#chkconfig --level 35 iptables off
#
```

SELinux 是由美国国家安全局（NSA）在 Linux 社区的帮助下开发的一种强制访问控制（MAC）体系。在这种访问控制体系的限制下，进程只能访问它的任务中所需的文件。SELinux 有 3 种工作模式（或状态），即 disabled、permissive 和 enforcing，默认为 enforcing。简单地说，disabled 模式就是不装载（即关闭）SELinux 策略。后两种模式都是使 SELinux 策略有效，但其访问控制策略对用户操作的处理方式不同，permissive 模式下即使用户违反了策略，也仍可以继续操作，只是把用户违反的内容记录下来；而

enforcing 模式下只要用户违反了策略,就无法继续操作。关于 SELinux 的具体使用本书不再深究,这里仅对其进行简单的关闭处理,操作方法如下。

```
#getenforce                              //查看 SELinux 当前模式
Enforcing
#setenforce 0                            //临时关闭 SELinux 策略(即无效)
//也可以使用以下命令
#setenforce disabled
//如果要永久关闭 SELinux 策略,可以修改其配置文件/etc/selinux/config
#vim /etc/selinux/config
...                                      //文件内容略,找到以下配置行
//SELINUX=enforcing,将该行内容修改为
SELINUX=disabled
#                                        //修改完毕,保存并退出
```

3.3.2 配置客户端并测试 DNS 域名解析

无论是在 DNS 服务器本地还是在 Windows 或 Linux 客户端,要通过新源公司 DNS 服务器解析域名,只须将其网络参数中的 DNS 服务器地址改为 192.168.1.1。由于在 Windows 或 Linux 客户端都可以使用 nslookup 命令来测试 DNS 服务器的域名解析是否成功,而且命令使用方法完全相同,所以下面首先介绍如何设置 Windows 和 Linux 两种客户端的 DNS 服务器地址,然后进行 DNS 服务器的正向和反向解析测试。

1. 设置 Windows 客户端的 DNS 服务器地址

打开"本地连接属性"对话框,选择"Internet 协议(TCP/IP)"选项,单击"属性"按钮,在弹出的"Internet 协议(TCP/IP) 属性"对话框中单击"使用下面的 DNS 服务器地址"单选按钮,在"首选 DNS 服务器"文本框中输入 192.168.1.1,如图 3-4 所示。

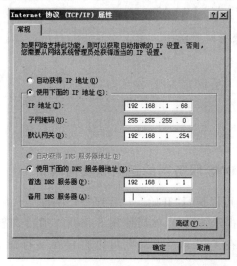

图 3-4 在 Windows 客户端设置首选 DNS 服务器地址

2. 设置 Linux 客户端的 DNS 服务器地址

如果是 CentOS 客户端，DNS 服务器地址可以直接在网络接口配置文件 ifcfg-eth0 中使用 DNS1 语句指定，重启后就会自动出现在 resolv.conf 文件中的 nameserver 配置行；但如果是 Red Hat、Fedora 等 Linux 版本的客户端，DNS 服务器地址必须在/etc/resolv.conf 文件中使用 nameserver 语句进行设置。这两种设置方法如下。

```
//CentOS 客户端可以修改网络接口 eth0 配置文件，使用 DNS1 语句指定 DNS 服务器地址
#vim /etc/sysconfig/network-scripts/ifcfg-eth0
DEVICE=eth0
HWADDR=00:26:2D:FD:6B:5C
TYPE=Ethernet
UUID=e662bd32-f9e2-47b0-9cbf-5154aa468931
ONBOOT=yes
NM_CONTROLLED=no
BOOTPROTO=static
IPADDR=192.168.1.70
NETMASK=255.255.255.0
BROADCAST=192.168.1.255
NETWORK=192.168.1.0
GATEWAY=192.168.1.254
DNS1=192.168.1.1
#                                          //修改完毕，保存并退出
#service network restart                   //重启网络接口
Shutting down interface eth0:          [OK]
Shutting down loopback interface:      [OK]
Bringing up loopback interface:        [OK]
Bringing up interface eth0: Determining if ip address 192.168.1.70 is already
in use for device eth0...              [OK]
#
//Red Hat、Fedora 等客户端修改 resolv.conf 文件，使用 nameserver 指定 DNS 服务器
//地址
#vim /etc/resolv.conf                      //设置 DNS 服务器地址
nameserver 192.168.1.1
#                                          //修改完毕，保存并退出
#
```

3. 在客户端测试 DNS 服务器的正向和反向解析

在 Windows 客户端可以执行"开始"→"程序"→"附件"→"命令提示符"命令，或者直接运行 cmd 来打开命令提示符窗口，然后使用 nslookup 命令来测试 DNS 服务器的正向和反向解析是否成功。在 Linux 客户端则可以直接在字符命令界面下执行 nslookup 命令。

72

```
#nslookup
>dns.xinyuan.com                //测试域名正向解析 A 记录
Server:192.168.1.1
Address:192.168.1.1#53

Name: dns.xinyuan.com
Address:192.168.1.1
>www.xinyuan.com                //测试域名正向解析 A 记录
Server:192.168.1.1
Address:192.168.1.1#53

Name: www.xinyuan.com
Address:192.168.1.2
>mail.xinyuan.com               //测试域名正向解析 A 记录
Server:192.168.1.1
Address:192.168.1.1#53

Name:mail.xinyuan.com
Address:192.168.1.3
>ftp.xinyuan.com                //测试域名正向解析 A 记录
Server:192.168.1.1
Address:192.168.1.1#53

Name:ftp.xinyuan.com
Address:192.168.1.4
>192.168.1.1                    //测试反向解析指针 PTR 记录
Server:192.168.1.1
Address:192.168.1.1#53

1.1.168.192.in-addr.arpa name=dns.xinyuan.com.
2.1.168.192.in-addr.arpa name=www.xinyuan.com.
3.1.168.192.in-addr.arpa name=mail.xinyuan.com.
4.1.168.192.in-addr.arpa name=ftp.xinyuan.com.
>set type=ns                    //测试名称服务器 NS 资源记录
>xinyuan.com
Server:192.168.1.1
Address:192.168.1.1#53

xinyuan.com nameserver=dns.xinyuan.com.
>set type=mx                    //测试邮件交换器 MX 资源记录
>xinyuan.com
Server:192.168.1.1
Address:192.168.1.1#53

xinyuan.com mail exchanger=5 mail.xinyuan.com.
>set type=soa                   //测试起始授权机构 SOA 资源记录
>xinyuan.com
Server:192.168.1.1
```

```
Address:192.168.1.1#53

xinyuan.com
        origin=dns.xinyuan.com
        mail addr=admin.xinyuan.com
        serial=0
        refresh=86400
        retry=3600
        expire=604800
        minimum=10800
>set type=cname                     //测试别名 CNAME 资源记录
>wbj.xinyuan.com
Server:192.168.1.1
Address:192.168.1.1#53

wbj.xinyuan.com canonical name=www.xinyuan.com.
>exit                              //退出 nslookup
#
```

  注意：上述是测试成功时显示的情况。如果 DNS 域名正向解析或反向解析测试不成功，则应仔细检查相关配置文件的位置和内容是否正确、资源记录文件的权限是否已正确设置、Linux 防火墙 iptables 和 SELinux 是否已关闭等。另外，可能会有读者认为反向解析没什么作用，因为在日常工作中使用最多的是正向解析，即域名到 IP 地址的转换。然而，有许多网络服务程序（如 HTTP、FTP 等）会以日志的形式记录客户端的连接请求，一旦收到客户端发来的 IP 数据包，就需要利用 DNS 的反向解析功能将 IP 地址转换成域名。这样，当管理员在查看日志文件时，就不用再面对令人费解的 IP 地址了，所以反向解析也是 DNS 一个非常重要的功能。

  最后还需要说明的是，本项目中为新源公司架设的 DNS 服务器还只能为企业内网的计算机提供域名解析服务，如果要使 Internet 上的计算机也能够使用 www.xinyuan.com 等域名访问企业内部的服务器，还需要具备以下条件。

  （1）获得公网地址（通常需要购买），并由网络地址转换设备把 www.xinyuan.com 的内网地址转为公网地址（如 202.96.134.1）。

  （2）在公网上注册 xinyuan.com 域，同时在公网上的 xinyuan.com 域 DNS 服务器上添加 www.xinyuan.com 指向 WWW 服务器公网地址（202.96.134.1）的记录。因此，公司域名也不是随便取的，注册域名通常需要付费。

小　　结

  在 TCP/IP 网络中，主机之间的点到点访问是以 IP 地址来唯一标识通信双方的，如同人们通过拨打手机号码来实现双方通话一样。但人们往往难以记住那些枯燥无味的一串串数字形式的 IP 地址，而更容易记忆用文字描述的有特定意义的名称。那么，如何解决主机名称与 IP 地址之间的转换呢？一种最简单的方法是，在计算机的本地设置一个 hosts 文本文件，用它来建立 IP 地址与主机名称的对应关系，这就如同在手机中建立的号码簿。

然而，依靠本地 hosts 来记录和解析 Internet 上数量庞大的主机不仅效率极低，而且几乎是不可能做到的。为此，在 TCP/IP 体系的应用层制定了一个域名系统（DNS），它主要包含了两方面的功能：①定义一套为主机命名（域名）的规则；②实现主机域名和 IP 地址之间的高效转换。域名采用分层树状结构，自顶向下的各层次分别为根域、顶级域、二级域……最后到达主机名，而在书写时采用自下而上的描述方法。例如，在一个完整的主机名称 www.sina.com.cn 中，最左边的 www 为主机名，最右边的"."表示根域（可缺省）。当客户机应用程序使用域名来访问某个主机时，DNS 首先会从客户机的本地缓存中查询该域名对应的 IP 地址，如果未找到，则向客户机所设置的 DNS 服务器发出查询请求，如果仍未找到，则 DNS 会启动一个从根域开始查找的递归查询过程。最终找到主机域名所对应的 IP 地址，并将结果返回给客户机时，客户机会在缓存中保留该记录。

DNS 服务器将客户机请求的主机名称转换为 IP 地址的域名解析过程，是采用分布式数据库系统以及 C/S 模式来实现的。为了解析企业供用户访问的 Web、FTP、E-mail 等服务器的名称，可以利用 Linux 平台架设自己的 DNS 服务器，其配置过程大致分为两个步骤：①声明需解析的企业域名（如 xinyuan.com），或者说是新建一个解析区域，并指明存储该区域中主机记录的资源文件位置；②在这个域中添加要解析的主机，也就是创建解析该域中各主机的资源文件。但这还只是实现了将主机名称转换为 IP 地址的正向解析，如果同时需要实现将 IP 地址转换为主机名称的反向解析，则还需要建立反向区域和反向解析的资源文件。

客户机只须将"首选 DNS 服务器"设置为企业内部 DNS 服务器的 IP 地址，就可以通过 ping 或 nslookup 命令测试主机域名解析是否成功。

如果要解析的主机使用的不是固定的 IP 地址，而是通过 DHCP 自动获取的 IP 地址，则可以利用 DHCP 服务来实现 DNS 服务器地址的自动更新。

习　　题

一、简答题

1. 什么是 DNS？其主要功能是什么？

2. 简述 DNS 的域名解析过程。

3. hosts 文件的作用是什么？在 CentOS 系统中，hosts 文件存放在哪个目录下？

4. 目前全球有多少个根域服务器？分布在哪些区域？在 CentOS 系统中，这些根域服务器的地址存放在哪个文件中？

5. 在 CentOS 系统中，DNS 服务名称是什么？DNS 服务器主配置文件与默认的正向和反向资源文件分别存放在哪个目录下？

6. 在 Linux 平台下配置 DNS 服务器时,正向解析资源文件中的 A 记录、NS 记录、MX 记录和 CNAME 记录的作用分别是什么?

7. 在 Linux 系统中,host.conf 和 resolv.conf 文件的作用是什么?

8.(拓展题)如果要解析的主机使用的不是固定的 IP 地址,而是通过 DHCP 自动获取的 IP 地址,应如何实现 DNS 域名解析?

二、训练题

盛达电子是一家生产和经营电子产品的中小型公司,现有两台服务器。其中一台服务器的 IP 地址为 192.168.3.1,用于配置 DNS 服务器以及公司可供外网访问的 Web 站点(域名为 www.sddz.com);另一台服务器的 IP 地址为 192.168.3.2,用于配置供公司内部员工访问的 Web 站点(域名为 www2.sddz.com)和 FTP 站点(域名为 ftp.sddz.com)。

(1)按上述需求,在 Linux 平台下完成 DNS 服务器的配置,实现公司 3 个主机域名的解析。

(2)配置客户端,并使用 nslookup 命令进行正向和反向解析测试。

(3)按附录 C 中简化的项目文档撰写 DNS 服务器配置与管理项目实施报告。

项目 4　Web 服务器配置与管理

能力目标

- 能根据企业信息化建设需求和项目总体规划合理设计 Web 服务方案。
- 能在 Linux 平台下架设符合企业网站信息服务需求的 Web 服务器。
- 能在同一台服务器上使用 IP 地址法、TCP 端口法、主机头名法架设多个站点。
- 具备 Web 服务器的基本管理和维护能力。

知识要点

- Web 服务器的基本概念与工作机制。
- 基于 IP 地址、TCP 端口、主机头名、虚拟目录的虚拟网站的基本概念。
- Apache 主配置文件 httpd.conf 的常用语句及其功能。

4.1　知识预备与方案设计

　　Internet 上的信息发布是通过 Web 服务器上的 Web 站点来实现的,构建企业 Web 站点是企业用户信息化建设的重要环节,Web 服务器是 Intranet 网站的核心。本项目就是为新源公司架设自己的 Web 服务器,并实现在同一台服务器上架设多个不同用途的站点,使公司员工能通过访问不同的 Web 站点完成不同的工作。

4.1.1　Web 服务器及其工作原理

1. Web 服务器概述

　　Web 服务器又称万维网(World Wide Web,WWW)服务器,是在网络中为实现信息发布、资料查询、数据处理等诸多应用搭建基本平台的服务器。Web 服务器的应用范围十分广泛,从个人、中小型企业到大型企业,用户需要根据 Web 服务器运行的应用、面向的对象以及用户的点击率等诸多因素来综合考虑其配置,同时还要综合考虑其性价比、安全性、易用性等各方面的因素。

　　伯纳斯·李发明了万维网技术及其协议,使分布在世界各地的科学家能通过 Internet 方便地共享科研成果及其他信息。这个协议就是超文本传送协议(HyperText

Transfer Protocol，HTTP），已成为今天的 Web 标准。由于 Web 技术对信息的组织具有很好的灵活性和多样性，并使网上的用户不论在世界的任何地方都能使用浏览器软件快速、方便地浏览网页信息，所以 Web 应用很快成为使用最广泛、发展最迅速的网络应用之一。

Web 是通过超文本的方式把分布在网络上的不同计算机上的文字、图像、声音、视频等多媒体信息利用超文本置标语言（HyperText Markup Language，HTML）有机地结合在一起，让用户通过浏览器实现信息的检索。超文本文件是一种以叙述某项内容为主体的文本文件，在 HTTP 的支持下，文本中的被选词可以扩充到所关联的其他信息，这种关联称为超链接。被链接的文档又可以包含其他文档的链接，而且文档可以分布在世界各地的其他计算机上。由于人们的思维通常是跳跃式、联想式的，因此使用超文本顺应了人们的思维习惯。

HTML 是用来创建超文本文档的简单置标语言，这些文档可以从一个操作平台移植到另一个操作平台。HTML 文件通常称为 Web 页或网页，是标准的 ASCII 文本文件，其中嵌入的标记表示文本格式和超链接，这些标记由客户机的浏览器解释。

Web 采用了统一资源定位符（Uniform Resource Locator，URL）来标识网络各种类型的信息资源，使每一个信息资源在 Internet 范围内都具有唯一的标识。这些资源可以是 Internet 上任何可被访问的对象，包括文件目录、文本文件、图像文件、声音文件，以及电子邮件地址、USENET 新闻分组、BBS 中的讨论组等。URL 不仅要表示资源的位置，还要明确浏览器访问资源时采用的方式或协议。URL 由 3 部分组成，其格式一般如下。

协议类型://主机域名/[路径][文件名]

其中，协议类型有 HTTP、FTP、Telnet 以及访问本地计算机中文件资源的 File 等。

2. Web 服务器的工作原理

Web 采用浏览器/服务器（B/S）模式工作，浏览器与服务器之间的通信遵循 HTTP 协议。其中浏览器就是用户计算机上的客户程序；服务器是提供网页数据的分布在网络上的成千上万台计算机，这些计算机运行服务器程序，所以也被称为 Web 服务器。

Web 服务器的工作原理如图 4-1 所示。

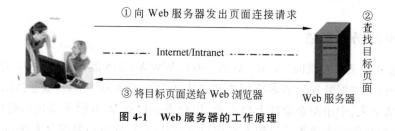

①向 Web 服务器发出页面连接请求

②查找目标页面

Internet/Intranet

③将目标页面送给 Web 浏览器

Web 服务器

图 4-1　Web 服务器的工作原理

浏览器向 Web 服务器发出服务请求，而 Web 服务器具体负责数据处理、数据查询与更新、产生网页文件等操作，这些操作是由 CGI、ASP 等实现的，并向浏览器传送相应的 Web 超媒体文档，如网页。客户端的浏览器能解释网页的各种标记或脚本以及 Java、

ActiveX 等语言,并在客户机上运行,如屏幕上显示动画等。

Web 浏览器是用户检索查询、采撷、获取 Web 服务器上各种信息资源的工具,不同的浏览器其功能有强有弱,但都具有以下基本功能。

(1) 检索功能。浏览器具有读入 HTML 文档或其他类型的超文本文件,解释 HTML 所描述的图表、声音、动画、表格以及进一步的链接信息,能利用 HTTP 链接并检索其他任何 Web 服务器上的数据和信息。

(2) 文件服务功能。可以实时阅读下载的文档,在查阅文档时可随时保存、打印或前后浏览,下载过程可随时中止。

(3) 编辑 Web 页。通过编辑器可查阅、编辑 Web 页的源文件。

(4) 提供其他 Internet 服务,如用作 FTP、Telnet、E-mail 等服务的客户端软件。

3. Apache 简介

Apache 源自美国国家超级技术计算应用中心的 Web 服务器项目,目前已在 Internet 中占据了主导地位,几乎所有的 Linux 发行版都自带 Apache。Apache 不仅快速、可靠,而且完全免费和源代码开放。如果需要创建一个每天有数百万次访问的 Web 站点,Apache 会是较好的选择。当然,Apache 需要经过精心配置,才能适应高负荷、大吞吐量的 Internet 工作。

Apache 的主要特性有:几乎可以运行在所有的计算机平台上;支持 HTTP 1.1 协议;简单而强大的配置文件 httpd.conf;支持通用网关接口;支持虚拟主机;支持 HTTP 验证;集成 Perl;集成代理服务器;可以通过 Web 浏览器监视服务器的状态并自定义日志;支持服务器端包含命令;支持安全 Socket;具有用户会话过程的跟踪能力;支持 FASTCGI;支持 Java Servlets;支持 PHP;实现了动态共享对象并允许在运行时动态装载功能模块;支持第三方软件开发商提供的大量功能模块。

4.1.2   设计企业网络 Web 服务方案

1. 项目需求分析

应用电子商务可使企业获得在传统模式下无法获得的大量商业信息,在激烈的市场竞争中领先对手。因此,为了树立全新的企业形象,进一步强化公司与客户的互动性,优化公司内部管理,完善产品展示、新闻发布、售后服务、企业论坛等功能,从而使公司同合作伙伴、经销商、客户和浏览者之间的关系更加密切,增强竞争力,最终达到优化企业经营模式,提高企业运营效率的总目标,新源公司决定配置一台符合自己需求的 Web 服务器,形成一个最新的技术架构和应用系统平台。

由于新源公司规模不是很大,目前在整个企业信息化项目中仅构架一台单网卡 Web 服务器,而且对 Web 服务器的点击率要求并不高。但是,公司在这台 Web 服务器上至少要构架以下 4 个站点。

(1) 公司主网站(外网站点),即在外网上可访问的公司网站,主要用于产品展示、新闻发布、售后服务、企业论坛等。

（2）用于公司员工业绩考核的站点。

（3）公司员工培训和考试的专用站点。

（4）仅限于公司内部访问的站点，除外网站点具备的功能外，还包括公司内部资料、内部通知、内部公告等内容。

2. 设计网络拓扑结构

新源公司内部架设的 Web 服务项目的网络拓扑结构如图 4-2 所示。

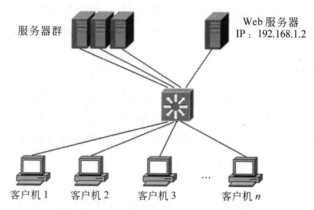

图 4-2　Web 服务项目的网络拓扑结构

3. 设计 Web 站点方案

根据项目需求，同时为了让读者能学会在同一台服务器上采用多种不同方法来架设多个 Web 站点，对新源公司需要架设的 4 个 Web 站点规划如表 4-1 所示。

表 4-1　新源公司 Web 服务器站点规划与设计

站点名称	站点域名	IP 地址	端口号	网站目录	实施方案
公司外网站点	www.xinyuan.com	192.168.1.2	80	/var/www/html	默认站点
业绩考核站点	yjkh.xinyuan.com	192.168.1.5	80	/var/www/site2	不同 IP 地址
培训考试站点	study.xinyuan.com	192.168.1.2	8080	/var/www/site3	不同端口号
公司内网站点	www2.xinyuan.com	192.168.1.2	80	/var/www/site4	不同主机头

4.2　企业网络 Web 服务项目实施

4.2.1　使用默认配置架设公司第一个站点

按照新源公司的 IP 地址规划以及 DNS 服务项目的实施，Apache 安装在 IP 地址为

192.168.1.2 的 Linux 系统上，其软件包和服务名称均为 httpd，如何查询、安装以及配置服务器 IP 地址在项目 1 中已有详细介绍，这里不再赘述。

1. 认识 Apache 默认配置中几个基本配置项

Apache 的主配置文件为/etc/httpd/conf/httpd.conf，它包含了针对服务器自身及架设 Web 站点的全部配置信息。因此，只要通过修改 httpd.conf 文件中的配置项，就可以对 Apache 以及架设的 Web 站点实现高效、精准和安全的配置。

httpd.conf 文件中的配置项非常多，其含义和作用的详细解释可参阅附录 B。对于初学者来说，应首先掌握几个最基本也最重要的配置项，包括：设置服务器根目录、监听端口号、运行服务器的用户和组、根文档路径、Web 站点默认文档等。

```
#vim /etc/httpd/conf/httpd.conf          //以下仅列出几个基本配置项的默认配置
ServerRoot"/etc/httpd"                   //默认的服务器根目录
Listen 80                                //默认监听的端口号
User apache                              //运行服务器的用户名
Group apache                             //运行服务器的组名
ServerAdmin root@localhost               //默认的管理员邮箱地址
DocumentRoot"/var/www/html"              //默认的根文档路径
DirectoryIndex index.html index.html.var //Web 站点的默认文档
...
#
```

事实上，使用 Apache 主配置文件 httpd.conf 的默认配置，就已经能满足一个基本的 Web 站点需求。因此，架设新源公司第一个默认的外网站点无须对 httpd.conf 文件做任何修改，只要在/var/www/html/目录下创建一个文件名为 index.html 的首页，并启动 httpd 服务即可。

2. 建立公司第一个 Web 站点的主页

如何设计一个符合企业需求、布局合理美观的 Web 站点首页不是本书讨论的范畴，这里仅给出一个简单的/var/www/html/index.html 样本，供读者测试时参考使用。

```
<HTML>
<HEAD>
    <TITLE>新源公司</TITLE>
</HEAD>
<BODY LANG="zh-CN" DIR="LTR">
    <P ALIGN=CENTER STYLE="margin-bottom: 0cm"><FONT SIZE=6
    STYLE="font-size: 32pt">新 源 公 司</FONT></P>
    <P ALIGN=CENTER STYLE="margin-bottom: 0cm"></P>
    <P ALIGN=CENTER STYLE="margin-bottom: 0cm"><FONT SIZE=5
    STYLE="font-size: 20pt">第一个网站：可供外网访问的默认主站点</FONT></P>
</BODY>
</HTML>
```

3. 启动 httpd 服务并从客户端访问 Web 站点

用以下命令启动 httpd 服务。

```
#service httpd start        //启动 httpd 服务
Starting httpd:            [OK]
#
```

成功启动 httpd 服务后，在客户端浏览器的地址栏中输入 http://www.xinyuan.com 或 http://192.168.1.2 就可以访问到站点的主页了，如图 4-3 所示。

图 4-3　客户端测试浏览公司第一个网站

4.2.2　在同一台服务器上架设多个 Web 站点

新源公司在架构了第一个 Web 站点之后，还要在同一台物理服务器上架构其他 3 个 Web 站点，这可以通过配置虚拟主机的方法来实现。

1. 使用虚拟主机在同一台服务器上架设多个 Web 站点的方法

用 Apache 设置虚拟主机的方法主要有 IP 地址法、TCP 端口法和主机头名法（也称基于域名的虚拟主机），这 3 种方法都是通过配置 VirtualHost 容器来实现的。VirtualHost 容器中包含以下 5 条指令。

（1）ServerAdmin：指定虚拟主机管理员的 E-mail 地址。

（2）DocumentRoot：指定虚拟主机的根文档目录。

（3）ServerName：指定虚拟主机的名称和端口号。

（4）ErrorLog：指定虚拟主机的错误日志存放路径。

（5）CustomLog：指定虚拟主机的访问日志存放路径。

注意：每个虚拟主机都会从主服务器继承相关的配置。例如，DirectoryIndex 配置项设置了主页文件名查找顺序，因此当使用 IP 地址或域名访问虚拟站点时也将按此顺序查找主页，从而浏览 index.html 主页内容。

当然，如果希望新源公司其他 3 个 Web 站点都能使用域名访问，则在实施这些站点配置之前,还需要为其域名配置相应的 DNS 解析记录,此项工作可参考项目 3 通过修改资源记录文件来自行实施。另外,对于新源公司其他 3 个 Web 站点用于测试的首页文档,读者可在第一个站点的 HTML 文档基础上适当修改文字内容,只要使浏览的页面内容有所不同即可,以下不再给出主页文档 index.html 的参考样本。

2. 采用不同 IP 地址配置虚拟主机来架设公司的第二个站点

这种方式需要通过为服务器的网络接口绑定多个 IP 地址来为多个虚拟主机服务。根据本项目的设计方案,业绩考核站点是通过采用一个网卡绑定另一个 IP 地址 192.168.1.5 来架构的。站点域名地址为 yjkh.xinyuan.com,主页文件存放在目录/var/www/site2/中。实施步骤如下。

步骤 1　用以下命令为一块网卡配置子接口并绑定一个(或多个)新的 IP 地址。

```
#ifconfig eth0:1 192.168.1.5 up          //配置 eth0:1 子接口并绑定 IP 地址
#ifconfig                                //显示所有网络接口的配置情况
#
```

🌀**注意**:使用 ifconfig 命令只能对网络接口做临时配置,这些配置信息在计算机重新启动后将会丢失。如果要对网络接口参数做永久性配置,可以使用下面的方法创建并编辑新的子接口参数。

```
#cd/etc/sysconfig/network-scripts       //进入 network-scripts 目录
#cp ifcfg-eth0 ifcfg-eth0:1
//将网络接口 eth0 配置文件复制为子接口 eth0:1 的配置文件
#vim ifcfg-eth0:1                        //打开子接口 eth0:1 配置文件进行修改
//内容略,仅须将从 ifcfg-eth0 复制过来的内容修改接口名称和 IP 地址
...
DEVICE=eth0:1                            //改为子接口名 eth0:1
IPADDR=192.168.1.5                       //改为新的 IP 地址 192.168.1.5
...                                      //修改完毕,保存并退出
#ifconfig eth0:1 up
#service network restart                 //重启网络配置
#
```

步骤 2　配置 DNS 服务器,在正向解析资源文件中添加一行主机记录(A 记录),设置域名 yjkh.xinyuan.com 指向 IP 地址 192.168.1.5,并重新启动 named 服务。

步骤 3　在/var/www/目录下创建一个子目录 site2,然后在 site2 子目录下创建一个文件名为 index.html 的网站首页。

步骤 4　修改主配置文件 httpd.conf,在文件最后添加以下内容,然后保存文件,重新启动 httpd 服务。

```
#vim /etc/httpd/conf/httpd.conf          //编辑 httpd.conf 文件,添加以下内容
<VirtualHost 192.168.1.5>                //或者<VirtualHost 192.168.1.5:80>
```

```
    DocumentRoot /var/www/site2
</VirtualHost>
//添加完毕,保存并退出
#service httpd restart                //重启 httpd 服务
#
```

步骤 5   打开客户端浏览器,在地址栏输入 http://yjkh.xinyuan.com,即可在浏览器中显示步骤 3 中创建的主页内容,如图 4-4 所示。

图 4-4   客户端浏览测试新源公司第二个网站

3. 采用不同端口号配置虚拟主机来架设公司的第三个站点

根据本项目的设计方案,新源公司培训考试站点就是使用特殊的 TCP 端口号(8080)来与其他站点区分的。该站点与另外两个站点都绑定了 192.168.1.2 的 IP 地址,站点域名地址为 study.xinyuan.com,网站存放目录为/var/www/site3/。

步骤 1   配置 DNS 服务器,在正向解析资源文件中添加一行主机记录(A 记录),设置域名 study.xinyuan.com 指向 IP 地址 192.168.1.2,并重新启动 named 服务。

步骤 2   在/var/www/目录下创建一个子目录 site3,然后在 site3 子目录下创建一个文件名为 index.html 的网站首页。

步骤 3   修改主配置文件 httpd.conf,在文件最后添加以下内容,然后保存文件,重新启动 httpd 服务。

```
#vim /etc/httpd/conf/httpd.conf       //编辑 httpd.conf 文件,添加以下内容
Listen 8080
<VirtualHost 192.168.1.2:8080>
    DocumentRoot /var/www/site3
</VirtualHost>
//添加完毕,保存并退出
#service httpd restart                //重启 httpd 服务
#
```

步骤 4   打开客户端浏览器,在地址栏输入 http://study.xinyuan.com:8080,即可在浏览器中显示步骤 2 中创建的主页内容,如图 4-5 所示。

图 4-5 客户端浏览测试新源公司第三个网站

4. 采用不同主机头名配置虚拟主机来架设公司的第四个站点

基于域名的虚拟主机(即主机头名法)是中小型企业网络中实现一台服务器上架设多个 Web 站点较为适合的一种解决方案,因为它不需要更多的 IP 地址,而且配置简单,也不需要特殊的软件和硬件支持。

根据本项目的设计方案,新源公司内网站点是使用不同的主机头名(也就是主机域名不同)来与其他站点区分的。该站点与另外两个站点(供外网访问的主站点和员工培训考试站点)都绑定了同一个 IP 地址 192.168.1.2,并且都使用默认的 80 端口,只是该站点的主机头名为 www2,即站点域名为 www2.xinyuan.com,其主页文件存放在目录/var/www/site4/中。配置该站点的具体实施步骤如下。

步骤 1 配置 DNS 服务器,在正向解析资源文件中添加一行主机记录(A 记录),设置域名 www2.xinyuan.com 指向 IP 地址 192.168.1.2,并重新启动 named 服务。

步骤 2 在/var/www/目录下创建一个子目录 site4,然后在 site4 子目录下创建文件名为 index.html 的首页默认文档。

步骤 3 修改主配置文件 httpd.conf,在文件最后添加以下内容,然后保存文件,重新启动 httpd 服务。

```
#vim /etc/httpd/conf/httpd.conf        //编辑 httpd.conf 文件,添加以下内容
NameVirtualHost 192.168.1.2            //或 NameVirtualHost 192.168.1.2:80
<VirtualHost 192.168.1.2>              //或<VirtualHost 192.168.1.2:80>
    DocumentRoot /var/www/site4
    ServerName www2.xinyuan.com
</VirtualHost>
//添加完毕,保存并退出
#service httpd restart                 //重新启动 httpd 服务
#
```

步骤 4 打开客户端浏览器,在地址栏中输入 http://www2.xinyuan.com,即可在浏览器中显示步骤 2 中创建的主页内容,如图 4-6 所示。

85

图 4-6　客户端浏览测试新源公司第四个网站

4.3　深入配置 Web 服务器

Web 服务器的主配置文件 httpd.conf 包含了针对服务器自身及架设 Web 站点的全部配置信息,可以实现 Web 站点的高效、精准和安全配置,满足企业的各种需求。这里仅介绍为每个用户配置 Web 站点、基于主机授权和基于用户验证的安全配置、组织和管理 Web 站点以及搭建动态网站环境等方法,作为学习的附加任务,以引领读者深入配置 Web 服务器。httpd.conf 文件中各配置项的含义和作用的详细解释可参考附录 B。

4.3.1　为每个用户配置 Web 站点

为每个用户配置 Web 站点,可以使 Web 服务器上拥有有效账号的每个用户都能够架设自己单独的 Web 站点。这里在为新源公司架设第一个 Web 站点的基础上,以 wbj 用户为例,介绍为该用户配置单独的 Web 站点的操作步骤。

步骤 1　打开主配置文件/etc/httpd/conf/httpd.conf,找到如下配置内容。

```
#vim /etc/httpd/conf/httpd.conf
...        //找到如下一节内容
<IfModule mod_userdir.c>
    UserDir disable
    #UserDir public_html
</IfModule>
...
```

将上述内容修改为:

```
<IfModule mod_userdir.c>
    UserDir disable root
    UserDir public_html
</IfModule>              //修改完毕,保存并退出
#
```

其中，UserDir disable root 表示禁止 root 用户使用自己的个人站点，这主要是出于安全性考虑；UserDir public_html 是对每个用户 Web 站点目录的设置。

步骤 2　在主配置文件/etc/httpd/conf/httpd.conf 中找到如下配置内容。

```
#vim /etc/httpd/conf/httpd.conf
...          //找到如下一节内容
#<Directory"/home/*/public_html">
#    AllowOverride None
#    Options MultiViews Indexes SymLinksIfOwnerMatch IncludesNoExec
#    <Limit GET POST OPTIONS>
#        Order allow, deny
#        Allow from all
#    </Limit>
#    <LimitExcept GET POST OPTIONS>
#        Order deny, allow
#        Deny from all
#    </LimitExcept>
#</Directory>
...
```

将该节内容每行前面的 # 去掉，即让配置项生效。该节用来设置每个用户 Web 站点目录的访问权限。保存 httpd.conf 文件后，使用下面的命令重启 httpd 服务。

```
#service httpd restart
Stopping httpd:      [OK]
Starting httpd:      [OK]
#
```

步骤 3　为每个用户的 Web 站点目录配置访问控制。以 wbj 用户为例，命令如下。

```
# su wbj                //临时切换为 wbj 用户身份
$ cd ~                  //回到 wbj 用户的主目录
$ mkdir public_html     //在 wbj 目录下创建 public_html 目录
$ cd ..                 //回到 wbj 目录的上级目录，即 home 目录
$ chmod 711 wbj         //修改 wbj 目录的权限为 711
$ exit                  //返回 root 用户身份
#
```

步骤 4　编辑一个主页文件/home/wbj/public_html/index.html。

步骤 5　访问用户 wbj 的主页，即在浏览器的地址栏中输入 http://192.168.1.2/~wbj/或者 http://www.xinyuan.com/~wbj/，按 Enter 键即可浏览步骤 4 中编辑的页面。

注意：一定不要忘记修改 wbj 目录的权限，即 $ chmod 711 wbj，若不执行该命令，将会出现标题为 Forbidden 的错误提示页面。另外，对 httpd.conf 文件修改后，必须重启 httpd 服务才使修改生效。

87

4.3.2　Web 服务器的安全配置与管理

Web 服务器的管理员需要对一些关键信息进行保护,即只能是合法用户才能访问这些信息。Apache 提出了两种方法:基于主机的授权和基于用户的验证。

1. 配置基于主机的授权

基于主机的授权是通过修改 httpd.conf 文件实现的,其操作步骤如下。

步骤 1　前面已经在/var/www/site4/目录下创建了基于域名的虚拟主机,即新源公司内网站点 www2.xinyuan.com。首先在/var/www/site4/目录中创建一个 secret 子目录,然后在这个目录中创建 index.html 主页文件,其内容是"您是基于主机授权的合法用户"。

步骤 2　修改主配置文件 httpd.conf,在其中添加以下内容,保存 httpd.conf 文件,重启 httpd 服务。

```
#vim /etc/httpd/conf/httpd.conf          //编辑 httpd.conf 文件,添加以下内容
<Directory "/var/www/site4/secret/">
    Allow from 192.168.1.22              //允许 IP 为 192.168.1.22 的主机访问
    Deny from 192.168.1.0/255.255.255.0  //拒绝该子网中的其他主机访问
    Order Deny,Allow
</Directory>
#                                        //修改完毕,保存并退出
#service httpd restart                    //重启 httpd 服务
#
```

步骤 3　在服务器上打开浏览器,在地址栏中输入 http://www2.xinyuan.com/secret,结果访问被拒绝,显示 Authentication required! ... Error 401 的错误页面。因为服务器本身的 IP 地址为 192.168.1.2,而 secret 目录仅允许 IP 地址为 192.168.1.22 的主机访问。

步骤 4　重新修改主配置文件 httpd.conf,在步骤 2 添加的内容中,把允许访问的主机 IP 地址改为 192.168.1.2,保存 httpd.conf 文件,重启 httpd 服务。这样,在服务器上打开浏览器,在地址栏中输入 http://www2.xinyuan.com/secret,就会打开前面创建的主页。

注意:Order 指令后面的"Deny,Allow"或"Allow,Deny"中不能有空格。Order、Deny、Allow 指令的使用说明如表 4-2 所示。

2. 配置基于用户的验证

在 Apache 中有基本验证和摘要验证两种验证类型。一般来说,使用摘要验证要比基本验证更加安全,但因为有些浏览器不支持摘要验证,所以多数情况下管理员只能使用基本验证。基本验证就是基于用户的验证,当用户访问 Web 服务器的某个目录时,会先

根据主配置文件 httpd.conf 中 Directory 的设置来决定是否允许用户访问该目录。如果允许,还会继续查找该目录或其父目录中是否存在.htaccess 文件,它用来决定是否需要对用户进行身份验证。

表 4-2　Order、Deny、Allow 指令的使用说明

指　令		使　用　说　明
Order		指定执行允许访问规则和执行拒绝访问规则的先后顺序,该指令有以下两种形式。 ① Order Allow,Deny:先执行允许访问规则,再执行拒绝访问规则,默认情况下将会拒绝所有没有明确被允许的客户 ② Order Deny,Allow:先执行拒绝访问规则,再执行允许访问规则,默认情况下将会允许所有没有明确被拒绝的客户
Deny	定义拒绝访问列表	Deny 和 Allow 指令后面跟以下几种形式的访问列表。 All:表示所有客户 IP 地址:指定完整的 IP 地址或部分 IP 地址
Allow	定义允许访问列表	域名:表示域内的所有客户 网络/子网掩码:例如 192.168.1.0/255.255.255.0 CIDR 规范:例如 192.168.1.0/24

进行用户的验证可以在 httpd.conf 文件中配置,也可以在.htaccess 文件中配置。

（1）在主配置文件 httpd.conf 中配置验证和授权,操作步骤如下。

步骤 1　修改主配置文件 httpd.conf,将前面"配置基于主机授权"时添加的内容修改成以下内容。然后保存 httpd.conf 文件,重启 httpd 服务。

```
#vim /etc/httpd/conf/httpd.conf          //编辑 httpd.conf 文件,添加以下内容
<Directory "/var/www/site4/secret/">
    AllowOverride None
    AuthType Basic
    AuthName "secret"
    AuthUserFile /etc/httpd/conf/htpasswd
    Require user friend me
</Directory>                             //修改完毕,保存并退出
#
```

注意:AllowOverride None 的作用是不使用.htaccess 文件,直接在 httpd.conf 文件中进行验证和授权的配置。

步骤 2　创建 Apache 用户,只有合法的 Apache 用户才能访问相应目录下的资源,Apache 软件包中有一个用于创建 Apache 用户的工具 htpasswd,执行如下命令就可以添加一个名为 wbj 的 Apache 用户。

```
#htpasswd-c /etc/httpd/conf/htpasswd wbj
New password:
Retype new password:               //提示输入密码
Adding password for user wbj       //提示再次输入密码
#
```

htpasswd 命令的选项-c 表示创建一个新的用户密码文件,这只是在添加第一个 Apache 用户时是必需的,此后再添加 Apache 用户或修改 Apache 用户密码时就可以不加该选项了。按此方法再为 Apache 添加两个用户: friend 和 me。

步骤 3 将/var/www/site4/secret/index.html 文件的内容修改为"您是基于用户验证和授权的合法用户"。然后,在客户端浏览器的地址栏中输入 http://www2.xinyuan.com/secret,浏览器会弹出一个"请为 secret@www2.xinyuan.com 输入用户名和密码"的对话框,此时输入合法的 Apache 用户名和密码,单击"确定"按钮后就会显示设置的主页。

(2) 在.htaccess 文件中配置验证和授权,操作步骤如下。

步骤 1 修改主配置文件 httpd.conf,将方法(1)的步骤 1 中的内容修改为以下内容。然后保存 httpd.conf 文件,重启 httpd 服务。

```
<Directory "/var/www/site4/secret/">
  AllowOverride AuthConfig
</Directory>
```

步骤 2 按方法(1)的步骤 2 创建 3 个 Apache 用户: wbj、friend 和 me。然后,在/war/www/site4/secret/目录中生成.htaccess 文件,输入以下内容并保存文件。

```
#vim/var/www/site4/secret/.htaccess          //编辑.htaccess 文件,输入以下内容
AuthName"www"
AuthType basic
Require user wbj me
AuthUserFILE/etc/httpd/conf/htpasswd          //输入完毕,保存并退出
#
```

注意: AllowOverride AuthConfig 的作用是允许在.htaccess 文件中使用验证和授权指令。所有的验证指令都可以出现在主配置文件的 Directory 容器中,也可以出现在.htaccess 文件中。该文件中常用的配置命令如表 4-3 所示。

表 4-3　.htaccess 文件中常用的配置命令

配置命令	作　　用
AuthName	指定验证区域名称,该名称是在访问时弹出的"提示"对话框中向用户显示的
AuthType	指定验证类型
AuthUserFile	指定一个包含用户名和密码的文本文件
AuthGroupFile	指定包含用户组清单和这些组成员清单的文本文件
Require	指定哪些用户或组能被授权访问。例如: Require user wbj me——只有用户 wbj 和 me 可以访问 Require group wbj——只有组 wbj 中的成员可以访问 Require valid-user——在 AuthUserFile 指定文件中的任何用户都可以访问

步骤 3 按方法(1)的步骤 3 修改/var/www/site4/secret/index.html 文件。在客户端浏览器的地址栏中输入 http://www2.xinyuan.com/secret,并输入用户名 wbj 或 me

及其相应的密码后,同样可以显示设置的主页。但如果使用 friend 用户,则无法访问该主页,因为此时是使用.htaccess 文件来验证和授权,而 friend 用户并未被授权访问。

3. 组织和管理 Web 站点

Web 服务器中的内容会随着时间的推移越来越多,这就会给服务器的维护带来一些问题,比如在根文档目录空间不足的情况下,如何继续添加新的站点内容? 在文件移动位置之后,如何使用户仍然能够访问? 下面给出解决这些问题的方法。

(1) 符号链接。在 Apache 的默认配置中已经包含了以下有关符号链接的配置项。

```
<Directory />
    Options FollowSymLinks
    AllowOverride None
</Directory>
<Directory "/var/www/html">
    Options Indexes FollowSymLinks
    AllowOverride None
    Order allow,deny
    Allow from all
</Directory>
```

其中,Options FollowSymLinks 就是符号链接的配置项。因此只须在根文档目录下使用下面的命令创建符号链接即可。

```
#cd /var/www/html           //进入根文档目录
#ln -s /mnt/wbj SymLinks    //创建/mnt/wbj 目录的符号链接
#
```

此后,在客户端浏览器的地址栏中输入 http://192.168.1.2/SymLinks,就会在浏览器窗口中显示出/mnt/wbj/目录下的文件列表。

(2) 别名。使用别名也是一种将根文档目录以外的内容加入站点的方法。在 Apache 的默认配置中,error 和 manual 这两个目录都被设置成了别名访问,同时还使用 Directory 容器对别名目录的访问权限进行了配置。设置别名访问的方法可参阅主配置文件 httpd.conf 默认配置项中的相关内容。

(3) 页面重定向。当用户经常访问某个站点的目录时,便会记住这个目录的 URL,如果站点进行了结构更新,那么用户在使用原来的 URL 访问时,就会出现"页面没有找到"的错误提示信息。为了让用户可以继续使用原来的 URL 访问,就需要配置页面重定向。例如,一个静态站点中用目录 years 存放当前季度的信息,如春季 spring,当到了夏季,就将 spring 目录移到 years.old 目录中,此时 years 目录中存放 summer,这时就应该将 years/spring 重定向到 years.old/spring。

首先,使用下面的命令在/var/www/html 中创建两个目录:years 和 years.old,然后在 years 中创建目录 spring,并在 spring 中创建一个 index.html 网页文件。

```
#cd /var/www/html                    //进入根文档目录
#mkdir years years.old               //创建 years 和 years.old 两个目录
#mkdir years/spring                  //在 years 下创建 spring 目录
#vim years/spring/index.html         //编辑网页文件,输入内容后保存并退出
#
```

在浏览器地址栏中输入 http://192.168.1.2/years/spring,即可浏览刚才创建的网页。若到了夏季,spring 被移到 years.old 中,则应修改 httpd.conf 文件,在文件尾添加以下配置行。

```
Redirect 303/years/spring http://192.168.1.2/years.old/spring      //重定向
```

重启 httpd 服务后,在浏览器地址栏中输入 http://192.168.1.2/years/spring,则同样会显示刚才创建的网页,且地址栏自动变为 http://192.168.1.2/years.old/spring。

4.3.3　搭建动态网站环境

在前面的项目实施中所架构的网站都只包含了一个简单的静态首页 index.html,也是默认情况下只支持的静态网站。但是,现在的网站一般都采用动态技术实现,可以运行动态交互式网页,这就需要搭建动态网站环境。

在 Linux 平台下,通常采用 Apache＋MySQL＋PHP 开放资源网络开发平台,它们已成为架构动态 Web 网站的"黄金组合",所以业内将 Linux、Apache、MySQL 和 PHP 的首字母连在一起,把这种组合简称为 LAMP。也就是说,基于 Linux 操作系统,以最通用的 Apache 架设 Web 服务器,用带有基于网络管理附加工具的关系型数据库 MySQL 充当后台数据库,用流行的对象脚本语言 PHP 或 Perl、Python 作为开发 Web 程序的编程语言。

这种"黄金组合"因为都是开源代码软件,其免费和开源的方式对于全世界用户都具有很强的吸引力,无论企业和个人开发者,无须付费购买"专业"的商用软件。特别是在互联网方面,不需要为软件的发布支付任何许可证费就可以开发和应用基于 LAMP 的项目。这种架构具有系统效率高、灵活、可扩展、稳定和安全等优点,可运行于 Windows、Linux、UNIX、Mac OS 等多种操作系统。

1. 安装 MySQL

下面以 mysql-5.0.27 为例,介绍 MySQL 的安装步骤。

步骤 1　从 http://www.mysql.com/downloads/index.html 获取 MySQL 源码软件包 mysql-5.0.27.tar.gz,将其下载并存放在/wbj/目录下。

步骤 2　添加用户组和用户(mysql 服务需要以 mysql 用户组的用户来执行),命令如下。

```
#groupadd mysql                      //创建 mysql 用户组
#useradd -g mysql mysql              //将 mysql 用户添加到 mysql 用户组
```

步骤 3 将下载的 mysql-5.0.27 软件包解压,命令如下。

```
#cd /wbj                              //进入/wbj目录
#tar zxvf mysql-5.0.27.tar.gz         //解压 mysql-5.0.27 软件包
```

步骤 4 解压后会在当前目录下生成 mysql-5.0.27 目录,进入该目录后即可进行安装,命令如下。

```
#cd mysql-5.0.27                        //进入解压生成的 mysql-5.0.27 目录
#./configure -prefix=/usr/local/mysql   //设置安装的目标目录为/usr/local/mysql
#make                                   //编译
#make install                           //安装
```

步骤 5 创建授权表,命令如下。

```
#cp support-files/my-medium.cnf /etc/my.cnf          //复制文件以创建授权表
```

步骤 6 更改许可权限,命令如下。

```
#cd /usr/local/mysql                    //进入 MySQL 的安装目录
#bin/mysql_install_db --user=mysql      //更改许可权限
#chown -R root
#chown -R mysql var
#chgrp -R mysql
```

步骤 7 启动并测试 MySQL,命令如下。

```
#bin/mysqld_safe --user=mysql &           //启动 MySQL,如无报错则启动成功
#bin/mysql                                //若成功,则会显示以下内容
Welcome to the MySQL monitor.Commands end with ; or \g.
Your MySQL connection id is 4 to server version: 5.0.27
Type 'help;' or '\h' for help. Type '\c' to clear the buffer.
mysql>
```

至此,说明 MySQL 安装成功。通常还要安装 mysql-server、mysql-devel、mysqlclient、php-mysql 等软件包,其作用如下。

(1) mysql-server:包括 MySQL 服务器守护进程(mysqld)和 mysqld 启动脚本,也用于创建配置 MySQL 数据库所需的各种管理文件和目录。

(2) mysql-devel:包括开发 MySQL 应用程序所需的库和头文件。

(3) mysql-client:包括开发 MySQL 客户端程序所需的库和头文件。

(4) php-mysql:包括 PHP 应用程序访问 MySQL 数据库所需的共享库,允许用户向网页添加可以访问 MySQL 数据库的 PHP 脚本。

2. 安装 PHP

下面以 php-5.2.3 为例,介绍 PHP 的安装步骤。

步骤 1 从 http://www.php.net/downloads.php 获取 PHP 软件包 php-5.2.3.tar.gz,将其下载并存放在/wbj/目录下。

步骤 2 将下载的软件包解压,命令如下。

```
#cd /wbj                              //进入/wbj 目录
#tar -zvxf php-5.2.3.tar.gz           //解压缩 mysql 软件包
```

步骤 3 解压后会在当前目录下生成 php-5.2.3 目录,进入该目录后即可进行安装,命令如下。

```
#cd php-5.2.3                         //进入解压生成的 php-5.2.3 目录
#./configure --prefix=/usr/local/php \  //设置安装的目标目录为/usr/local/php
--with-mysql=/usr/local/mysql --enable-force-cgi-redirect \
--with-freetype-dir=/usr --with-png-dir=/usr \
--with-gd --enable-gd-native-ttf --with-ttf --with-gdbm --with-gettext \
--with-iconv --with-jpeg-dir=/usr --with-png --with-zlib --with-xml\
--enable-calendar --with-apxs=/usr/local/apache/bin/apxs
#make                                 //编译
#make install                         //安装
```

注意:由于服务器需要用到 GD 库,所以命令中增加了一些支持 GD 的编译参数,并且还要安装 libjpeg、libpng 等库文件。其中,--with-mysql=/usr/local/mysql 指向安装 MySQL 的路径;--with-apxs 指向 Apache 的 apxs 文件的路径。

步骤 4 复制 PHP 的配置文件,命令如下。

```
#cp php.ini.dist /usr/local/php/lib/php.ini
```

以上是从网上下载 LAMP 相关的最新软件包,并在字符界面下进行安装的过程。其实 Red Hat、Fedora Core 等多数 Linux 发行版都自带有这些软件包,对于初学者来说,利用图形界面下的"添加/删除软件"工具将上述搭建 LAMP 所需的软件包都选中,就可以非常方便地完成 LAMP 的安装,具体操作不再赘述。

3. 配置与测试 PHP 和 MySQL

步骤 1 修改 httpd.conf 文件。在该文件中添加以下 3 行内容。其作用是将 PHP 模块信息加入 Apache 中,使 Apache 能够支持用 PHP 脚本编写的扩展名为.php 的动态网页;另外,还需要修改 DirectoryIndex 配置项。

```
#vim /etc/httpd/conf/httpd.conf                  //编辑 httpd.conf 文件
...
#DirectoryIndex index.html index.html.var        //将原有此行前面加#注释
DirectoryIndex index.php index.html index.html.var  //修改为此行内容
...         //在文件末尾添加以下 3 行内容
```

```
LoadModule php5_module /usr/lib/httpd/modules/libphp5.so
AddType application/x-httpd-php .php
AddType application/x-httpd-php-source .phps
```

步骤 2 启动 httpd 服务，编写一个 PHP 网页，并进行浏览测试。

```
#service httpd restart              //重新启动 httpd 服务
#chmod -R 777 /var/www/html         //修改 /var/www/html 目录的权限
#vim /var/www/html/index.php        //编写一个 index.php 网页文件，内容如下
phpinfo();
?>
```

这是一个简单的 PHP 网页脚本文件，其中 phpinfo() 是 PHP 的一个函数，用于显示 PHP 的相关信息。保存该网页文件后，在浏览器地址栏中输入 http://www.xinyuan.com 后按 Enter 键即可在浏览器中看到 PHP 的相关信息，表明 Apache 和 PHP 基本安装配置完成。

步骤 3 为使 PHP 能使用 MySQL 数据库，还要对 PHP 配置文件 php.ini 进行修改。

```
#vim /etc/php.ini                   //编辑 php.ini
register_globals=Off                //将 Off 改为 On，否则读不到 Post 的数据
...                                 //在文件末尾添加以下两行
extension=mysql.so
extension=mysqli.so
```

步骤 4 启动 MySQL。

```
#service mysqld start               //启动 mysqld 服务
```

如果 mysqld 服务启动失败，可能还需要打开/etc/hosts 文件，做如下修改。

```
#vim /etc/hosts                     //编辑 hosts 文件
#Do not remove the following line, or various programs
#that require network functionality will fail.
::1 localhost.localdomain localhost     //将其中的::1 改为 127.0.0.1
```

步骤 5 测试 MySQL。把前面创建的 PHP 网页文件/var/www/html/index.php 修改为以下内容。

```
#vim /var/www/html/index.php
$link=mysql_connect('localhost','root','');
if($link) echo "yes";
else echo "no";
mysql_close();
?>
```

保存该网页文件后,在浏览器地址栏中输入 http://www.xinyuan.com 后按 Enter 键即可在浏览器中看到 yes,表明 MySQL 基本安装配置完成。

4. 管理 MySQL

由于 MySQL 标准发行版没有提供图形界面的管理工具,使用起来不太方便。为了解决这个问题,就出现了管理 MySQL 的图形化工具 PHPMyAdmin。实际上 PHPMyAdmin 也是使用 PHP 编写的一种 B/S 结构的软件,所以安装 PHPMyAdmin 时只须将软件包解压到某个允许执行 PHP 的目录下即可。具体步骤如下。

从 http://sourceforge.net/projects/phpmyadmin 下载较新的 PHPMyAdmin 版本,将 tar 包解压并移到默认的 Web 站点主目录/var/www/html 下,并改名为 phpmyadmin,然后用浏览器打开http://127.0.0.1/phpmyadmin/index.php 文件,如果可以打开,即表示安装成功。

另外,也可以利用 Webmin 管理工具对 MySQL 数据库进行图形化管理。Webmin 也是采用 B/S 模式,客户端可以使用 Web 浏览器直接登录 Webmin 服务器。Webmin 管理工具还可以对整个系统进行管理,其中划分为 Webmin、System、Networking、Hardware、Cluster、Others 6 个页面,所有的功能模块都被划分到这些页面中。安装 Webmin 的具体步骤如下。

步骤 1 从 http://prdownloads.sourceforge.net/webadming/下载较新的 Webmin,将其安装包存放在 Liunx 主机适当的目录中,使用 rpm 命令进行安装。

```
#rpm -ivh webmin-1.340-1.noarch.rpm
```

步骤 2 安装完成后在浏览器地址栏中输入 https://127.0.0.1:10000,若显示登录页面,则表示安装成功。

5. 安装 PHP 开发工具 ZendStudio 和解决中文乱码问题

ZendStudio 是专业开发人员在使用 PHP 整个开发周期中唯一的集成开发环境 (IDE),它包括 PHP 所有必需的开发部件。ZendStudio 通过一整套的编辑、调试、分析、优化和数据库工具来加速开发周期,并简化复杂的应用方案。

```
#tar -zxvf ZendStudio-5_5_0.tar.gz
```

解压后得到 ZendStudio-5_5_0.bin 文件,直接运行即可安装。

```
#./ZendStudio-5_5_0.bin
```

创建软链接 ZDE 来启动 ZendStudio。

```
#ln -s /usr/local/Zend/ZendStudio-5.5.0/bin/ZDE /usr/bin/ZDE
```

这样，在字符命令界面下输入 ZDE 即可启动 ZendStudio。由于 Linux 上的 ZendStudio 中文支持还不够好，如果打开后还会显示方格，则需要安装 simsin.ttf 字体。可以到 Windows 系统的 C:\Windows\fonts 中找到 simsum.ttc 文件，把该字体文件复制到 Linux 系统中即可。命令如下。

```
#mkdir  /usr/local/Zend/ZendStudio-5.5.0/jre/lib/fonts/fallback
#cp simsun.ttc /usr/local/Zend/ZendStudio-5.5.0/jre/lib/fonts/fallback/
simsun.ttf
```

复制完成后重新启动 ZendStudio，就可以显示中文了。

6. LAMP 安全防护设置

LAMP 安全防护设置主要包括以下几个方面。

（1）禁止不必要的服务。Linux 是一个功能强大的网络操作系统，默认情况下运行着很多服务程序，不但占用宝贵的系统资源，而且很容易成为安全隐患。大部分服务是由 xinetd 服务程序统一管理的，只须编辑其配置文件/etc/xinetd.conf，在不需要的服务前加上 ♯ 注释即可。比如，除了 stmp、ssh 等服务外，其他诸如 echo、gopher、rsh、rlogin、rexec、talk、ntalk、finger 等服务都可以取消。也可以通过在字符命令界面下用 setup 命令或者 ntsysv 命令进行禁止。

（2）隐藏 Apache 的数据信息。打开 Apache 配置文件/etc/httpd/conf/httpd.conf，加入 ServerSignature Off 和 ServerTokens Prod 两个配置项。其中，ServerSignature 信息出现在 Web 服务器产生的 404 错误页面和目录列表页面的底部，参数 Off 表示不显示；ServerTokens 目录用来判断 Apache 会在 ServerHTTP 响应包的头部填充什么信息，设为 Prod 后，响应包头设置为 Server：Apache。

（3）以安全模式运行 PHP。打开 php.ini，找到 SafeMode 部分，把 Safe_mode＝Off 改为 On，这样 shell_exec()会被禁止。还有一些如 exec()、system()、passthru()、popen()将被限制只能执行safe_mode_exec_dir 指定目录下的程序。如果需要用，则找到 safe_mode_exec_dir＝的内容，在其后面加入路径，如/usr/local/php/exec。最后把程序复制到这个目录下即可。

（4）关闭 PHP 的错误显示。打开 PHP 配置文件 php.ini，把 display_errors＝On 配置行中的 On 改为 Off。也可以让错误记录到指定文件中，把 log_errors＝Off 中的 Off 改为 On，并找到 errors_log＝filename 配置行，把前面的";"注释去掉，然后把 filename 改为/var/log/php_error.log，这样错误日志就会记录到这个文件中。

此外，还可以做很多工作来确保 LAMP 的安全。例如，配置网络防火墙，只开放有限的必要的端口；仔细规划用户的权限；使用安全的远程连接 SSH；使用 PHP 的加密技术；强制 MySQL 用户使用密码；避免以超级用户 root 身份运行 MySQL；关闭 Apache 不需要的模块，如 mod-imap、mod_indude、mod_info、mod_status、mod_cgi 等；还有可以安装杀毒软件 Avast 或 AntiVir。

小　　结

　　Web 服务器又称万维网服务器,它与客户机之间的工作机制遵循超文本传送协议,并采用统一资源定位符来标识网络上的各种信息资源,使分布在世界各地的用户能通过 Internet 方便快速地浏览和共享各种信息。因此,配置 Web 服务器、架设 Web 站点是企业信息化建设的重要环节。

　　一台 Web 服务器上可以架设多个网站,这就需要为每个网站配置唯一的标识,方可确保用户的请求能够到达指定的网站。标识一个网站有四个标识符:主机头名、IP 地址、端口号和虚拟目录,只要确保至少有一个标识符不同,就可以区分不同的网站,于是便有了在同一台服务器上架构多个网站的四种方法:主机头名法、IP 地址法、端口法和虚拟目录法。需要注意的是,客户端使用浏览器访问非标准端口(即默认端口 80 以外的其他端口)的站点时,必须在地址栏输入的主机名称后跟上“:端口号”;同样,客户端使用浏览器访问虚拟目录的站点时,在地址栏输入的主机名称后必须跟上“/虚拟目录名”。

　　Apache 是几乎所有 Linux 发行版都自带的、性能十分优越的 Web 服务器,它快速、可靠、免费、开源,能适应高负荷、大吞吐量的 Internet 工作。如果需要创建一个每天有数百万访问量的 Web 站点,Apache 无疑是较好的选择。使用 Apache 架设 Web 站点其实就是修改主配置文件/etc/httpd/conf/httpd.conf,该文件中包含了针对服务器自身及 Web 站点的全部配置信息。

　　在配置完成符合企业基本需求的 Web 站点后,还可以通过为每个用户配置 Web 站点、配置基于主机授权和基于用户验证的访问限制,以提高站点的访问效率和安全性,并进一步组织和管理 Web 站点以及搭建 LAMP 动态网站环境。

习　　题

一、简答题

1. 解释下列名词:①WWW;②HTTP;③HTML;④URL。

2. 简述 Web 服务器的工作原理。

3. 在同一台 Web 服务器上架设多个站点可以采用哪几种方法?

4. Linux 下的 Apache 有哪些优点?其主配置文件是什么?

5. 简述 httpd.conf 文件中 ServerRoot、Listen、User、DocumentRoot、DirectoryIndex 配置项的作用。

6. 在同一台 Web 服务器上架设多个站点是通过设置 httpd.conf 文件中哪个容器及其中包含的哪些语句实现的?

7. 如果要限制只允许合法用户才能访问 Web 站点,在 Apache 中可以通过哪些方法来实现？

8.客户端使用浏览器访问非标准端口（即默认端口 80 以外的其他端口）的站点，以及访问虚拟目录的站点时，地址栏应如何输入访问地址？

二、训练题

天顺服饰公司要求在一台 Web 服务器上采用 TCP 端口法、IP 地址法架设三个不同用途的网站，对这三个站点的规划如表 4-4 所示。

表 4-4　天顺服装公司 Web 服务器站点规划

站点名称	站点域名	IP 地址	端口号	网站目录	实施方案
公司外网站点	www.tsfs.com	192.168.0.2	80	/var/www/site1	默认站点
内部网站点	www.tsfs.com	192.168.0.2	8080	/var/www/site2	不同端口号
培训考核站点	pxkh.tsfs.com	192.168.1.5	80	/var/www/site3	不同 IP 地址

（1）为使客户端能使用域名访问，请为上述主机域名配置 DNS 解析。

（2）按上述需求，在 Linux 平台下完成三个 Web 站点的配置。

（3）配置客户端，使用浏览器测试网站是否能正常访问。

（4）按附录 C 中简化的项目文档撰写 Web 服务器配置与管理项目实施报告。

项目 5　FTP 服务器配置与管理

- 能根据企业信息化建设需求和项目总体规划合理设计 FTP 服务方案。
- 能在 Linux 平台下架设符合企业文件共享与传送需求的 FTP 服务器。
- 会在客户端使用字符命令和图形界面连接 FTP 站点并上传和下载文件。
- 具备 FTP 服务器的基本管理和维护能力。

- FTP 的基本概念与工作原理。
- 虚拟目录及基于 IP 地址的虚拟主机的基本概念。
- Linux 系统中 FTP 主配置文件 vsftpd.conf 中的常用配置项及其功能。

5.1　知识预备与方案设计

5.1.1　了解 FTP 及其工作原理

1. FTP 概述

用户联网的主要目的是实现信息共享,而文件传送正是实现信息共享的重要途径之一。早期在 Internet 上传送文件并不是一件容易的事,因为接入 Internet 的计算机有 PC、工作站、苹果机和大型机等,种类非常繁杂,且数量十分庞大。这些计算机运行的可能是不同的操作系统,有运行 UNIX 的服务器,也有运行 DOS、Windows 的 PC 和运行 Mac OS 的苹果机等。为了使各种操作系统之间能够进行文件交流,就必须建立一个统一的、共同遵守的文件传送协议(File Transfer Protocol,FTP)。

不同的操作系统有不同的 FTP 应用程序,但所有这些 FTP 应用程序都应该遵守同一种协议。这样用户就可以把自己的文件传送给别人,或者从其他的用户环境中获得文件。简而言之,FTP 就是专门用来传送文件的协议,它负责将文件从一台计算机传送到另一台计算机,而与这两台计算机所处的位置、联系的方式以及使用的操作系统无关。FTP 服务器则是在互联网上提供存储空间的计算机,并依照 FTP 协议提供服务,用户可以连接到 FTP 服务器并下载文件,也可以将自己的文件上传到 FTP 服务器。

2. FTP 的工作原理

FTP 是 TCP/IP 的一种具体应用,它工作在 OSI 参考模型的第 7 层、TCP/IP 模型的第 4 层,即应用层。FTP 使用 TCP 传输,而不支持 UDP 传输,这样 FTP 客户端在和服务器建立连接前就要经过一个广为熟知的"三次握手"过程,即客户端与服务器之间的数据传输是面向连接的,因而是可靠的。

FTP 客户端程序有字符界面和图形界面两种。字符界面的 FTP 客户端程序要求用户使用的命令繁多,相比之下图形界面的 FTP 客户程序在操作上要简捷得多。与大多数 Internet 服务一样,FTP 也是一个客户/服务器(C/S)系统,用户通过一个支持 FTP 协议的客户端程序连接到远程主机上的 FTP 服务器程序。用户通过客户端程序向服务器程序发出请求,服务器程序响应用户所发出的请求,并将结果返回到客户端。

HTTP 协议只需要一个服务器端口来连接客户端,而 FTP 服务器需要两个端口连接客户端:一个是控制连接端口,通常称为命令端口,用来发送指令给服务器以及等待服务器响应,其默认端口号为 21;另一个是数据传输端口,用来建立数据传输通道,即从客户端向服务器发送文件、从服务器向客户端发送文件以及从服务器向客户端发送文件目录的列表,其默认端口号为 20(仅 PORT 模式)。

FTP 的连接模式有两种:主动模式(PORT)和被动模式(PASV)。这里所说的主动和被动,都是相对于服务器而言的。

(1) PORT 模式。当 FTP 客户端以 PORT 模式连接服务器时,动态地选择一个任意的非特权端口 $N(N>1024)$ 连接到服务器的命令端口(即 21 端口)。然后,客户端开始监听端口 $N+1$,并发送 FTP 命令 PORT $N+1$ 到服务器,使服务器知道客户端使用的数据端口号。最后,服务器会从它自己的数据端口(即 20 端口)连接到客户端指定的数据端口 $N+1$。这里假设 $N=1026$,则 PORT 模式的 FTP 连接过程如图 5-1 所示。

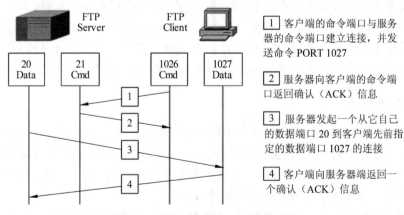

图 5-1 PORT 模式的 FTP 连接过程

(2) PASV 模式。为了解决 PORT 模式中服务器主动向客户端发起数据连接时有可能被防火墙过滤的问题,人们开发了一种命令连接和数据连接都由客户端发起的被动连接模式,这就是 PASV 模式。当开启一个 FTP 连接时,客户端会打开两个任意的非特权

本地端口 N 和 $N+1(N>1024)$。前一个端口 N 连接服务器的 21 端口,但与 PORT 模式不同的是,客户端不是发送 PORT 命令到服务器并允许服务器来回连它的数据端口,而是发送 PASV 命令到服务器,即通知服务器启用 PASV 模式的 FTP 连接。于是,服务器会开启一个任意的非特权端口 $P(P>1024)$,并发送 PORT P 命令到客户端的命令端口 N。然后,客户端发起从本地端口 $N+1$ 到服务器端口 P 的数据连接,用来传送数据。这里假设 $N=1026$,$P=2024$,则 PASV 模式的 FTP 连接过程如图 5-2 所示。

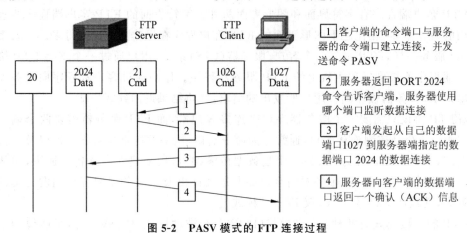

图 5-2　PASV 模式的 FTP 连接过程

FTP 的文件传送方式有两种,即 ASCII 数据传输方式和二进制数据传输方式。

(1) ASCII 数据传输方式。适用于复制包含简单 ASCII 码的文本文件。如果客户端与服务器运行着不同的操作系统,这种方式传送文件时 FTP 通常会自动调整源文件的内容,以便于把文件解释成目标计算机存储文本文件的格式。

(2) 二进制数据传输方式。适用于复制程序、数据库、字处理文件、压缩文件等非文本文件。在复制任何非文本文件之前,用 binary 命令告诉 FTP 逐字复制,不要对这些文件进行处理,即保存文件的位序,以便原始文件和副本是逐位一一对应的。因此,采用二进制数据传输方式在不同系统之间传送的文件,可能在目标计算机中无法使用,如苹果机以二进制方式传送可执行文件到 Windows 系统,在 Windows 系统上不能执行。

3. FTP 的使用

在 FTP 的使用中,用户经常遇到两个概念:下载和上传。下载文件就是从服务器复制文件到自己的计算机上;上传文件就是将文件从自己的计算机中复制到服务器上。用 Internet 语言来说,用户可通过客户端程序将本地计算机上的文件上传到服务器,也可以通过客户端程序从服务器下载文件到本地计算机上。

使用 FTP 时,首先必须登录到服务器,在服务器上获得相应的权限后,方可上传或下载文件。也就是说,用户要在服务器上注册。但这种情况又违背了 Internet 的开放性,Internet 上的 FTP 服务器太多了,不可能要求每个用户在每一台服务器上都注册,匿名 FTP 的产生就解决了这个问题。

匿名 FTP 使用户不需要成为服务器的注册用户。其运行机制如下:系统管理员建立一个名为 anonymous 的特殊用户,称为匿名用户,Internet 上的任何人在任何地方都可使用该用户。匿名用户的密码可以是任意字符串,但习惯上用自己的 E-mail 地址,这样使系统维护程序能够记录下谁在存取 FTP 服务器上的文件。

当服务器提供匿名 FTP 服务时,会指定某些目录向公众开放,允许匿名存取。系统中的其余目录则处于隐匿状态。作为一种安全措施,大多数匿名 FTP 服务器都允许用户下载文件,而不允许用户上传文件。也就是说,用户可以将匿名 FTP 服务器中的所有文件全部复制到自己的计算机中,但不能将自己计算机中的任何一个文件复制至匿名 FTP 服务器中。即使有些匿名 FTP 服务器允许用户上传文件,用户往往也只能将文件上传至指定的目录中,随后系统管理员会去检查这些文件,会将这些文件移至另一个公共下载目录中,供其他用户下载。通过这种方式,避免了有人上传有问题(如带病毒等)的文件,从而保护了服务器的用户。

5.1.2　设计企业网络 FTP 服务方案

1. 项目需求分析

虽然新源公司是一家中小型企业,规模并不是很庞大,但公司机构分布区域较广。为了方便各级、各地员工对企业内部信息及文件的共享,总公司拟建一台 FTP 服务器,供员工上传和下载个人经验、知识及相互交流文件时使用。尽管 Web 服务器也可以提供文件下载服务,但是,由于 FTP 服务器的效率更高,对权限的控制更为严格,因此 FTP 服务器的建设对公司来说十分重要。

2. 设计网络拓扑结构

按照新源公司网络信息服务项目的总体规划,内部架设的 FTP 服务项目的网络拓扑结构如图 5-3 所示。

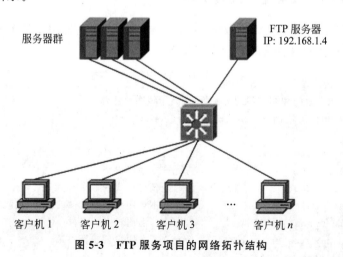

图 5-3　FTP 服务项目的网络拓扑结构

3. FTP 站点方案设计

根据项目需求,对新源公司架设的 FTP 站点进行规划与设计,如表 5-1 所示。

表 5-1　新源公司 FTP 站点规划与设计

站点名称	站点域名	IP 地址	端　　口	站点主目录
公司 FTP 站点	ftp.xinyuan.com	192.168.1.4	默认:21	E:\ftproot

根据新源公司对构架 FTP 服务器的需求分析,公司对 FTP 站点有以下要求。

(1) 允许匿名访问,但匿名用户登录时只允许读取主目录及其包含的各级子目录中的文件,即只能下载而不允许上传文件。

(2) 为公司每个员工建立独立的 FTP 用户,但采用"不隔离用户"模式。也就是说,员工使用合法用户名和密码登录公司 FTP 站点时,对主目录及其下级目录(包括其他用户的用户目录)都具有读取权限,但仅对用户自己的目录具有写入和删除的权限。

5.2　企业网络 FTP 服务项目实施

5.2.1　使用默认配置架设基本 FTP 站点

FTP 服务器的配置文件都存放在/etc/vsftpd 目录下,包括一个主配置文件(vsftpd.conf)以及两个辅助配置文件(ftpusers 和 user_list)。使用 FTP 服务器的默认配置就已经架设了一个基本功能的 FTP 站点,仅需启动 vsftpd 服务,客户端即可连接并访问 FTP 站点。

1. 默认的 FTP 服务器主配置文件

FTP 服务器的主配置文件为/etc/vsftpd/vsftpd.conf,主要用于设置 FTP 服务器的全局参数,文件默认的内容及配置行说明如下。

```
#vim /etc/vsftpd/vsftpd.conf
//以下仅列出有效的和被注释的配置行,忽略了说明性注释
#Example config file /etc/vsftpd/vsftpd.conf
#
anonymous_enable=YES              //允许匿名登录(默认无需密码)
local_enable=YES                 //允许本地用户登录
write_enable=YES                 //启用任何形式的 FTP 写命令
local_umask=022                  //设置本地用户新增文件的掩码(权限)
#anon_upload_enable=YES          //允许匿名用户上传文件
#anon_mkdir_write_enable=YES     //允许匿名用户创建新目录
dirmessage_enable=YES
```

```
//激活目录欢迎信息功能,用户以命令模式首次访问 FTP 服务器上某个目录时会显示欢迎
//信息,默认情况下欢迎信息通过该目录下的隐含文件.message 获得,由用户自己建立
xferlog_enable=YES
//启用维护记录 FTP 服务器上传和下载情况的日志文件,默认为/var/log/xferlog
//也可以通过下面的 xferlog_file 选项来指定
connect_from_port_20=YES                //开启 FTP 数据端口 20
#chown_uploads=YES                      //允许更改上传文件的属主,与后一项配合
#chown_username=whoever
//设置上传文件的属主,若需要,可输入一个系统用户名,whoever 表示任何人
#xferlog_file=/var/log/xferlog          //指定日志文件位置
xferlog_std_format=YES                  //使用标准的 xferlog 格式记录日志
#idle_session_timeout=600               //设置数据传输中断的超时时间(单位:s)
#data_connection_timeout=120            //设置数据连接的超时时间(单位:s)
#nopriv_user=ftpsecure
//运行 vsftpd 需要的非特权系统用户,缺省时是 nobody
#async_abor_enable=YES
//允许客户端的 async ABOR 命令请求,一般此设置不安全,不推荐使用
#ascii_upload_enable=YES                //允许 ASCII 模式上传,默认为 NO
#ascii_download_enable=YES              //允许 ASCII 模式下载,默认为 NO
#ftpd_banner=Welcome to blah FTP service.
//设置用户登录时的欢迎信息,如果在需要设置目录欢迎信息的目录下创建了.message
//文件,并写入了欢迎信息,则在进入此目录时会显示自定义的欢迎信息
#deny_email_enable=YES
//当匿名用户登录时,阻止某些电子邮件地址作为密码
//必须与下一选项配合使用
#banned_email_file=/etc/vsftpd/banned_emails
//在上一选项设置为 YES 时,指定不允许用作匿名登录密码的电子邮件地址的文件
#chroot_local_user=YES
//将所有用户访问限制在主目录,默认为 NO(即禁用)
#chroot_list_enable=YES
//启用限制用户的名单,默认为 NO(即禁用)
#chroot_list_file=/etc/vsftpd/chroot_list
//指定限制在主目录下的用户名单的文件(默认为/etc/vsftpd/chroot_list)
//该文件中列出的是限制名单还是排除名单,取决于 chroot_local_user 的值
#ls_recurse_enable=YES
//允许使用 ls -R 命令。默认为 NO,以防止过度的 I/O 浪费大量服务器资源
listen=YES                              //启用 standalone 模式并通过 IPv4 监听
#listen_ipv6=YES
//启用 standalone 模式并通过 IPv6 监听,默认为 NO
pam_service_name=vsftpd
//设置 PAM 外挂模块提供的验证服务所使用的配置文件名,即/etc/pam.d/vsftpd
userlist_enable=YES
//激活 vsftpd 检查 userlist 文件指定的用户是否可以访问 FTP 服务器
tcp_wrappers=YES                        //启用 tcp_wrappers 访问控制列表
#
```

这里还需要说明的是,有时候希望限制 FTP 用户只能在其主目录(或称根目录)下进行操作,不允许用户跳出主目录之外去浏览 FTP 服务器上的其他目录,这就需要使用

chroot_local_user、chroot_list_enable 和 chroot_list_file 这 3 个选项。其中,chroot_local_user 只能做出全局性的设置,设为 YES 时会使全部用户被锁定在主目录;设为 NO 时又会使全部用户不被锁定在主目录。那么,要如何使某些用户被锁定而某些用户不被锁定在主目录呢? 这就需要在全局设置的基础上,将 chroot_list_enable 设置为 YES(即启用限制用户名单),再把一些要"例外"对待的用户名列入由 chroot_list_file 指定的文件中来实现微调。这种"例外机制"具体归纳为以下两种情况。

(1) 若 chroot_local_user＝YES,则 chroot_list_file 指定的文件中所列出的就是不被锁定于主目录的那些用户,或者说该文件中所列用户为"白名单"。

(2) 若 chroot_local_user＝NO,则 chroot_list_file 指定的文件中所列出的就是要被锁定于主目录的那些用户,或者说该文件中所列用户为"黑名单"。

另外,pam_service_name 设置 PAM 验证服务 vsftpd,这是出于安全考虑,不希望 vsftpd 共享本地系统的用户验证信息,而采用自己独立的用户验证数据库来验证用户。与 Linux 中大多数需要用户验证的程序(如 smb 服务)一样,vsftpd 也采用 PAM 作为后端,可插拔的验证模块来集成各种验证方式。可以通过修改 vsftpd 的 PAM 配置文件 /etc/pam.d/vsftpd 来指定 vsftpd 使用的验证方式,是本地系统的真实用户验证(模块 pam_unix)、独立的用户验证数据库(模块 pam_userdb)验证或是网络上的 LDAP 数据库(模块 pam_ldap)验证等。所有这些模块都存放在/lib/security 目录(对 AMD64 则是/lib64/security)下。

注意:实际上,默认的 FTP 服务器主配置文件 vsftpd.conf 只是一个示例,所列出的配置项(包括有效的和作为注释的)仅包含部分选项,还有许多用于设置用户及权限控制、服务器功能和性能、用户连接和数据传输等可配置选项没有在默认文件内容中给出。通过对这些选项的精准设置,可以配置满足各种用户需求的、高效的 FTP 服务器。下面再列举几个默认主配置文件 vsftpd.conf 中没有给出但也比较常用的配置项及其作用。

```
guest_enable=YES              //启用 guest(来宾账户)
guest_username=ftp            //指定 guest 身份的用户名
local_root=/var/ftp           //指定本地用户的默认访问目录
anon_root=/var/ftp            //指定匿名用户的默认访问目录
#pasv_enable=YES              //设置 FTP 服务器工作模式为 PASV
#port_enable=YES              //设置 FTP 服务器工作模式为 PORT
//注意以上两个选项只能有一个设置为 YES
use_localtime=YES
//使用本机时间,若设置为 NO,则使用格林尼治时间
//由于北京时间和格林尼治时间有 8 小时的时差,所以建议设置为 YES
idle_session_timeout=300
//设置数据连接超时时间,客户端若在 300s 之内没有任何操作,则断开连接
max_clinet=0
//设置 FTP 服务器允许的最大客户端连接数,值为 0 时表示不限制
max_per_ip=0
//设置对于同一 IP 地址的客户端允许的最大连接数,值为 0 时表示不限制
```

```
local_max_rate=0
//设置本地用户的最大传输速率,单位为 B/s,值为 0 时表示不限制
anon_max_rate=0
//设置匿名用户的最大传输速率,单位为 B/s,值为 0 时表示不限制
```

2. FTP 服务器的辅助配置文件

在 FTP 服务器的/etc/vsftpd 目录下,默认已有 ftpusers 和 user_list 两个辅助配置文件,利用这两个文件可以设置允许或禁止访问 FTP 服务器的用户。

(1) /etc/vsftpd/ftpusers。该文件中存放的是一个禁止访问 FTP 服务器的用户列表。通常为了安全考虑,管理员不希望一些拥有过大权限的用户(如 root)登录 FTP 服务器,以免通过该用户上传或下载一些危险位置上的文件从而对系统造成损害。需要强调的是,ftpusers 文件不受任何其他配置项的影响,总是有效的,或者说 ftpusers 就是一份禁止访问 FTP 服务器的用户"黑名单"。

(2) /etc/vsftpd/user_list。该文件中存放的也是一个用户列表,但该文件是否有效、文件中列出的用户是被允许还是拒绝访问 FTP 服务器或者说文件中的用户列表是"白名单"还是"黑名单",这些都与主配置文件 vsftpd.conf 中 userlist_enable 和 userlist_deny 两个配置项的值紧密相关。其中,userlist_enable 配置项在默认主配置文件 vsftpd.conf 中已有(默认值为 YES),而 userlist_deny 配置项并没有给出,如果需要可以添加。

为了使读者更清晰地了解 user_list 与 userlist_enable、userlist_deny 两个配置项间的关系,以及两个配置项如何搭配使用,下面通过一个实例加以说明。假设 FTP 服务器中已经建立有 tom 和 jim 两个 FTP 用户,并把 tom 加入 user_list 文件的用户列表中,而 jim 不在 user_list 中;然后把 userlist_enable 和 userlist_deny 两个配置项分别设置为不同的值,于是便有了 4 种不同情况的结果,如表 5-2 所示。

表 5-2　userlist_enable 和 userlist_deny 不同设置时的用户登录测试

userlist_enable 和 userlist_deny 选项设置	tom 和 jim 用户登录测试
userlist_enable=YES,userlist_deny=YES	tom:拒绝登录;jim:允许登录
userlist_enable=YES,userlist_deny=NO	tom:允许登录;jim:拒绝登录
userlist_enable=NO,userlist_deny=YES	tom:允许登录;jim:允许登录
userlist_enable=NO,userlist_deny=NO	tom:允许登录;jim:允许登录

进行用户登录测试时,在拒绝登录的情况下不会提示输入密码,甚至不出现登录界面而直接拒绝连接。综合上述测试结果,针对 user_list 与 userlist_enable、userlist_deny 两个配置项间的关系可以得出以下 4 点结论。

(1) userlist_enable 和 userlist_deny 两个选项联合起来针对 3 类用户的集合进行设置,即:本地全体用户(除 ftpusers 中的用户)、出现在 user_list 文件中的用户和不在 user_list 文件中的用户。

(2) 当且仅当 userlist_enable=YES 时,userlist_deny 项的配置才有效,user_list 文

件才会被使用;当 userlist_enable＝NO 时,userlist_deny 项无论设置为 YES 还是 NO,user_list 文件都是无效的,本地全体用户(除 ftpusers 中的用户)都可以登录 FTP 服务器。

(3) 当 userlist_enable＝YES 且 userlist_deny＝YES 时,user_list 文件中列出的所有用户都会被拒绝登录,或者说此时的 user_list 是一个"黑名单"。

(4) 当 userlist_enable＝YES 且 userlist_deny＝NO 时,只有在 user_list 文件中列出的用户才会被允许登录,而不在用户列表之中的用户都会被拒绝登录,或者说此时的 user_list 是一个"白名单"。

注意:当 user_list 文件中列表的用户作为"白名单"时,匿名用户将无法登录 FTP 服务器,除非在 user_list 文件中显式地加入一行 anonymous。另外,上述有关 FTP 服务器主配置文件和两个辅助配置文件的存放位置和文件名不仅是针对 CentOS 的,较新的 Fedora、RHEL 等版本中也是如此。但在稍早的 Red Hat Linux 中,主配置文件也是/etc/vsftpd/vsftpd.conf,而两个辅助配置文件存放在/etc 目录下,文件名分别为 vsftpd.ftpusers 和 vsftpd.user_list。

3. 启动 FTP 服务器

使用以下命令可以启动 FTP 服务器。

```
#service vsftpd start              //启动 vsftpd 服务
Starting vsftpd:[OK]
#service vsftpd status             //查看 vsftpd 服务的运行状态(是否启动)
vsftpd (pid 2550) is running...    //显示该行信息表明 vsftpd 服务正在运行
```

5.2.2 客户端连接和访问 FTP 站点

1. 客户端访问 FTP 站点的方法

无论是 Windows 客户端还是 Linux 客户端,都可以通过以下 3 种方法访问 FTP 站点。

(1) 在命令行界面中使用命令访问。

(2) 在图形用户界面中通过浏览器或资源管理器访问。

(3) 采用第三方 FTP 客户端软件(如 FlashFXP、CuteFTP、LeapFTP 等)访问。

其中,后两种访问方法都是在图形用户界面(Windows 或 Linux 桌面)中使用的,通常只须在浏览器、资源管理器或第三方 FTP 客户端软件窗口的地址栏中输入 ftp://192.168.1.4 或 ftp://ftp.xinyuan.com 并按 Enter 键,即可直接登录 FTP 服务器并访问站点主目录下的文件及目录。由于图形用户界面中访问 FTP 站点较为简单,这里首先介绍在 Linux 字符命令界面下使用 ftp 命令进行匿名登录并访问 FTP 站点,其实在任何操作系统下使用 ftp 命令的方法都基本相同。

2. Linux 客户端连接和访问 FTP 站点

由于项目 3 的 DNS 服务器配置实施时已经为 IP 地址为 192.168.1.4 的 FTP 服务器配置好域名 ftp.xinyuan.com,因此可以直接使用域名来登录 FTP 服务器。

注意:由于还没有建立 FTP 用户,所以暂时只能使用匿名用户访问默认的 FTP 站点。vsftpd 提供了 ftp 和 anonymous 两个密码为空的匿名用户,匿名登录的主目录为 /var/ftp,该目录下通常已有一个用于下载的 pub 目录和用于上传的 upload 目录(若没有可自行创建并赋予写权限)。另外,在使用 ftp 命令连接 FTP 服务器之前务必注意本地当前目录位置,因为对于登录后使用 get 下载到本地的文件或使用 put 指定上传的文件,若不指明路径则默认都在当前目录下。

步骤 1　连接 FTP 服务器,使用匿名用户 ftp 登录,操作命令及注解如下。

```
[root@localhost ~]#cd /wbj              //客户端远程连接前改变当前目录
[root@localhost wbj]#ftp ftp.xinyuan.com //连接 FTP 服务器
Connected to ftp.xinyuan.com.
220 (vsFTPd 2.2.2)
530 Please login with USER and PASS.
Name (ftp.xinyuan.com:root): ftp        //输入匿名用户名: ftp
331 Please specify the password.
Password:                               //要求输入密码,可不输
230 Login successful.                   //登录成功
Remote system type is UNIX.             //远程系统类型为 UNIX
Using binary mode to transfer files.    //使用二进制模式传输文件
ftp>pwd                                 //登录成功后显示 FTP 命令提示符
257 "/"                                 //显示匿名账户主目录为根,是指/var/ftp/
ftp>?                                   //列出可用的 FTP 命令
Commands may bi abbreviated. Commands are:
!           cr          mdir        proxy       send
$           delete      mget        sendport    site
account     debug       mkdir       put         size
append      dir         mls         pwd         status
ascii       disconnect  mode        quit        struct
bell        form        modtime     quote       system
binary      get         mput        recv        sunique
bye         glob        newer       reget       tenex
case        hash        nmap        rstatus     trace
ccc         help        nlist       rhelp       type
cd          idle        ntrans      rename      user
cdup        image       open        reset       umask
chmod       lcd         passive     restart     verbose
clear       ls          private     rmdir       ?
close       macdef      prompt      runique
cprotect    mdelete     protect     safe
ftp>
```

步骤 2　由于客户端登录时本地当前目录为/wbj,假设在本地的/wbj 目录下已创建

有 aa.txt 文件,而远程服务器/var/ftp/pub 目录下已有 bb.txt 文件。那么,客户端匿名登录 FTP 服务器后,可以测试服务器的文件下载和上传功能,操作命令及注解如下。

```
ftp>dir                          //列出 FTP 服务器主目录下的文件目录
227 Entering Passive Mode (192,168,1,4,60,86)
150 Here comes the directory listing.
drwxr-xr-x        2    0      0      4096    Oct    27    16:05    pub
drwxrwxrwx        2    0      0      4096    Oct    27    16:04    upload
226 Directory send OK.           //可见匿名登录后在服务器主目录/var/ftp 下
ftp>cd pub                       //进入 pub(下载目录)
250 Directory successfully changed.
ftp>get bb.txt                   //从当前目录 pub 中下载 bb.txt 文件
local: bb.txt remote: bb.txt
227 Entering Passive Mode (192,168,1,4,215,57)
150 Opening BINARY mode data connection for bb.txt (12 bytes).
226 Transfer complete.           //文件传送至客户端完成
12 bytes received in 8.8e-05 seconds (55 Kbytes/s)
ftp>cd ../upload                 //进入上传目录 upload
250 Directory successfully changed.
ftp>put aa.txt                   //将客户端文件 aa.txt 上传
local: aa.txt remote: aa.txt
227 Entering Passive Mode (192,168,1,4,21,58)
550 Permission denied.          //访问被拒绝,即上传失败
ftp>quit                         //退出登录 FTP 服务器
221 Goodbye.
[root@localhost wbj]#ls -l bb.txt        //列出已下载至本地的 bb.txt 文件
-rw-r--r--        1    root    root    12    Oct    27    23:46    bb.txt
[root@localhost wbj]#
```

从上述操作可以看到,客户端使用匿名用户登录默认的 FTP 站点后,只能下载文件,不能上传文件。这是因为 FTP 服务器默认配置中,匿名用户没有写入权限,这也符合新源公司 FTP 站点的架设需求。

常用的 FTP 命令格式与使用说明归纳如表 5-3 所示。

表 5-3 常用的 FTP 命令格式与使用说明

命 令 格 式	使 用 说 明
account [password]	提供登录成功后访问系统资源所需的补充口令
append local-file [remote-file]	将本地文件追加到远程服务器,不指定远程文件名,则使用本地文件名
bell	每个命令执行完毕计算机响铃一次
bye	退出 ftp 会话
cd remote-dir	进入远程服务器目录
cdup	进入远程服务器目录的父目录

命 令 格 式	使 用 说 明
close	中断与远程服务器的 ftp 会话（与 open 命令对应）
delete remote-file	删除指定远程服务器中的文件
dir［remote-dir］［local-file］	显示远程服务器中的文件目录，并将结果存入本地文件 local-file
get remote-file［local-file］	将远程服务器的文件 remote-file 下载到本地硬盘的 local-file
help［cmd］	显示 ftp 内部命令 cmd 的帮助信息，如 help get
lcd［dir］	将本地工作目录切换至 dir
ls［remote-dir］［local-file］	列出远程服务器中的文件目录，并将结果存入本地文件 local-file
mdelete［remote-file］	删除远程文件
mdir remote-file local-file	与 dir 类似，但可指定多个远程文件，如：mdir ＊.o. ＊.zipoutfile
mget remote-file	下载多个远程服务器中的文件
mkdir dir-name	在远程服务器中创建一个目录
mput local-file	将多个文件上传到远程服务器（上传）
nlist［remote-dir］［local-file］	显示远程服务器目录下的文件清单，并存入本地硬盘的 local-file
open host［port］	建立到 FTP 服务器的连接，可指定连接端口
put local-file［remote-file］	将本地文件 local-file 上传到远程服务器
pwd	显示远程服务器的当前工作目录
quit	退出 ftp 会话，同 bye
reget remote-file［local-file］	类似于 get，但若 local-file 存在，则从上次传输中断处续传
rename［from］［to］	更改远程服务器中的文件名
rmdir dir-name	删除远程服务器中的目录
system	显示远程服务器的操作系统类型
user user-name［password］［account］	向远程服务器表明自己的身份，需要密码时，必须输入

5.2.3　设置 FTP 用户及其访问控制

　　由于新源公司 FTP 站点要求为每个员工建立独立的 FTP 用户，但采用"不隔离用户"模式。也就是说，员工使用合法用户名和密码登录公司 FTP 站点时，对主目录及其下级目录（包括其他账户的用户目录）都具有读取权限，但仅对用户自己的目录具有写入和删除的权限。下面以建立 chf 和 wjm 两个 FTP 用户为例，说明实现上述需求的配置步骤。

1. 创建用户并设置 FTP 用户的访问控制

步骤 1　创建两个本地用户 chf 和 wjm，并将其密码均设置为"123456"。以下给出创建 chf 用户及其密码的操作命令，创建 wjm 用户由读者自行完成。

```
#useradd chf                                    //创建新用户 chf
#passwd chf                                     //为用户 chf 设置密码
Changing password for user chf.
New UNIX password:                              //在该提示后输入密码 123456
Retype new UNIX password:                       //在该提示后再次输入密码 123456
passwd: all authentication tokens updated successfully.    //提示密码设置成功
#
```

注意：由于 FTP 服务器没有独立的用户设置，使用的是本地用户，因此在创建本地用户时，默认情况下会自动在/home 目录下创建一个与用户名同名的目录，该目录即为此用户的主目录。以后在使用这个用户登录 FTP 服务器时，当前的工作目录就在该用户的主目录下。例如，上述创建 chf 用户后，在使用该用户登录 FTP 站点时，当前目录就在/home/chf 目录下。

步骤 2　为使读者能更深刻地理解 FTP 服务器中用户访问控制的设置，这里只将新建的本地用户 chf 加入辅助配置文件 user_list 中，使其成为 FTP 服务器访问可控的 FTP 用户，而用户 wjm 暂不加入 user_list 中。操作命令如下。

```
#vim /etc/vsftpd/user_list                      //文件内容的前 6 行为注释
#vsftpd userlist
#if userlist_deny=NO, only allow users in this file
#if userlist_deny=YES (default), never allow users in this file, and
#do not even prompt for a password.
#Note that the default vsftpd pam config also checks /etc/vsftpd/ftpusers
#for users that are denied.
root                                            //每个用户独占一行
bin
...                                             //已有用户略
chf                                             //在末尾添加用户 chf
#                                               //添加完毕，保存并退出
```

步骤 3　编辑 FTP 服务器主配置文件/etc/vsftpd/vsftpd.conf，修改用户访问控制权限有关的配置项。操作命令如下。

```
#vim /etc/vsftpd/vsftpd.conf        //编辑 FTP 服务器主配置文件
...                                 //默认文件内容略。找到以下 3 个配置项并修改
userlist_enable=YES
userlist_deny=NO
```

```
userlist_file=/etc/vsftpd/user_list
...
#                    //修改完毕,保存并退出
```

📌 **注意**:通过前面对 FTP 服务器辅助配置文件的分析已经知道,当 userlist_enable=YES 且 userlist_deny=NO 时,user_list 中的用户是一个"白名单"。因此,上述设置后用户 chf 会被允许登录,而用户 wjm 会被拒绝登录,这在后面的操作中将得到验证。另外,如果使用的是早期的 Red Hat Linux 系统,用户列表文件可能是/etc/vsftpd.user_list,那么 userlist_file 项的值也要相应地改变。

步骤 4　重新启动 vsftpd 服务,操作命令如下。

```
#service vsftpd restart            //重新启动 vsftpd 服务
Shutting down vsftpd:             [OK]
Starting vsftpd for vsftpd:       [OK]
#
```

2. 客户端使用 FTP 用户登录并访问 FTP 服务器

在创建了 chf 和 wjm 两个用户之后,为了使用他们登录 FTP 服务器并进行文件下载和上传测试,首先在 FTP 服务器的 chf 用户主目录(/home/chf)下创建一个 chf.txt 文本文件,wjm 用户主目录(/home/wjm)下创建一个 wjm.txt 文本文件,而在客户端本地的/wbj 目录下创建一个 wbj.txt 文本文件,然后按以下步骤操作。

```
[root@localhost ~]#cd /wbj                   //客户端进入/wbj 目录
[root@localhost wbj]#
//-------------以下使用 chf 用户连接并访问 FTP 服务器-------------//
[root@localhost wbj]#ftp ftp.xinyuan.com     //连接 FTP 服务器
Connected to ftp.xinyuan.com.
220 (vsFTPd 2.2.2)
530 Please login with USER and PASS.
Name (ftp.xinyuan.com:root): chf             //输入用户名 chf
331 Please specify the password.
Password:                                    //输入 chf 用户的密码
230 Login successful.                         //登录成功
Remote system type is UNIX.
Using binary mode to transfer files.
ftp>pwd                                       //显示远程主机当前目录
257 "/home/chf"                               //在 chf 用户主目录
ftp>get chf.txt
//将远程 FTP 服务器上的/home/chf/chf.txt 文件下载至本地/wbj 下
local: chf.txt remote: chf.txt
227 Entering Passive Mode (192,168,1,4,74,123).
150 Opening BINARY mode data connection for chf.txt (15 bytes).
```

```
226 Transfer complete.                              //文件下载完成
15 bytes received in 0.027 seconds (0.54 Kbytes/s)

ftp>put wbj.txt
//将客户端本地的/wbj/wbj.txt 文件上传到远程 FTP 服务器 chf 用户主目录下
local: wbj.txt remote: wbj.txt
227 Entering Passive Mode (192,168,1,4,186,195).
150 Ok to send data.
226 Transfer complete.                              //文件上传完成
15 bytes sent in 0.020 seconds (0.52 Kbytes/s)
ftp>ls                                  //列出 FTP 服务器 chf 用户主目录下的文件
227 Entering Passive Mode (192,168,1,4,94,134).
150 Here comes the directory listing.
-rw-r--r--    1    0        0        15    Oct    28    11:51    chf.txt
-rw-r--r--    1    503      506      15    Oct    28    12:51    wbj.txt
226 Directory send OK.                              //查看到已上传的文件
ftp>quit                                            //退出登录
221 Goodbye.
[root@localhost wbj]#ls -l          //在客户端本地列出当前目录下的文件
-rw-r--r--    1    root     root     15    Oct    28    20:46    chf.txt
-rw-r--r--    1    root     root     15    Oct    28    19:55    wbj.txt
[root@localhost wbj]#                               //可以看到已下载的文件
//---------------以下使用 wjm 用户登录 FTP 服务器----------------//
[root@localhost wbj]#ftp ftp.xinyuan.com       //连接 FTP 服务器
Connected to ftp.xinyuan.com.
220 (vsFTPd 2.2.2)
530 Please login with USER and PASS.
Name (ftp.xinyuan.com:root): wjm                    //输入用户名 wjm
530 Permission denied.
Login failed.                                       //登录失败
ftp>quit
221 Goodbye.
[root@localhost wbj]#
```

上述操作结果与前面设置用户访问控制的初衷完全一致，即用户 chf 允许登录，并可实现文件的下载和上传，而用户 wjm 被拒绝登录。这样，用户 chf 也已符合本项目中新源公司员工 FTP 用户的要求，每个员工的 FTP 用户可参照建立并设置访问控制。但是，此时如果使用匿名用户 ftp 登录 FTP 服务器，却发现会被拒绝登录，所以还应该在 user_list 文件中把用户 ftp 也加入用户列表，这样就可以使用匿名登录了。

注意：在创建用户并设置 FTP 用户访问控制的步骤 3 中，如果修改 FTP 服务器主配置文件 vsftpd.conf 时把 userlist_deny 选项也设置为 YES，则 chf 和 wjm 两个用户登录 FTP 服务器的情况会完全相反，即 chf 被拒绝登录，而 wjm 却允许登录并访问，请读者自行测试并分析其原因。

3. 在 Windows 客户端登录 FTP 站点

在 Windows 客户端访问 FTP 站点的方法较为简单,这里仅对一些登录方法加以说明,至于登录后进行文件的下载和上传,只须在本地磁盘与 FTP 站点之间直接拖动复制即可,请读者自行测试和实施。

在客户端浏览器的地址栏中输入 ftp://192.168.1.4 或 ftp://ftp.xinyuan.com(若已在 Windows 中将网络参数的主 DNS 服务器地址设置为 192.168.1.1)并按 Enter 键后,浏览器会自动以匿名用户 anonymous 登录 FTP 服务器,并在页面中列出站点主目录下的文件。如果要使用 Windows 资源管理器来查看该 FTP 站点,可以选择"查看"→"在文件资源管理器中打开 FTP 站点"命令,如图 5-4 所示。

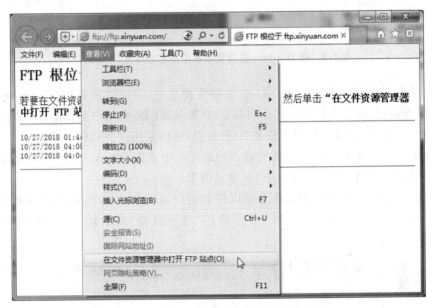

图 5-4 使用 IE 浏览器匿名登录 FTP 站点

📎 注意:此时在浏览器地址栏中输入地址后可能会出现"无法显示此页"的出错信息,为什么打不开 FTP 站点呢? 前面已经提到过,vsftpd 提供了两个密码为空的匿名用户,即 ftp 和 anonymous。在 Linux 客户端测试访问默认 FTP 站点时使用的匿名用户是 ftp,而 Windows 默认是使用 anonymous 匿名登录的。当创建了 FTP 用户并在服务器中设置了 userlist_enable=YES 且 userlist_deny=NO 时,user_list 中的用户成为一个"白名单",因此,还应该把 ftp 和 anonymous 这两个匿名用户加入 user_list 文件,这样才会允许匿名用户访问,浏览器就会自动以匿名用户 anonymous 登录 FTP 服务器了。另外,还要注意,在地址栏中输入 FTP 服务器地址时务必以协议名称"ftp://"开头,且不可以缺省;而访问 Web 站点时的协议头"http://"是可以缺省的。

当然,也可以不通过浏览器中的菜单命令而直接双击桌面上的"计算机"图标打开 Windows 资源管理器,在其地址栏中输入 ftp://192.168.1.4 或 ftp://ftp.xinyuan.com 来匿名访问 FTP 站点,如图 5-5 所示。

图 5-5 在 Windows 资源管理器中匿名登录 FTP 站点

无论是在浏览器中还是在 Windows 资源管理器中,自动以匿名用户 anonymous 登录 FTP 服务器后,可以看到默认打开的是 FTP 服务器的匿名用户主目录(/var/ftp)。如果要以具有特定读、写权限的用户登录 FTP 站点,可以采用以下两种方法。

(1)在浏览器或 Windows 资源管理器的地址栏中直接用"ftp://用户名:密码@FTP服务器 IP 地址或域名"的格式输入 FTP 登录请求。

(2)在 Windows 资源管理器中自动以匿名用户 anonymous 登录 FTP 站点之后,选择"文件"→"登录"命令,打开如图 5-6 所示的"登录身份"对话框,输入用户名和密码即可。

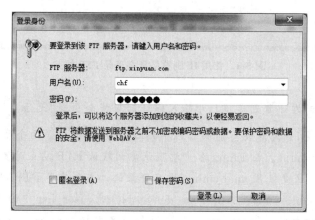

图 5-6 在"登录身份"对话框中输入用户名和密码

这里使用后一种方法,以此前已经创建并设置了访问控制的 FTP 用户 chf 为例,输入用户名和密码后,单击"登录"按钮即可登录新源公司的 FTP 服务器,进入如图 5-7 所示的页面(使用前一种方法进入的页面也是一样的)。可以看到,用户 chf 登录后默认打开的是该用户对应的用户目录(/home/chf)。

图 5-7　以用户 chf 登录到 FTP 站点

🖐**注意**：至此，为新源公司配置的 FTP 服务器已基本满足企业需求，至于为公司每个员工建立 FTP 用户并设置访问控制，完全可以参照此前 chf 用户的实施。最后还要提醒读者的是，无论客户端使用哪一种方式访问 FTP 站点，如果 FTP 服务器不是使用默认的控制连接端口(21)，而是指定了其他的端口号，则如同访问非标准端口 80 的 Web 站点一样，在 ftp 命令后面或在窗口地址栏中输入 FTP 站点地址时必须跟上"：端口号"。

5.3　深入配置 FTP 服务器

5.3.1　配置 FTP 服务器允许匿名用户上传文件

使用 FTP 服务器默认配置的情况下，客户端使用匿名用户名登录 FTP 站点后，只能下载文件而不允许上传文件，这正符合新源公司 FTP 站点的架设需求。但如果要使匿名用户能够上传文件，可以按以下步骤进行配置。

步骤 1　备份主配置文件/etc/vsftpd/vsftpd.conf，操作命令如下。

```
#cd /etc/vsftpd                         //进入 vsftpd 配置文件所在目录
#cp vsftpd.conf vsftpd.conf.bak          //备份主配置文件
```

步骤 2　编辑主配置文件 vsftpd.conf，找到下列两个配置行，删去行首的♯注释符；然后在文件的最后添加一个配置行，用于打开匿名用户的浏览权限。

```
#vim vsftpd.conf                         //编辑主配置文件
...    //默认文件内容略。找到以下两个配置选项，去掉行首的#号使其有效
anon_upload_enable=YES                   //允许匿名用户上传文件
anon_mkdir_write_enable=YES              //开启匿名用户写和创建目录的权限
...    //最后添加以下配置项
anon_world_readable_only=NO              //打开匿名用户的浏览权限
#                                        //修改完毕，保存并退出
```

步骤 3　重启 vsftpd 服务。

117

```
#service vsftpd restart                           //重启 vsftpd 服务
Shutting down vsftpd:                  [OK]
Starting vsftpd for vsftpd:            [OK]
#
```

步骤 4　在客户端的/wbj 目录下事先建立好一个文本文件 wbj.txt,然后进行下面的操作来测试 FTP 服务器的匿名用户上传功能。

```
[root@localhost ~]#cd /wbj
[root@localhost wbj]#ftp ftp.xinyuan.com
Connected to ftp.xinyuan.com.
220 (vsFTPd 2.2.2)
530 Please login with USER and PASS.
Name (ftp.xinyuan.com:root): ftp             //输入匿名用户名 ftp
331 Please specify the password.
Password:                                    //不输入密码直接按 Enter 键
230 Login successful.
Remote system type is UNIX.
Using binary mode to transfer files.
ftp>pwd                                      //显示远程服务器当前目录
257 "/"                                      //匿名用户主目录为根(/var/ftp)
ftp>cd upload                                //进入用于上传的目录
250 Directory successfully changed.
ftp>put wbj.txt                              //上传客户端文件 wbj.txt
local: wbj.txt remote: wbj.txt
227 Entering Passive Mode (192,168,1,4,72,5)
150 Ok to send data.
226 Transfer complete.                       //文件上传完成
15 bytes sent in 0.33 seconds (0.045 Kbytes/s)
ftp>ls                                       //列出已上传的文件
227 Entering Passive Mode (192,168,1,4,255,142)
150 Here comes the directory listing.
-rw-------     1    14       50          15    Oct    30    03:36
wbj.txt
226 Directory send OK.
ftp>quit                                     //退出 FTP 服务器
221 Goodbye.
[root@localhost wbj]#
```

　　注意:在 Linux 系统中,为使网络服务符合某些功能和性能需求,经常需要修改配置文件的配置项。管理员在编辑配置文件时一定要养成良好的操作习惯,有两点要特别引起重视:①在编辑配置文件之前应该先备份原文件,以免修改错误后又不知如何恢复;②修改配置文件中各配置项时,如果某配置行代码不需要了,应在其行首加#进行注释,而不要将其全部删除,下次需要时只须去掉#即可。

5.3.2　在同一台服务器上架设多个 FTP 站点

如同项目 4 中在同一台服务器上采用多种方法创建多个 Web 站点一样，一台服务器上也可以建立多个 FTP 站点，其方法同样也有 IP 地址法、TCP 端口法和主机头名法等。下面仅介绍在前面架设的 FTP 站点基础上通过使用 IP 地址法架设多个 FTP 站点的操作方法。

步骤 1　配置虚拟 IP 地址。假设网络接口为 eth0，操作命令如下。

```
#ifconfig eth0:1 192.168.1.44 netmask 255.255.255.0
//为网络接口 eth0 配置子接口 eth0:1，并设置其 IP 地址
#ifconfig eth0:1                              //查看子接口 eth0:1 的网络参数
eth0:1  Link encap:Ethernet    Hwaddr 00:26:2D:FD:6B:5C
      inet addr: 192.168.1.44 Bcast: 192.168.1.255 Mask:255.255.255.0
      UP BROADCAST RUNNING MULTICAST   MTU:1500   Metric:1
      Interrupt:20 Memory:f2400000-f2420000
#
```

注意：使用 ifconfig 命令只是临时为物理网络接口 eth0 配置了子接口 eth0:1 及其 IP 地址，Linux 系统重启后就无效了。如果要让子接口 eth0:1 及其 IP 地址设置永久生效，应在/etc/sysconfig/network-scripts 目录下创建名为 ifcfg-eth0:1 的子接口配置文件，文件内容可参考接口 eth0 的配置文件 ifcfg-eth0（一般可将其直接复制为 ifcfg-eth0:1），把文件中 IP 地址配置项 IPADDR 的值修改为 192.168.1.44，然后重启网络即可。

步骤 2　建立虚拟 FTP 服务器主目录（假设为/var/vftp），并在该主目录下建立用于下载文件的子目录 pub，同时修改目录权限，操作命令如下。

```
#mkdir -p /var/vftp/pub
//使用-p 选项可以同时创建多层级的目录，即如果一个父目录不存在就创建它
#chmod -R 755 /var/vftp                      //为主目录及下级目录设置读取和打开权限
//使用-R 选项可以对当前目录下的所有文件及子目录进行相同的权限变更
#
```

步骤 3　创建该虚拟服务器的匿名用户所映射的本地用户 vftp，操作命令如下。

```
#adduser -d /var/vftp/ -M vftp
//使用-d 选项指定用户的主目录，使用-M 选项则不自动创建用户的主目录
#
```

步骤 4　修改 FTP 服务器主配置文件 vsftpd.conf，添加如下配置行，即将原来的 FTP 服务器绑定到 IP 地址为 192.168.1.4 的网络接口上，保存该文件。

```
#vim /etc/vsftpd/vsftpd.conf
...     //默认文件内容略。添加以下配置行（为方便阅读，可添加在 listen=YES 行后面），即
```

```
listen=YES
listen_address=192.168.1.4                    //添加配置行
#                                             //修改完毕,保存并退出
```

步骤 5 复制前面备份过的默认主配置文件生成虚拟 FTP 服务器的主配置文件 vftp.conf,并在 vftp.conf 文件中添加两个配置行,操作命令如下。

```
#cp /etc/vsftpd/vsftpd.conf.bak /etc/vsftpd/vftp.conf
#vim /etc/vsftpd/vftp.conf
...   //原文件内容略。添加以下两个配置行(为方便阅读,可添加在 listen=YES 行后面),即
listen=YES
listen_address=192.168.1.44                   //添加配置行
//将虚拟 FTP 服务器绑定到 eth0:1 接口
ftp_username=vftp                             //添加配置行
//使虚拟 FTP 服务器的匿名用户映射为本地用户 vftp
#                                            //修改完毕,保存并退出
```

步骤 6 重启 vsftpd 服务,操作如下。

```
#service vsftpd restart                       //重启 vsftpd 服务
Shutting down vsftpd:              [OK]
Starting vsftpd for vftp:          [OK]
Starting vsftpd for vsftpd:        [OK]
//此时可见除 vsftpd 启动成功外,增加了一行虚拟 FTP 服务 vftp 启动成功的信息
#
```

步骤 7 在客户端使用匿名用户分别登录原来的 FTP 服务器和新建立的虚拟 FTP 服务器进行测试。这里仅给出登录过程以及登录后验证匿名用户主目录的操作,文件下载和上传的测试留给读者自行完成,并且操作过程不再给出详细注解。

```
[root@localhost wbj]#ftp ftp.xinyuan.com         //连接原来的 FTP 服务器
Connected to ftp.xinyuan.com.
220 (vsFTPd 2.2.2)
530 Please login with USER and PASS.
Name (ftp.xinyuan.com:root): ftp               //输入匿名用户名 ftp
331 Please specify the password.
Password:                                     //不输密码直接按 Enter 键
230 Login successful.
Remote system type is UNIX.
Using binary mode to transfer files.
ftp>pwd                                       //查看匿名用户主目录
257 "/"
ftp>ls                                        //列出主目录下的文件
227 Entering Passive Mode (192,168,1,4,63,235)
```

```
150 Here comes the directory listing.
drwxr-xr-x        2  0        0       4096   Oct    27    16:05    pub
drwxrwxrwx        2  0        0       4096   Oct    30    03:36    upload
226 Directory send OK.
ftp>bye                                              //退出 FTP 也可用 bye 命令
221 Goodbye.
[root@localhost wbj]#
[root@localhost wbj]#ftp 192.168.1.44                //连接虚拟 FTP 服务器
Connected to 192.168.1.44.
220 (vsFTPd 2.2.2)
530 Please login with USER and PASS.
Name (192.168.1.44:root): ftp                        //输入匿名用户名 ftp
331 Please specify the password.
Password:                                            //不输密码直接按 Enter 键
230 Login successful.
Remote system type is UNIX.
Using binary mode to transfer files.
ftp>pwd                                              //查看匿名用户主目录
257 "/"
ftp>ls                                               //列出主目录下的文件
227 Entering Passive Mode (192,168,1,44,62,80)
150 Here comes the directory listing.
drwxr-xr-x        2  0        0       4096   Oct    30    04:43    pub
226 Directory send OK.
    //此时列出的是虚拟 FTP 服务器主目录/var/vftp 下的文件
ftp>bye
221 Goodbye.
[root@localhost wbj]#
```

注意：由于项目 3 中对新源公司 DNS 服务器实施配置时，没有为虚拟 FTP 服务器配置 IP 地址 192.168.1.44 到域名的映射，所以使用 ftp 命令登录虚拟 FTP 服务器时只能使用 IP 地址登录。另外，除了使用 Linux 系统自带的 vsftpd 组件来配置 FTP 服务器外，还可以采用第三方服务器软件来架设 FTP 服务器，如 Wu-FTP、ProFtpd 等。相比于使用 vsftpd 组件而言，使用第三方 FTP 服务器软件往往更为通俗易懂、操作简便，而且往往还提供更多的高级管理工具，支持更完美的文件共享解决方案，有兴趣的读者可以查阅相关资料自行学习。

小　结

　　文件传送协议（FTP）负责将文件从一台计算机传送到另一台计算机，而与这两台计算机所处的位置、使用的操作系统和应用程序无关。FTP 位于 TCP/IP 体系的应用层，采用可靠的、面向连接的 TCP 传输服务，而不支持 UDP 传输。FTP 服务器则是提供存储空间的计算机，并依照 FTP 协议提供服务，用户可以连接到服务器上下载文件，也可以将自己的文件上传到 FTP 服务器。

FTP 服务器需要两个端口连接客户端：默认端口号为 21 的控制连接端口和默认端口号为 20 的数据传输端口。在使用 FTP 时,客户端首先要以合法用户身份登录 FTP 服务器。大多数 Internet 上的 FTP 服务器也允许匿名登录。但一般来说,用用户名和密码验证登录 FTP 服务器,可允许客户端下载或上传文件；而使用匿名用户登录 FTP 服务器,只允许下载文件,而不允许上传文件,这也是 FTP 服务器的一种安全措施。

在 Linux 系统中配置 FTP 服务器通常使用系统自带的 vsftpd 组件,其配置文件都存放在/etc/vsftpd 目录下,包括一个主配置文件 vsftpd.conf 和两个主要的辅助配置文件 ftpusers 和 user_list。主配置文件主要用于对 FTP 服务器进行全局性配置,事实上无须做任何修改而直接启动 vsftpd 服务,就可以使用 vsftpd 提供的 ftp 和 anonymous 两个密码为空的匿名用户登录(登录的主目录默认为/var/ftp)和访问了。但这只是最基本的 FTP 站点,通常还需要建立 FTP 用户并设置其访问控制权限,这就需要使用两个辅助配置文件与主配置文件联合进行配置。使用 vsftpd 架设 FTP 站点不具备建立独立用户的功能,而直接使用 Linux 系统用户来登录站点。实际上,也可以使用第三方软件来架设 FTP 服务器,其配置往往更加简单,而且它们一般都有独立于系统用户之外、属于自己的 FTP 用户系统。

客户端访问 FTP 服务器有多种方式,普通用户通常使用图形界面下的浏览器或资源管理器来访问,也有使用第三方 FTP 客户端软件来访问的,但作为计算机专业人员,建议学会使用 ftp 命令访问,这样会更加简捷。

习　　题

一、简答题

1. 什么是 FTP? 其主要功能是什么?
2. 客户端访问 FTP 服务器时使用哪两个端口? 它们的用途是什么?
3. 文件下载和文件上传分别是什么意思?
4. FTP 的连接模式有哪两种? 它们的主要区别是什么?
5. 客户端访问 FTP 服务器主要有哪几种方式?
6. 在 ftp 命令中,说明 get、put、cd、lcd、pwd、bye 命令的功能与用法。
7. 在同一台服务器上可采用哪些方法架设多个 FTP 站点?
8. 在 Linux 系统中,启动 FTP 服务的命令是什么?

二、训练题

盛达电子公司需要在 IP 地址为 192.168.3.2 的服务器上配置一个 FTP 站点,其域名为 ftp.sddz.com,使用默认端口。要求支持匿名用户访问,但只能下载,不能上传。同时,还要求为公司每个员工设置一个登录账户,当员工使用自己的用户名和密码登录到 FTP

站点时,可以对自己目录中的文件进行下载和上传,但对主目录和其他用户目录只能下载不能上传。

(1) 按上述需求在 Linux 平台下完成 FTP 站点的配置。员工账户暂时可以只设置 tom 和 jim 两个用户。为了使客户端也能使用域名访问 FTP 站点,需要同时配置相应的 DNS 服务。

(2) 配置客户端,并使用浏览器和 ftp 命令两种方法访问 FTP 站点。

(3) 按附录 C 中简化的项目文档撰写 FTP 服务器配置与管理项目实施报告。

项目 6   E-mail 服务器配置与管理

- 能根据企业信息化建设需求和项目总体规划合理设计 E-mail 服务方案。
- 能在 Linux 平台下架设符合企业电子邮件服务需求的 E-mail 服务器。
- 会配置邮件客户端软件和使用命令连接 E-mail 服务器并收发电子邮件。
- 具备 E-mail 服务器的基本管理和维护能力。

知识要点

- E-mail 服务的基本概念与实现机制。
- 邮件交换记录 MX、SMTP 和 POP3 协议的作用。
- sendmail 配置脚本中的常用语句及功能。

6.1   知识预备与方案设计

6.1.1   了解 E-mail 服务及实现机制

1. 电子邮件概述

1971 年 10 月,美国工程师 Ray Tomlinson 在 BBN 科技公司的剑桥研究室首次利用与 ARPANET 连接的计算机向指定的另一台计算机传送信息,这便是电子邮件 (E-mail)的起源。此后,电子邮件系统经历了一个较长的发展历程才逐渐稳定下来,尤其是 20 世纪 80 年代后,随着个人计算机(PC)和 Internet 的广泛流行和普及应用,E-mail 以其使用简易、投递快捷、成本低廉、易于保存等优势成为 Internet 上一项基本且应用广泛的服务。通过电子邮件系统,用户可以在几秒之内与世界上任何一个角落的其他网络用户联络关系,传递文字、图形、图像、声音等各种形式的信息,同时还可以得到大量免费的新闻、专题邮件,并轻松实现信息搜索。

E-mail 像普通邮件一样也需要地址,只是 E-mail 使用的地址是 Internet 上电子邮件信箱的地址。Internet 上的用户要收发电子邮件,首先要向邮件服务器的系统管理人员申请注册,获取正确且具有唯一性的 E-mail 地址。邮件服务器就是根据这些地址将每封电子邮件传送到各个用户的信箱中。E-mail 地址具有以下统一的标准格式。

用户名@主机域名

其中,间隔符@是英文 at 的意思,即某用户在某主机;用户名是指用户在邮件服务器上申请获得的合法登录名;完整的主机域名由主机名与域名组成,而域名通常是表达这台邮件服务器所属公司的有关信息。例如,E-mail 地址 wbj0912@163.com,其用户名为 wbj0912,163.com 为网易公司邮件服务器。

企业电子邮箱是指供企业内部员工之间相互收发电子邮件的邮箱,一般由网络管理员在邮件服务器上为每个员工开设,可以根据不同的需求设定邮箱的空间大小,也可以随时关闭、删除这些邮箱。企业邮箱地址通常以企业的域名作为后缀,这样既能体现企业的品牌和形象,又便于企业员工以及有信函往来的客户记忆,也方便企业网络管理人员对员工信箱进行统一、安全、有效的管理。

2. E-mail 的使用方式

按照用户使用 E-mail 的方式,可将 E-mail 的收发分为以下两种形式。

(1) 网页邮件 Web Mail。Web Mail 是指用户使用浏览器,以 Web 网页方式收发电子邮件。这种方式使用起来相对比较麻烦,因为用户每次收发邮件都需打开相应的 Web 页面,然后输入自己的用户名和密码,才能够进入自己的信箱。

(2) 基于客户端的 E-mail。基于客户端的 E-mail 收发是通过电子邮件客户端程序来进行的,较为常见的 E-mail 客户端程序有 Microsoft Outlook、Foxmail 等。这种方式使用相对比较简单,用户安装、配置 E-mail 客户端程序完成后,使用时只须打开 E-mail 客户端程序,然后单击相应的按钮便可以进行邮件的收发。

这两种使用方式的主要区别在于,用户使用 Web Mail 来完成的撰写、发送、接收和阅读邮件等所有工作,都是在打开的 Web 页面上并用自己的 E-mail 账户登录进行的;而使用基于客户端的 E-mail 则是利用安装在本地计算机上的电子邮件客户端程序来撰写和阅读邮件,此时并不与邮件服务器发生联系,只有在发送已写好的邮件或接收自己账户的邮件时,客户端程序才会自动用事先设定的 E-mail 账户名和密码登录到指定的邮件服务器。

使用邮件客户端程序还有一个好处,就是用户同时可以管理多个 E-mail 账户,这为用户带来了极大的方便。当然,用户采用何种方式收发 E-mail,一方面要看用户的使用场合、习惯和爱好等;另一方面还取决于 E-mail 服务提供商及其使用的服务器端程序。目前 Internet 上大多数免费或收费 E-mail 都提供 Web Mail 和基于客户端的 E-mail 两种使用方式。

3. E-mail 的收发与传输过程

通常,Internet 上的个人用户不能直接接收电子邮件,而是通过向某个邮件系统申请一个电子信箱,由该邮件系统中的邮件服务器负责邮件的接收。一旦有邮件到来,邮件服器就将邮件移到用户的电子信箱内,并通知用户有新邮件。因此,邮件服务器在整个邮件系统中起着"邮局"的作用,E-mail 的收发与传输过程如图 6-1 所示。

图 6-1　E-mail 的收发与传输过程

（1）不论使用 Web Mail 还是邮件客户端程序,当用户输入信件（包括收件人和发件人地址及邮件内容）后开始发送时,计算机会将信件打包,送到用户所属的邮件服务器上。

（2）邮件服务器根据信件中的收信人地址以及当前网上传输的情况,寻找一条最不拥挤的路径,将 E-mail 传送至下一个邮件服务器,并照此一级一级继续往前传送。

（3）E-mail 被送到对方用户所属的邮件服务器上,并保存在邮件服务器上收信人的 E-mail 信箱中,等待收信人在方便的时候进行读取。

（4）收信人在打算收信时,使用 POP3 或者 IMAP,通过个人计算机与邮件服务器进行连接,从信箱中读取自己的 E-mail。

　　注意：每个用户申请的电子信箱都要在所属的邮件服务器上占用一定容量的存储空间,因此,每个信箱的存储空间必定是有限的,所以用户应该定期查收、阅读、删除信箱中的邮件,以便释放更多空间来接收新的邮件。

4. E-mail 系统的组成

从 E-mail 的收发与传送过程来看,一个完整的电子邮件系统应包括邮件用户代理、邮件传送代理、邮件分发代理以及邮件传送使用的协议 4 个组成构件。

（1）邮件用户代理（Mial User Agent,MUA）。MUA 是用户与电子邮件系统之间的接口,通常是客户端运行的程序,主要负责邮件撰写、阅读、发送和接收工作。

（2）邮件传送代理（Mail Transfer Agent,MTA）。MTA 负责邮件的转发,如多数 Linux 系统自带的 Sendmail、Postfix 等都是著名的邮件传送代理程序,它默认监听的端口号为 25。

（3）邮件分发代理（Mail Deliver Agent,MDA）。MDA 负责将邮件投递到用户信箱,如 CentOS 系统中由 dovecot 服务实现,它默认监听的端口号为 110。

　　注意：MTA 和 MDA 是邮件服务器端软件,也是电子邮件系统的核心构件,在实现邮件转发和分发的同时,还要向发件人报告邮件的传送情况,如已交付、被拒绝或丢失等。由于 MTA 是邮件服务器最重要的功能,所以人们习惯上将邮件传送代理程序直接称为邮件服务器,如 Sendmail 邮件服务器等。

（4）邮件传送使用的协议。为了确保 E-mail 在各种不同邮件系统之间的传送,

E-mail 的收发与转发传送都要遵循共同的规则或协议，以下单独介绍常用的协议。

5. E-mail 服务常用的协议

E-mail 服务中最重要也最为人们熟知的两个协议是 SMTP 和 POP3 协议。

（1）简单邮件传送协议（Simple Mail Transfer Protocol，SMTP）。该协议是一组由源地址到目的地址传送邮件的规则，用以控制信件中转方式的请求响应协议。SMTP 的作用有两种：①将邮件从客户机传送到服务器，即在 MUA 与 MTA 之间完成邮件的发送；②将邮件从某个服务器传送至另一个服务器，即在 MTA 与 MTA 之间完成邮件的转发。所谓 SMTP 服务器，就是遵循 SMTP 协议的发送邮件服务器，它默认监听的端口号为 25，用来发送或中转邮件，最终把邮件寄到指定收件人所属的服务器上。

（2）邮局协议第 3 版（Post Office Protocol 3，POP3）。该协议规定怎样将个人计算机连接到 Internet 上的邮件服务器，并允许用户从服务器上把邮件下载到本地计算机，同时删除保存在服务器上的邮件，即在 MUA 与 MDA 之间完成邮件的接收工作。所谓 POP3 服务器，就是遵循 POP3 协议的接收邮件服务器，它默认监听 TCP 端口 110，一旦客户机需要使用 POP3 服务，客户机将与 POP3 服务器建立 TCP 连接，并完成邮件的接收。

除 SMTP 和 POP3 外，E-mail 系统还有 3 个较为常见的协议：①因特网消息访问协议（Internet Message Access Protocol，IMAP）用于接收邮件，可实现更灵活高效的邮箱访问和信息管理，并能将服务器上的邮件视为本地客户机上的邮件，它使用 TCP 端口143；②轻量级目录访问协议（Lightweight Directory Access Protocol，LDAP）允许客户端在 Exchange 目录中查询几乎所有种类的信息，常用于访问邮箱属性，以便发件人在写邮件时能够了解收件人的更多详细情况，它使用 TCP 端口 389；③多用途因特网邮件扩展（Multipurpose Internet Mail Extensions，MIME）是对 RFC 822 的扩展，它增强了定义电子邮件报文的能力，允许传输二进制数据，其编码技术用于将数据从 8 位编码格式转换成 7 位的 ASCII 码格式。

6.1.2　设计企业网络 E-mail 服务方案

1. 项目需求分析

新源公司内部员工之间、员工与公司客户之间经常需要使用电子邮件进行联络交流和公文传递，为此在公司内网中架设一台专门的 E-mail 服务器，以建立一个安全、可靠的电子邮件系统，并为公司每个员工建立一个邮件账号。

2. 设计网络拓扑结构

按照新源公司网络信息服务项目总体规划，E-mail 服务项目的网络拓扑结构如

图 6-2 所示。

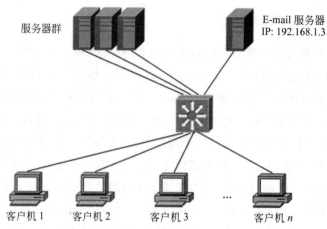

图 6-2 E-mail 服务项目的网络拓扑结构

3. E-mail 服务的方案设计

根据项目需求,设计新源公司 E-mail 服务的架设方案如表 6-1 所示。

表 6-1 新源公司 E-mail 服务方案设计

服务器名称	服务器域名	IP 地址	端 口 号
邮件服务器	mail.xinyuan.com	192.168.1.3	SMTP：25，POP3：110

4. E-mail 服务器软件及其选择

如果选用专业的商用邮件服务器软件来架设公司的邮件系统,往往需要投入较多的资金,这对于包括新源公司在内的很多规模不大的企业来说都难以接受。在价格、性能等众多因素的综合权衡之下,新源公司暂时不考虑使用第三方商业或免费软件,而采用操作系统自带的服务组件来架设公司内部的邮件系统。

常用于架设企业 E-mail 服务器的操作系统平台也有 Windows 和 Linux 两种。虽然较早期的 Windows Server 2003 自带 POP3 和 SMTP 两个服务组件,无须添加任何其他软件就可以架设一台功能完整的邮件服务器。但 Microsoft 在 Windows Server 2008 以后的版本中删去了 POP3 服务组件,只保留了 SMTP 服务组件,而力推价格较为昂贵的 Exchange Server 邮件服务器软件。也就是说,仅利用 Windows Server 2008 自带的服务组件只能架设发送邮件服务器,无法直接利用 POP3 服务来接收邮件了。因此,新源公司最终决定在 Linux 平台下架设公司内部的邮件系统,选用几乎所有 Linux 发行版都自带的 Sendmail 邮件服务器软件。Sendmail 最初是由加州大学组织开发的,可应用于多种操作系统。后来经过不断改进,Sendmail 的可移植性、安全性和稳定性得到了很大的提高,可以达到商业级 E-mail 服务器的要求。

6.2　企业网络 E-mail 服务项目实施

6.2.1　配置 Sendmail

1. 检查和安装需要的软件包

在 Linux 系统中,配置 Sendmail 需要以下 3 个组件。

(1) sendmail 组件。包含两个软件包:①名为 sendmail 的服务器主体软件包;②名为 sendmail-cf 的服务器相关配置文件和程序的软件包。

(2) m4 组件。包含一个名为 m4 的软件包,用来生成 Sendmail 服务器配置文件。

(3) dovecot 组件。这是支持 IMAP 和 POP3 协议用于接收邮件的组件。不同的 Linux 发行版本中,完整安装该组件所包含的软件包个数可能有所不同,但名为 dovecot 的组件主体软件包通常是必需的。

以下是 CentOS 6.5 中查询 Sendmail 有关的软件包,并已完整安装所显示的情况。如果未安装这些软件包或缺少某个软件包,读者可参考项目 1 中安装 DNS 服务器相关软件包的示例,或者参考附录 A 中有关软件安装的方法来进行安装。

```
#rpm -qa |grep sendmail
sendmail-cf-8.14.4-8.el6.noarch
sendmail-8.14.4-8.el6.i686
#rpm -qa |grep m4
m4-1.4.13-5.el6.i686
#rpm -qa |grep dovecot
dovecot-mysql-2.0.9-7.el6.i686
dovecot-2.0.9-7.el6.i686
dovecot-pgsql-2.0.9-7.el6.i686
dovecot-pigeonhole-2.0.9-7.el6.i686
#
```

注意:在安装 Red Hat、Fedora、RHEL 和 CentOS 等 Linux 系统时,如果选择了最小安装或没有定制软件包的情况下,默认可能只安装了 Postfix 邮件服务器软件包。Postfix 也是一款优秀的 MTA(邮件传送代理)软件,是由 Wietse Venema 在 IBM 的 GPL 协议之下开发的。但如果启动了 Postfix 服务器,又安装和配置了 Sendmail,则启动 Sendmail 服务器时很可能会出现 Sendmail 已死的错误提示,遇到这种情况则应关闭 postfix 服务。

2. 配置 DNS 邮件交换记录

E-mail 系统与 DNS 之间有着密切的联系,在配置 E-mail 服务器之前要对 DNS 进行正确的配置。在 DNS 服务配置的正向解析资源文件中添加 MX(邮件交换)记录,其目的是用来标明 SMTP 邮件服务器。编辑 DNS 正向解析资源文件的操作如下。

```
#cd /var/named/chroot/var/named
#vim xinyuan.com.zone                        //编辑域名正向解析资源文件
$TTL        86400
@                1D    IN   SOA    dns.xinyuan.com. admin.xinyuan.com. (
                42           ; serial (d. adams)
                3H           ; refresh
                15M          ; retry
                1W           ; expiry
                1D)          ; minimum
                IN   NS     dns.xinyuan.com.
                IN   MX  5  mail.xinyuan.com.
mail            IN   A      192.168.1.3
dns             IN   A      192.168.1.1
www             IN   A      192.168.1.2
ftp             IN   A      192.168.1.4
wbj             IN   CNAME www.xinyuan.com.
#                                            //修改后保存退出
```

其中,加粗的两行是添加的内容,是将域名为 mail.xinyuan.com 的主机作为 xinyuan.com 域中的 SMTP 邮件服务器。还要注意,在稍早的 Red Hat Linux 中 DNS 配置文件存放的目录位置有所不同,这在项目 3 中已有说明。

保存上述配置文件后,需要重启 named 服务,同时也可以使用 nslookup 命令检查域名解析是否成功,DNS 服务器能否正确处理 MX 记录。操作命令如下。

```
#service named restart                 //重启 named 服务
#nslookup mail.xinyuan.com             //测试域名解析是否成功
Server:    192.168.1.1
Address:   192.168.1.1#53

Name:      mail.xinyuan.com
Address:   192.168.1.3               //以上显示表明测试成功
#nslookup -q=mx xinyuan.com           //检查 DNS 能否正确处理 MX 记录
Server:    192.168.1.1
Address:   192.168.1.1#53

xinyuan.com        mail exchanger=5 mail.xinyuan.com.
#                                     //以上显示表明能正确处理 MX 记录
```

3. 创建邮件账户并指定别名

步骤 1　创建两个本地用户 chf 和 wjm 作为邮件账户,其密码均设置为"123456"。以下给出创建用户 chf 并为其设置密码的操作命令,另一个用户 wjm 由读者自行完成。

130

```
#useradd chf                                    //创建新用户 chf
#passwd chf                                     //为用户 chf 设置密码
Changing password for user chf.
New UNIX password:                              //输入为用户设置的密码(无显示)
BAD PASSWORD: it is too simplistic/systematic
BAD PASSWORD: it is too simple                  //该信息仅提示用户密码过于简单
Retype new UNIX password:                       //再次输入密码
passwd: all authentication tokens updated successfully.
#                                               //提示密码设置成功
          //用户密码也可以使用下面的操作命令直接设置
#echo 123456 | passwd --stdin chf
#                                               //命令执行后会直接提示密码设置成功
```

步骤 2　为用户 chf 和 wjm 创建邮箱目录。用户的邮箱目录默认是该用户主目录（如/home/chf）下的 mail/.imap/INBOX。以下给出为用户 chf 创建邮箱目录的操作命令，另一个用户 wjm 的邮箱目录由读者自行创建。

```
#mkdir -p /home/wjm/mail/.imap/INBOX
//使用-p选项可逐级自动创建目录,即上一级目录不存在就自动创建它,要注意大小写
//也可以使用下面的方法来创建用户 chf 的邮箱目录
#su -chf                                        //临时切换到用户 chf 身份
$ mkdir -p mail/.imap/INBOX                     //此时当前目录为用户 chf 主目录
$ exit                                          //退出用户 chf 身份,返回 root 身份
#
```

注意：在 CentOS、RHEL 平台下配置 Sendmail 时，这一步骤非常关键。如果不为用户创建邮箱目录，则在使用 telnet 命令连接端口 110 进行接收邮件测试时，当输入用户名和正确的密码后往往会显示 Connection closed by foreign host.信息直接退出；而如果输入用户名时使用接收邮件账户全名（如 chf@xinyuan.com），则会提示-ERR Authentication failed.，验证失败同样无法登录，这曾是困扰许多初学者的问题。但对于稍早的 Red Hat、Fedora 等 Linux 平台下配置的 Sendmail 则不会有此问题，也就是说可以忽略该步骤。另外，如果用户数量很多，使用上面的命令来为每个用户创建邮箱目录会非常麻烦，这可以通过修改/etc/skel/.bash_profile 文件来解决。按下面的方法修改后就可以使新创建的用户能自动创建其邮箱目录。

```
#vim /etc/skel/.bash_profile
...        //文件内容略。在文件中输入以下内容
if [! -d ~/mail/.imap/INBOX];then
    mkdir -p ~/mail/.imap/INBOX
fi
#                                               //输入完毕,保存并退出
```

步骤 3　在创建邮件账户后，Sendmail 还可以给每个账户指定一个别名，别名只是一个虚拟的名称，虽然可以任意命名，但在系统中不能发生冲突。给用户账户指定别名是通

过修改别名配置文件/etc/aliases 来实现的,下面将别名设置为与用户名相同的名字,操作命令及注解如下。

```
#vim /etc/aliases                              //编辑/etc/aliases 文件
...            //已有内容略。在文件最后输入 chf 和 wjm 两个用户名与别名
#Person who shoukl get root's mail
#root:          marc
chf:            chf
wjm:            wjm
#                                              //保存并退出
//也可以使用以下命令直接把 chf 和 wjm 两个用户名及别名追加到 aliases 文件末尾
#echo "chf:    chf" >>/etc/aliases
#echo "wjm:    wjm" >>/etc/aliases
#
```

步骤 4 由于 Sendmail 并不直接读取/etc/aliases 文件,而是使用该文件的 DBM 数据库格式文件/etc/aliases.db。因此,还需要执行 newaliases 命令,根据文本文件/etc/aliases 的内容生成/etc/aliases.db 数据库格式文件。命令如下。

```
#newaliases
#
```

4. 配置邮件转发功能

Sendmail 的默认配置会给用户的邮件发送带来麻烦,这是因为它只中继来自服务器自身的邮件。为了解决这一问题,需要通过下列配置使 Sendmail 具备邮件转发功能,即能为其他域或网络以及其他主机中继邮件。

步骤 1 修改 Sendmail 配置文件/etc/mail/sendmail.cf,使 DaemonPortOptions 配置行生效(删去行首注释符♯),并将 Addr=127.0.0.1 中的 IP 地址改为 0.0.0.0,以允许中继来自 Internet 或其他任何网络传入的邮件。

```
#vim /etc/mail/sendmail.cf
...            //找到以下一行内容
#O DaemonPortOptions=Port=smtp,Addr=127.0.0.1, Name=MTA
//删去行首的注释符#,并修改其中的 IP 地址为 0.0.0.0。即:
O DaemonPortOptions=Port=smtp,Addr=0.0.0.0, Name=MTA
#                                        //修改完毕,保存并退出
```

🔥**注意**:如果 Sendmail 只供企业内部员工之间发送邮件,不用于中继其他网络传入的邮件,则 DaemonPortOptions 配置行内 Addr=127.0.0.1 中的 IP 地址可以改为该服务器自身的 IP 地址 192.168.1.3。由于 Sendmail 配置文件 sendmail.cf 的语法相对较为难懂,多数管理员不是直接修改该文件来配置 Sendmail,而是通过修改较为简单直观、容易理解的宏配置文件/etc/mail/sendmail.mc,然后使用 m4 宏处理程序依据 sendmail.mc 来自动生成所需的 sendmail.cf 配置文件。以下给出这种方法的操作步骤,在本书附录 B

中还将对宏配置文件 sendmail.mc 予以详细解读。

```
#vim /etc/mail/sendmail.mc
...            //找到以下一行内容
dnl #DAEMON_OPTIONS('Port=smtp,Addr=127.0.0.1, Name=MTA')dnl
//删去行首的注释符"dnl #",并修改其中的 IP 地址为 0.0.0.0,即
DAEMON_OPTIONS('Port=smtp,Addr=0.0.0.0, Name=MTA')dnl
#                              //修改完成后保存并退出.执行以下命令
#m4 /etc/mail/sendmail.mc>/etc/mail/sendmail.cf
//根据宏配置文件 sendmail.mc 生成 Sendmail 配置文件 sendmail.cf
#
```

步骤 2　设置中继域和网络。要使 Sendmail 能为其他域或网络以及其他主机中继邮件,则需要配置 Sendmail 访问数据库文件/etc/mail/access.db,而该数据库是根据另一个文本文件/etc/mail/access 生成的。因此,应首先修改转发控制文件/etc/mail/access,定义允许访问本地邮件服务器的主机名、IP 地址和访问类型,然后执行 makemap 命令将其转换生成 access.db 数据库文件,具体操作如下。

```
#vim /etc/mail/access
//在以下内容的最后添加两行内容,设置中继域和网络
#by default we allow relaying from localhost...
Connect:localhost.localdomain            RELAY
Connect:localhost                        RELAY
Connect:127.0.0.1                        RELAY
Connect:xinyuan.com                      RELAY
Connect:192.168.1.3                      RELAY
//其中 RELAY 表示允许所有的邮件传送,如果设为 REJECT,则表示拒绝所有的邮件传送
#                              //添加完成后保存并退出,执行以下命令
#makemap -r hash /etc/mail/access.db</etc/mail/access
#                              //生成 access.db 数据库文件
```

步骤 3　修改 Sendmail 接收邮件的主机列表文件/etc/mail/local-host-names。这个文件也非常重要,其内容为指定收发邮件的主机域名信息,也就是说 Sendmail 将所有允许中继的域或主机都放在该文件中。新源公司使用形如 chf@xinyuan.com 的邮箱地址,只须把域名 xinyuan.com 添加到/etc/mail/local-host-names 文件中即可,操作命令如下。

```
#vim /etc/mail/local-host-names
//在第一行注释后添加后面的两行内容
#local-host-names - include all aliases for your machine here.
xinyuan.com
#                              //添加完毕,保存并退出
```

✎ **注意**:如果把主机名 mail.xinyuan.com 也添加到 local-host-names 文件中,则还可以使用形如 chf@mail.xinyuan.com 的邮箱地址。用户可以通过修改 Sendmail 配置文件/etc/mail/sendmail.cf 或其宏配置文件/etc/mail/sendmail.mc 来实现。在 sendmail.cf

文件中是 Cw 配置行,关键字 Cw 后面就是邮件服务器的域名(如果要设多个域名,则以空格间隔),默认为 Cw localhost,将其改为 Cw localhost xinyuan.com 即可。在 sendmail.mc 文件中是 LOCAL_DOMAIN 配置项,下面给出通过修改 sendmail.mc 文件来指定邮件服务器域名的方法。

```
#vim /etc/mail/sendmail.mc
...          //找到以下一行内容
LOCAL_DOMAIN('localhost.localdomain')dnl
//如有行首注释符 dnl,将其删去,并修改为
LOCAL_DOMAIN('xinyuan.com')dnl
#                                        //修改完毕,保存并退出
#m4 /etc/mail/sendmail.mc>/etc/mail/sendmail.cf
//执行该命令来生成 Sendmail 配置文件/etc/mail/sendmail.cf
#
```

5. 配置 POP3 服务

在 CentOS、RHEL 和 Fedora 等较新的 Linux 系统中,用于接收邮件的 POP3 服务使用 dovecot 组件,它负责监听端口 110,将邮件投递到用户邮箱。dovecot 服务的主配置文件为/etc/dovecot/dovecot.conf,并且在/etc/dovecot/conf.d 目录下还包含了有关邮箱、日志、用户验证方式等许多单独的配置文件,而在 dovecot.conf 文件的最后用 include 语句把这些单独的配置文件全都包含到了主配置文件中。

为实现新源公司最基本的邮件系统功能,对 dovecot 服务需要进行以下步骤的配置。

步骤 1 修改 dovecot 服务主配置文件/etc/dovecot/dovecot.conf。操作如下。

```
#vim /etc/dovecot/dovecot.conf
...          //找到以下一行内容
#protocols=imap pop3 lmtp
//删去行首的注释符#,即改为以下配置行,或者在原注释行后直接添加以下配置行
protocols=imap pop3 lmtp                    //也可删去其他协议,仅保留 POP3
...          //其他配置内容略,文件最后有一个 include 语句,注意以感叹号(!)开头
!include conf.d/*.conf                       //包含 conf.d 目录下的所有配置文件
#                                            //修改完毕,保存并退出
```

步骤 2 修改/etc/dovecot/conf.d/10-auth.conf 文件,该文件负责设置 dovecot 所使用的 SASL 验证方法。因为新源公司基本的邮件系统并不使用 SASL 验证,而是使用明文验证,所以必须对 10-auth.conf 文件内容进行以下修改。

```
#vim /etc/dovecot/conf.d/10-auth.conf
...          //找到以下一行内容
#disable_plaintext_auth=yes
//删去行首的注释符#,并将 yes 改为 no,也可在此注释行后直接添加以下行
disable_plaintext_auth=no
#                                            //修改完毕,保存并退出
```

注意：在 10-auth.conf 文件中将 disable_plaintext_auth 的值设置为 no 非常重要，因为前面并没有配置带验证的邮件服务器，但 dovecot 默认使用 SASL 验证 POP3 用户而不使用明文验证。因此，如果不进行上述配置行的修改，则使用 telnet 连接端口 110 进行接收邮件的测试时，当输入用户名后将会显示-ERR Plaintext authentication disallowed on non-secure（SSL/TLS）connections. 的错误信息（在非安全 SSL/TLS 连接上禁用明文验证）而无法登录。

步骤 3 修改/etc/dovecot/conf.d/10-ssl.conf 文件。该文件主要负责 dovecot 的 SSL 验证相关的配置。这里先禁用 SSL 验证，其原因与上一步骤设置不使用 SASL 验证类似。

```
#vim /etc/dovecot/conf.d/10-ssl.conf
...          //找到以下一行内容
#ssl=yes
//删去行首的注释符#,并将 yes 改为 no,也可在此注释行后直接添加以下行
ssl=no
#                                    //修改完毕,保存并退出
```

步骤 4 修改/etc/dovecot/conf.d/10-mail.conf 文件。该文件主要定义邮件用户存储相关信息的位置。这里需要通过 mail_location 选项来指定用户邮箱的目录位置，修改如下。

```
#vim /etc/dovecot/conf.d/10-mail.conf
...          //找到以下一行
#mail_location=mbox:~/mail:INBOX=/var/mail/%u
//只须删去行首的注释符#,即改为
mail_location=mbox:~/mail:INBOX=/var/mail/%u
#                                    //修改完毕,保存并退出
```

注意：前面在创建邮件账户时为其创建的邮箱目录位置就是由 10-mail.conf 文件中的 mail_location 选项指定的，因此这两处配置必须一致，而且缺一不可。

6. 启动 sendmail 和 dovecot 服务

至此，满足新源公司基本需求的 E-mail 服务器已配置完毕，接下来只要启动 sendmail 和 dovecot 服务，并测试到本地主机的端口 25 和端口 110 的连接，如果连接成功，就可以进行发送和接收邮件的测试了。

步骤 1 启动或重启 sendmail 服务，并测试到端口 25 的连接。

```
#service sendmail restart              //重启 sendmail 服务
Shutting down sm-client:              [OK]
Shutting down sendmail:               [OK]
Starting sendmail:                    [OK]
Starting sm-client:                   [OK]
```

```
#telnet localhost 25                         //连接本机端口 25
Trying 127.0.0.1...
Connected to localhost (127.0.0.1).
Escape character is '^]'.
220 localhost.localdomain ESMTP Sendmail 8.14.1/8.14.1; Fri, 16 Nov 2018 19:
09:55 +0800
//以上显示表示已成功连接到本地主机端口 25,按 Ctrl+]组合键可进入 telnet 提示符
//此时只有行首的光标闪烁,输入 help 命令可查看 telnet 命令的有关操作
help                                         //显示帮助信息
2014-2.0.0 This is sendmail
2014-2.0.0 Topics:
2014-2.0.0      HELO    EHLO    MAIL    RCPT    DATA
2014-2.0.0      RSET    NOOP    QUIT    HELP    VRFY
2014-2.0.0      EXPN    VERB    ETRN    DSN     AUTH
2014-2.0.0      STARTTLS
2014-2.0.0 For more info use "HELP <topic>".
2014-2.0.0 To report bugs in the implementation see
2014-2.0.0      http://www.wendmail.org/email-addresses.html
2014-2.0.0 For local information send email to Postmaster at your site.
2014-2.0.0 End of HELP info
^]                                           //按 Ctrl+]组合键
telnet>quit                                  //退出 telnet
Connection closed.
#
```

步骤 2 启动 dovecot 服务,并测试到端口 110 的连接。

```
#service dovecot start                        //启动 dovecot 服务
Starting Dovecot Imap:                        [OK]
#netstat -antulp | grep :110                  //查看服务是否启动成功
tcp     0      0    0.0.0.0:110    0.0.0.0:*      LISTEN    9778/dovecot
tcp     0      0    :::110         :::*           LISTEN    9778/dovecot
//以上显示表明 dovecot 服务已成功启动
#telnet localhost 110                         //连接本机端口 110
Trying ::1...
Connected to localhost (::1).
Escape character is '^]'.
+OK Dovecot ready.
//以上显示表示已成功连接到本地主机端口 110,按 Ctrl+]组合键可进入 telnet 提示符
//此时只有行首的光标闪烁,可以执行 telnet 命令的有关操作
quit                                          //输入 quit 命令退出 telnet
+OK Logging out
Connection closed by foreign host.
#
```

注意:虽然已成功连接 E-mail 服务器,但上述一系列配置步骤是针对目前使用较多的 CentOS、RHEL 版本的。在较早的 Red Hat Linux 中并没有使用 dovecot 服务组件,配置用于接收邮件的 POP3 服务只须修改/etc/xinetd.d/ipop3 和/etc/xinetd.d/imap

文件,将其中的 disable＝yes 配置行改为 disable＝no,然后重启 xinetd 服务即可,而且创建邮件账户后也不需要为用户创建邮箱目录。而在 Fedora 中,虽然 POP3 服务已使用dovecot 组件,但配置时只须修改 dovecot.conf 文件即可,不需要修改 conf.d 目录下的子配置文件,创建邮件账户后也无须为用户创建邮箱目录。

6.2.2　使用远程登录命令测试邮件服务器

Telnet 和 SSH 是常用于远程访问服务器的两大基于 TCP/IP 的协议,利用它们可以远程登录并且管理和监控服务器。其中,Telnet 取名自 Telecommunications 和 Networks 的联合缩写,是 UNIX 平台上广为人知的网络协议;SSH 是 Secure Shell(安全外壳)的缩写,是目前通过互联网访问网络设备和服务器的主要协议。Telnet 和 SSH 最大的区别是:Telnet 使用明文传送数据(包括密码),不使用任何验证策略及数据加密方法,所以是一种不安全的协议,默认使用端口 23;而 SSH 使用加密传送数据,并支持压缩,还使用公钥进行用户身份验证,以进一步提高安全性,默认使用端口 22。

正因为 SSH 比 Telnet 安全,所以它使用不久便占据了主流,尤其是通过公共网络访问网络设备和服务器时,已经不再推荐使用 Telnet。但目前 Telnet 便捷的使用仍为人们熟知和青睐,且几乎所有操作系统都支持,许多管理员也仍常用 Telnet 来测试内部局域网中配置的服务器,所以这里先使用 Telnet 对邮件服务器进行收发邮件测试,然后再简要介绍使用 SSH 登录邮件服务器的操作。

1. 使用 telnet 命令发送邮件

无论是 Windows 客户端还是 Linux 客户端,都可以在命令提示符下使用 telnet 命令来登录邮件服务器并收发邮件,以测试 Sendmail 是否达到预期的功能。

注意:在 Windows 客户端的“DOS 命令提示符”窗口中执行 telnet 命令时,如果提示 telnet 不是内部或外部命令等错误信息,则可能没有开启 telnet 功能。这种情况下,可以选择“控制面板”→“程序”→“打开或关闭 Windows 功能”命令,打开“Windows 功能”窗口,如图 6-3 所示;然后选中“Telnet 客户端”复选框(如有需要,也可把“Telnet 服务

图 6-3　“Windows 功能”窗口

器"同时选中),并单击"确定"按钮;最后右击桌面上的"计算机"图标,选择弹出菜单中的"管理"命令,在打开的"计算机管理"窗口中选择"服务",找到 Telnet 服务并启动它,这样就可以使用 telnet 命令了。

以下是在 Linux 客户机(假设 IP 地址为 192.168.1.19)上使用 telnet 命令发送邮件的操作过程及注解。其中,加下画线的部分为用户输入的内容。

```
#telnet mail.xinyuan.com 25                  //登录邮件服务器(SMTP端口 25)
Trying 192.168.1.3...
Connected to mail.xinyuan.com (192.168.1.3).
Escape character is '^]'.
220 mail.xinyuan.com ESMTP Sendmail 8.14.1/8.14.1; Fri, 16 Nov 2018 20:58:53
+0800
//以上显示表示已成功连接 E-mail 服务器的端口 25
mail from:chf@xinyuan.com                    //mail from:命令后跟发件人地址
250 2.1.0 chf@xinyuan.com... Sender ok
rcpt to:wjm@xinyuan.com                       //rcpt to:命令后跟收件人地址
250 2.1.5 wjm@xinyuan.com... Recipient ok
data                                          //执行 data 命令写邮件内容
354 Enter mail, end with "." on a line by itself
//提示输入邮件内容,输入结束在新行上以"."结尾
subject: test message                         //subject:后跟邮件主题
This is a test message from chf to wjm.       //输入邮件正文
.                                             //输入完毕在新行上输入"."表示结束
250 2.0.0 wA4FTABk010420 Message accepted for delivery
quit                                          //退出 telnet
221 2.0.0 mail.xinyuan.com closing connection
Connection closed by foreign host.
#                                             //上述每条命令显示结果都表明是成功的
```

注意:在 Linux 系统中,客户机之间发送和接收邮件是通过远程登录到邮件服务器来实现的,而 mail 命令只能用于查看本地用户邮件。通过上面的操作已经在客户机上由账户 chf 向 wjm 发送了一封邮件,因为他们都是同一个邮件服务器(xinyuan.com)上的邮箱账户,所以该邮件默认就存放在 E-mail 服务器的/var/spool/mail/wjm 文件中。此时,如果在 E-mail 服务器上用 su 命令切换到 wjm 用户,然后使用 mail 命令就可以调取 wjm 文件并查看到 chf 用户发来的这封邮件了。但是要在客户机上接收并阅读自己的邮件,需要使用 Telnet 或 SSH 远程登录到 E-mail 服务器来实现。

2. 使用 telnet 命令接收邮件

在 Linux 客户机上(假设 IP 地址为 192.168.1.19)使用 telnet 命令接收邮件的操作过程及注解如下。

```
#telnet mail.xinyuan.com 110                  //登录邮件服务器(POP3端口 110)
Trying 192.168.1.3...
Connected to mail.xinyuan.com (192.168.1.3).
```

```
Escape character is '^]'.
+OK Dovecot ready.
//以上显示表示已成功连接 E-mail 服务器的端口 110
user wjm                              //接收邮件的账户
+OK
pass 123456                           //密码
+OK Logged in
list                                  //列出收到的邮件
+OK 1 messages:
1 501
.
retr 1                                //查看第 1 封邮件的详细内容
+OK 501 octets
Return-Path: <chf@xinyuan.com>
Received: from [192.168.1.19] ([192.168.1.19])
        by localhost.localdomain (8.14.1/8.14.1) with SMTP id wA4FTABk010420
        for wjm@xinyuan.com; Fri, 16 Nov 2018 21:03:17 +0800
Date: Fri, 16 Nov 2018 20:58:53 +0800
From: chf@xinyuan.com
Message-Id: <201811161303.wA4FTABk010420@localhost.localdomain>
X-Authentication-Warning: localhost.localdomain [192.168.1.19] didn't
use HELO protocol
subject: test message
This is a test message from chf to wjm.
.
quit                                  //退出 telnet
+OK Logging out.
Connection closed by foreign host.
#
```

在上述使用 telnet 命令接收邮件的操作中，list 命令用于显示指定用户邮箱收到的全部邮件，它是以邮件编号(n)和邮件大小(字节数)列表的形式显示的。当指定用户邮箱中已收到多封邮件时，retr n 命令后面跟的数字 n 就是要查看第 n 封邮件的详细内容。在接收邮件所用的 telnet 命令中，还有以下两个命令比较常用。

（1）stat 命令。stat 命令不跟参数，执行后 POP3 服务器会响应一个正确应答，显示一个单行的信息提示，它以＋OK 开头；接着是两个数字，第一个是邮件数目，第二个是邮件的总大小，例如，＋OK 5 2378 表示总共 5 封邮件，大小为 2378 字节。

（2）dele 命令。dele 命令用于删除指定的邮件，其格式为 dele n，其中 n 为邮件编号。注意，该命令只是给邮件做上删除标记，只有在执行 quit 命令之后，邮件才会真正从用户邮箱中被删除。

3. 使用 SSH 登录邮件服务器

SSH 是比 Telnet 更加安全的一种远程访问服务器的协议，也是现在推荐使用的。这里仅简要介绍使用 SSH 登录邮件服务器并查看邮件的方法，如果要深入使用其丰富的功能，读者可查阅相关资料。使用 ssh 命令登录服务器有以下两种格式。

```
ssh -l 用户名 远程主机名
ssh 用户名@远程主机名
```

在 Linux 客户机上执行 ssh 命令登录邮件服务器时，会提示用户输入用户名的密码，通过验证后就登录成功了。此时就相当于把邮件服务器当成客户机本地的一个终端来使用，所以使用 mail 命令就可以查看该用户的邮箱。为了更清楚地区分当前处于本地客户机上还是在远程服务器上，验证在本地客户机和远程服务器之间相互切换的效果，以下操作给出完整的命令提示符，并事先在客户机的/wbj 目录下建立一个 wbj.txt 的文本文件，在 E-mail 服务器的/home/wjm 目录下建立一个 wjm.txt 的文本文件。

```
[root@localhost ~]#cd /wbj
[root@localhost wbj]#ssh -l wjm mail.xinyuan.com
The authenticity of host 'mail.xinyuan.com (192.168.1.3)' can't be established.
RSA key fingerprint is 5d:4a:ce:e2:eb:86:2b:53:19:4e:d4:a6:bf:35:7a:d6.
Are you sure you want to continue connecting (yes/no)? yes
//在客户机上第一次用 ssh 命令登录远程主机时会出现这些警告信息,意思是无法确认主机的
//真实性,只知道它的公钥指纹,并要求用户确认是否继续连接。由于公钥采用 RSA 算法
//长达 1024 位,很难比对,所以对其进行 MD5 计算后转换为 128 位的公钥指纹,再进行
//比对就容易得多。但其实用户没办法知道远程主机的公钥指纹是什么,除非在远程主机
//自己的网站上公布,以便用户自行核对。这里直接输入 yes 确认接受这个公钥指纹,就
//会出现下面的提示。注意,此客户机以后再用 ssh 命令登录该主机时不会再出现上述警告
wjm@mail.xinyuan.com's password:                    //输入用户密码(无显示)
Last login: Fri Nov 16 21:13:49 2018 from 192.168.1.18
//显示最后一次登录该服务器的时间以及客户机的 IP 地址
[wjm@localhost ~]$                         //该提示符表示用户已成功登录服务器
[wjm@localhost ~]$ pwd
/home/wjm                                  //处于服务器中 wjm 用户主目录下
[wjm@localhost ~]$ ls
mail    wjm.txt
[wjm@localhost ~]$ mail                     //查看用户的邮件
Heirloom Mail version 12.4 7/29/08. Type ? for help.
"/var/spool/mail/wjm": 3 messages 1 new 1 unread
     1 chf@xinyuan.com        Fri Nov 16 21:06 15/594     "test message"
>U   2 chf@xinyuan.com        Sat Nov 17 22:23 15/595     "test message 2"
>N   3 chf@xinyuan.com        Sat Nov 17 22:35 15/559     "test message 3"
//显示用户 wjm 有 3 封邮件,1 封新邮件,1 封未读邮件
& ?                                        //& 为 mail 提示符,?显示帮助信息
        mail commands
type <message list>          type messages
next                         goto and type next message
from <message list>          give head lines of messages
headers                      print out active message headers
delete <message list>        delete messages
undelete <message list>      undelete messages
save <message list>folder    append messages to folder and mark as saved
copy <message list>folder    append messages to folder without marking them
```

```
write <message list>file          append message texts to file, save attachments
preserve <message list>           keep incoming messages in mailbox even if saved
Reply <message list>              reply to message senders
reply <message list>              reply to message senders and all recipients
mail addresses                    mail to specific recipients
file folder                       change to another folder
quit                              quit and apply changes to folder
xit                               quit and discard changes made to folder
!                                 shell escape
cd <directory>                    chdir to directory or home if none given
list                              list names of all available commands
A <message list>consists of integers, ranges of same, or other criteria
separated by spaces. If omitted, mail uses the last message typed.
& 3                                          //查看第 3 封邮件
Message 3:
From chf@xinyuan.com Sat Nov 17 22:35:31 2018
Return-Path: <chf@xinyuan.com>
Date: Sat, 17 Nov 2018 22:34:14 +0800
From: chf@xinyuan.com
X-Authentication-Warning: localhost.localdomain: mail.xinyuan.com [192.
168.1.3] didn't use HELO protocol
subject: test message 3
Status: R
This is a test message 3 from chf to wjm.

& quit                                       //退出 mail 命令
Held 3 messages in /var/spool/mail/wjm
You have mail in /var/spool/mail/wjm
[wjm@localhost ~]$ ~^Z [suspend ssh]
//输入"~"(该符号不会立即在屏幕上看到),再使用 Ctrl+Z 组合键(此时才一并显
//示"~^Z"符号),可将当前 SSH 远程客户机会话切换到后台,而本地客户机回到前台
[1]+Stopped              ssh -l wjm mail.xinyuan.com
[root@localhost wbj]#ls
wbj.txt                                      //本地客户机当前处于前台
[root@localhost wbj]#jobs                    //可查看后台的 SSH 远程客户机会话
[1]+Stopped              ssh -l wjm mail.xinyuan.com
[root@localhost wbj]#fg %1                   //将后台的 SSH 远程会话切换到前台
ssh -l wjm mail.xinyuan.com

[wjm@localhost ~]$ exit                      //SSH 远程客户机会话处于前台
logout                                       //exit 命令退出 SSH
Connection to mail.xinyuan.com closed.
[root@localhost wbj]#
```

注意：上述操作使用 ssh 命令登录到 E-mail 服务器,并使用 mail 命令查看登录用户的邮件,同时在 SSH 远程客户机会话与本地客户机之间进行了前台和后台运行的切换,这些是最基本的操作。事实上,使用 ssh 命令登录到远程主机后,还可以在远程主机和本地客户机之间进行文件目录的复制等操作,mail 命令也不只是可以查看用户的邮箱内容,还可以删除邮件等各种邮箱管理操作以及向别的用户发送邮件,这些功能的使用本书不再深入讨论,有兴趣的读者可查阅有关 ssh 和 mail 命令的详解进一步学习。

6.2.3　使用客户端软件测试邮件服务器

对于熟知命令操作的专业人员来说,在命令提示符下使用 telnet 命令和 ssh 命令连接 E-mail 服务器并进行邮件的收发,是一种测试 E-mail 服务器配置是否成功较为快捷的方法;而对于习惯于图形界面操作的用户来说,通过配置邮件客户端软件并收发邮件,则是测试邮件服务器更为简单直观的方法,也是人们日常工作中管理自己邮箱的常用方法。运行于图形界面下的邮件客户端软件有很多,如 Windows 平台下常用的 Microsoft Outlook、Windows Mail 和 Foxmail,以及 Linux 桌面系统 GNOME 自带的 Evolution 等。其中,微软的 Outlook Express 在 Windows XP 及以前的版本中是自带的,但在 Windows Vista 以后使用了 Windows Mail,Windows 7 以后又将 Windows Mail 加入了 Windows Live 成为它的一个组件;而 Foxmail 是深受许多用户喜爱的一款第三方邮件客户端软件。这些邮件客户端软件的配置方法大致相同,下面就以在 Windows 客户机上使用 Foxmail 来测试 E-mail 服务器。

1. 在 Foxmail 中创建邮箱账户

为了测试用户 chf 和 wjm 之间使用 Foxmail 互相收发邮件,需要在两个客户机的 Foxmail 中分别为他们创建各自的邮箱账户。

🐭 注意:在客户机上安装 Foxmail 软件请读者自行完成。以下操作在同一台客户机的 Foxmail 中配置了两个邮箱账户来收发邮件,但在实际测试时还是建议读者使用两台客户机来实现。

步骤 1　双击桌面上的 Foxmail 图标,打开 Foxmail 主窗口,如图 6-4 所示。

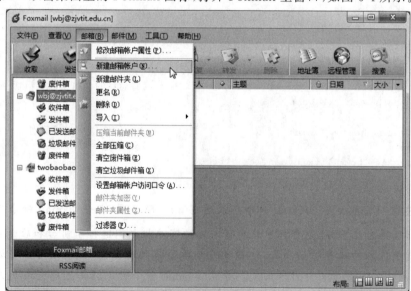

图 6-4　Foxmail 主窗口

步骤 2　选择"邮箱"→"新建邮箱账户"命令,打开创建邮箱账户的"向导"对话框,如图 6-5 所示。在"电子邮件地址"文本框中输入 chf@xinyuan.com;在"密码"文本框中输入 chf 用户的密码(前面设置的是 123456),后面的"账户名称"和"邮件中采用的名称"会自动以默认的邮件地址和用户名填入,一般无须修改。

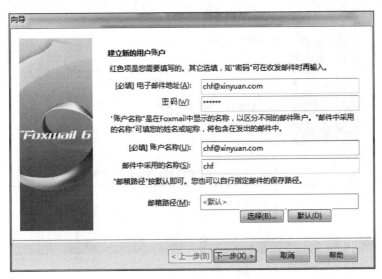

图 6-5　建立新的用户账户

🖱 **注意**:第一次启动刚安装的 Foxmail 时由于还没有设置邮箱账户,所以会直接启动向导要求创建新的邮箱账户。Foxmail 可同时管理多个邮箱账户,向导中的"账户名称"就是创建后显示在主窗口左侧的具有唯一性的邮箱账户名称;"邮件中采用的名称"是指使用该邮箱账户向其他用户发送邮件时将出现在"发件人"栏中的名称,通常可输入用户的真实姓名。另外,在创建邮箱账户时输入了用户密码,则每次收发邮件时会自动登录 E-mail 服务器进行验证,否则每次收发邮件时将会弹出对话框要求用户输入密码。

步骤 3　单击"下一步"按钮,"向导"要求指定邮件服务器,如图 6-6 所示。因为本项目用于中转邮件的 SMTP 服务和接收邮件的 POP3 服务都配置在同一台邮件服务器上,所以在"POP3 服务器"和"SMTP 服务器"文本框中均输入 mail.xinyuan.com,也可用 IP 地址 192.168.1.3;"POP3 账户名"就是默认填入的用户名 chf。

步骤 4　单击"下一步"按钮,"向导"进入"账户建立完成"步骤,如图 6-7 所示。默认情况下,Foxmail 在收取该账户的邮件并存放到客户机本地后,会删除存放在 E-mail 服务器上的邮件。但有些用户希望在 E-mail 服务器上仍然保留(备份)自己的邮件,以便日后还可以随时在其他计算机或手机上通过浏览器登录到 E-mail 服务器来查看自己的邮件,这种情况下可以选中"邮件在服务器上保留备份,被接收后不从服务器删除"复选框。

步骤 5　单击"完成"按钮,用户 chf 的邮箱账户即创建完毕,按上述步骤 2～步骤 4 再为用户 wjm 创建邮箱账户。完成两个邮箱账户创建之后的 Foxmail 窗口如图 6-8 所示。

步骤 6　在为用户创建邮箱账户后,还可以对该账户的个人信息、邮件服务器、发送

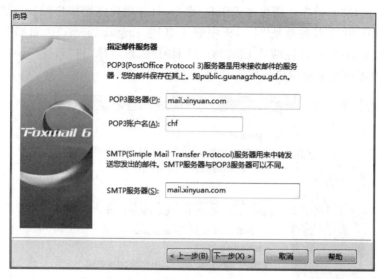

图 6-6　指定邮件服务器

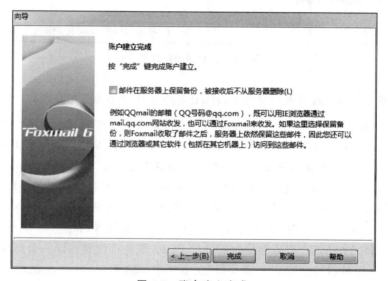

图 6-7　账户建立完成

和接收邮件等属性进行进一步的设置。右击 Foxmail 左窗格中的需要设置的邮箱账户（这里选择 chf@xinyuan.com 账户），在弹出的快捷菜单中选择"属性"命令，即可打开所选账户的"邮箱账户设置"对话框，其中的"邮件服务器"界面如图 6-9 所示。

注意：邮箱账户的基本信息都已在创建过程中完成了设置，没有特殊需要，则不必对账户的属性进行修改。这里需要指出的是，前面为新源公司配置的基本的 Sendmail 是不带验证的，所以在邮箱账户设置的"邮件服务器"界面中暂时应保持默认设置，不要选中"SMTP 服务器需要身份验证"复选框。在配置了带验证的 Sendmail 后，再设置邮箱账户进行测试时就必须先选中该复选框。

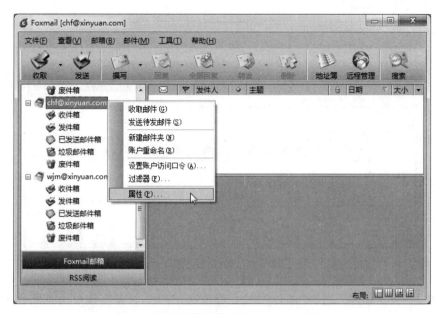

图 6-8　创建邮箱账户后的 Foxmail 主窗口

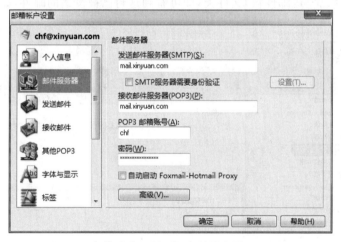

图 6-9　"邮箱账户设置"的"邮件服务器"设置界面

2. 使用 Foxmail 收发邮件

现在假设用户 chf 要向用户 wjm 发送一封邮件,则首先应在用户 chf 的邮箱账户上撰写这封邮件并进行发送;然后在用户 wjm 的邮箱账户上接收邮件。

步骤 1　撰写邮件。在 Foxmail 左窗格中选择邮箱账户 chf@xinyuan.com,选择"邮件"→"写新邮件"命令,或者直接单击工具栏中的"撰写"按钮,打开"写邮件"窗口,如图 6-10 所示。此时发件人名称 chf 已出现在邮件正文内容文本框的尾部,该名称就是为其创建邮箱账户时设置的"邮件中采用的名称"。这里只须在"收件人"中输入邮件地址 wjm@xinyuan.com,并在"主题"和邮件正文中输入想要发送的内容即可。

图 6-10　"写邮件"窗口

步骤 2 发送邮件。选择"邮件"→"立即发送"命令，或者直接单击工具栏中的"发送"按钮，邮件就会立即被发送并返回 Foxmail 主窗口。此时选择邮箱账户 chf@xinyuan.com 的"已发送邮件箱"文件夹，即可看到这封已被发送的邮件，如图 6-11 所示。

图 6-11　邮件发送后保存在"已发送邮件箱"文件夹中

步骤 3 接收邮件。在 Foxmail 左窗格中选择邮箱账户 wjm@xinyuan.com，然后选择"文件"→"收取当前邮箱的邮件"命令，或者选择"文件"→"收取邮件"→wjm@xinyuan.com 命令，也可以直接单击工具栏中的"收取"按钮，就可以收取指定邮箱账户的邮件。已收取的邮件被保存在邮箱账户的"收件箱"文件夹中，如图 6-12 所示。此时双击右侧上方已收取的邮件列表中指定的邮件，就可以查看该邮件的详细信息了。

图 6-12　收到邮件后保存在"收件箱"文件夹中

上述测试表明,新源公司基本的邮件系统已成功实现。读者也可以再进行一次测试,由用户 wjm 向用户 chf 发送一封邮件,并在用户 chf 的邮箱账户上接收邮件。

6.3　配置带验证的 Sendmail 服务器

通过对宏配置文件 sendmail.mc 的深入了解和精准配置,就可以实现在功能和性能上满足企业需求的 E-mail 服务器。宏配置文件 sendmail.mc 的详细解读可参阅附录 B,下面仅配置一种带验证功能的 E-mail 服务器,并进行测试。

6.3.1　SMTP 验证功能与技术方案

在 Sendmail 的默认配置中,为用户发送或中转邮件时不会对用户的身份进行验证,这就给一些广告或垃圾邮件的制造者提供了机会,任何人只要想发邮件,就可以利用任何一台没有带验证功能而又对其 open relay 的 Sendmail E-mail 服务器,为其发送大量的广告或垃圾邮件。同时,没有身份验证功能的邮件传送机制也使得网络服务器管理员处理问题邮件时带来追踪上的困难。

虽然 Sendmail 8.9.3 以上的版本提供了一些限制邮件转发的功能,但它只能根据 IP 地址、邮件地址或域名来进行限制。也就是说,为了不让自己公司的邮件服务器成为广告或垃圾邮件的中转站,大多数管理员只能将邮件服务器设置为限制 open relay 的模式,拒绝为可信赖的企业内部网以外的使用者转发邮件。但这种限制又会给合法使用者带来极大的不方便,如公司员工出差在外或是下班回家之后,就无法继续使用公司的邮件服务器发送邮件。而如果设定邮件服务器为 open relay 模式，则又会造成邮件服务器转发功能很容易被恶意用户滥用。这是长期困扰着管理员的一个问题，对于那些免费邮件服务提供商来说也同样存在这个问题。

以往要解决这个问题，必须通过购买一些昂贵的商业邮件服务器来解决，以便在使用者发出邮件前首先进行身份的验证。Sendmail 8.10.0 以上的版本已开始支持 SMTP 验证功能，它可以搭配 Cyrus-SASL 身份验证程序库，实现以往只有商业邮件服务器软件才具备的身份验证功能。SASL（Simple Authentication and Security Layer，简单验证安全层）提供了模块化的 SMTP 验证扩展，在实现了对 PLAIN 以及 CRAM-MD5 加密等协议的基础之上，还提供了通过 Kerberos、用户数据库、passwd 文件、PAM 等多种验证方法。由于是在 SASL 之上构建自己的 SMTP 验证，所以 SMTP 程序本身不需要支持这些验证方法，并且在用户经过成功验证以后，SMTP 同样可以定义自己的访问策略来对用户访问进行控制。当然，首先必须保证该 SMTP 服务器能够提供对 SASL 的支持。

Sendmail 有了基于 SASL 身份验证的功能后，任何人想通过该服务器发送邮件都必须首先输入用户名和密码进行身份验证，这样既方便了员工能够在任何场合使用公司的服务器来收发邮件，同时也保证了 E-mail 服务器的安全，且无须增加额外的费用。鉴于上述考虑，在前面已经成功配置了能满足基本的邮件收发需求的 E-mail 服务器基础上，有必要为新源公司进一步配置带验证的 E-mail 服务器。

6.3.2　Sendmail 验证功能的配置

由于采用搭配 Cyrus-SASL 身份验证程序库来实现 Sendmail 服务器的验证功能，因此首先需要确定服务器的 Linux 系统中已经安装 Cyrus-SASL 组件；然后修改 Sendmail 的配置文件，以确定系统的验证方式；最后重启 sendmail 和 dovecot 服务，且必须启动 saslauthd 服务。

1. 检查或安装 Cyrus-SASL 软件包

以下是在安装了 Sendmail 的 CentOS 6.5 系统中查询 Cyrus-SASL 相关软件包已被完整安装的情况。如果没有查询到这些软件包（即未安装），可参考项目 1 中安装 DNS 服务器相关软件包的示例来进行安装。

```
#rpm -qa |grep cyrus-sasl
cyrus-sasl-devel-2.1.23-13.el6_3.1.i686
cyrus-sasl-2.1.23-13.el6_3.1.i686
cyrus-sasl-md5-2.1.23-13.el6_3.1.i686
cyrus-sasl-lib-2.1.23-13.el6_3.1.i686
cyrus-sasl-plain-2.1.23-13.el6_3.1.i686
cyrus-sasl-gssapi-2.1.23-13.el6_3.1.i686
#
```

2. 修改 Sendmail 与验证相关的配置

步骤 1　查看或修改/usr/lib/sasl2/Sendmail.conf 文件（注意字母大小写），该文件中只包含一个 pwcheck_method 配置行，用于指定 Sendmail 采用的验证方法，一般无须修改，因为默认即为 saslauthd 方式。

```
#cat /usr/lib/sasl2/Sendmail.conf
pwcheck_method: saslauthd
```

步骤 2　修改 Sendmail 的宏配置文件 sendmail.mc 中的以下内容，并重新使用宏处理程序 m4 自动生成 sendmail.cf 配置文件。

```
#vim /etc/mail/sendmail.mc
...        //找到以下与验证相关的两行
//删去行首的 dnl 注释符成为有效配置行，即
TRUST_AUTH_MECH('EXTERNAL DIGEST-MD5 CRAM-MD5 LOGIN PLAIN')dnl
define('confAUTH_MECHANISMS', 'EXTERNAL GSSAPI DIGEST-MD5 CRAM-MD5 LOGIN
PLAIN')dnl
//以下这行在前面配置基本的 Sendmail E-mail 服务器时已设置，因其重要性再次列出核对
DAEMON_OPTIONS('Port=smtp,Addr=192.168.1.3, Name=MTA')dnl
//以下这行默认是 dnl 注释的，可去掉注释符
DAEMON_OPTIONS('Port=submission, Name=MSA, M=Ea')dnl
#                                    //修改完毕，保存并退出
#m4 /etc/mail/sendmail.mc>/etc/mail/sendmail.cf
#                                    //生成配置文件 sendmail.cf
```

🖱 **注意**：管理员通常通过修改宏配置文件 sendmail.mc，再使用 m4 宏处理程序生成配置文件 sendmail.cf，而很少直接修改 sendmail.cf 文件来配置 Sendmail。这样做并不仅仅是因为 sendmail.mc 比 sendmail.cf 文件更简单易懂，还因为有些功能通过修改 sendmail.cf 文件根本无法满足管理员的要求，必须通过修改 sendmail.mc 文件才能实现。其中，配置带验证的 Sendmail E-mail 服务器就是如此。

步骤 3　清除转发控制文件/etc/mail/access 中的所有内容（包括在 6.2 节中添加的两行内容），也可以将其中的所有配置行的行首加 # 号注释，使 Sendmail 允许中转来自任何网络的邮件。然后使用 makemap 命令将 access 文件重新转换生成 access.db 数据库文件，具体操作如下。

```
#vim /etc/mail/access
...        //原有注释行略，在以下所有配置行的行首加#号注释使其无效，或删除所有行
#Connect:localhost.localdomain        RELAY
#Connect:localhost                     RELAY
#Connect:127.0.0.1                     RELAY
#Connect:xinyuan.com                   RELAY
```

```
#Connect:192.168.1.3                              RELAY
#                                                 //清空或全部改为注释后保存并退出
#makemap -r hash /etc/mail/access.db</etc/mail/access
#                                                 //生成 access.db 数据库文件
```

3. 启动或重启相关服务并检测

在重新生成配置文件 sendmail.cf 之后,必须重启 sendmail 服务才能使修改的配置生效,这里同时将 dovecot 服务也进行一次重启。另外,配置了基于 SASL 身份验证的 Sendmail E-mail 服务器,还必须启动 saslauthd 服务,这一点切不可忘记。

```
#service sendmail restart                         //重启 sendmail 服务
Shutting down sm-client:                          [OK]
Shutting down sendmail:                           [OK]
Starting sendmail:                                [OK]
Starting sm-client:                               [OK]
#service dovecot restart                          //重启 dovecot 服务
Stopping Dovecot Imap:                            [OK]
Starting Dovecot Imap:                            [OK]
#service saslauthd start                          //启动 saslauthd 服务
#sendmail -d0.1 -bv root |grep SASL               //检测是否已包含 SASL 验证
    NETUNIX NEWDB NIS PIPELINING SASLv2 SCANF SOCKETMAP STARTTLS
    //有此行显示表明 SASL 已被编译到 sendmail 中(CentOS 中使用 SASL 的 v2 版本)
#telnet 127.0.0.1 25                              //使用 telnet 进一步测试
Trying 127.0.0.1...
Connected to localhost (127.0.0.1).
Escape character is '^]'.
220 localhost.localdomain ESMTP Sendmail 8.14.1/8.14.1; Tue, 20 Nov 2018 21:
11:51 +0800
EHLO 127.0.0.1
250-localhost.localdomain Hello localhost [127.0.0.1], pleased to meet you
250-ENHANCEDSTATUSCODES
250-PIPELINING
250-8BITMIME
250-SIZE
250-DSN
250-ETRN
250-AUTH GSSAPI DIGEST-MD5 CRAM-MD5 LOGIN PLAIN
250-DELIVERBY
250 HELP
//有 AUTH 的一行内容表明成功配置带验证的 Sendmail E-mail 服务器
quit                                              //退出 telnet
221 2.0.0 mail.xinyuan.com closing connection
Connection closed by foreign host.
#
```

4. 使用 Foxmail 测试带验证的 Sendmail E-mail 服务器

在启动带验证的 Sendmail E-mail 服务器相关的 sendmail、dovecot 和 saslauthd 服务后,尽管已经使用了两种方法对 sendmail 服务是否已具备 SASL 验证功能进行了检测,但最终的测试还是要以合法用户在邮件客户端软件设置 SMTP 验证后也能正常收发邮件为目的。

这里仍然以客户机使用 Foxmail 为例来进行测试。其实很简单,只要修改 chf@xinyuan.com 和 wjm@xinyuan.com 两个邮箱账户的属性,在图 6-9 所示的"邮箱账户设置"对话框中选中"SMTP 服务器需要身份验证"复选框,然后在两个邮件账户之间进行互相收发邮件的测试。这些操作可参考 6.2 节,这里不再赘述。

小   结

电子邮件(E-mail)以其使用简易、投递快捷、成本低廉、易于保存等优势,一直是 Internet 上广泛的服务之一。E-mail 像普通邮件一样也需要地址,其地址的统一标准格式为"用户名@主机域名"。按照用户使用 E-mail 的方式不同,E-mail 的收发可通过网页邮件 Web Mail 和基于客户端的邮件软件两种方式进行。

一个完整的邮件系统通常包括邮件用户代理(MUA)、邮件服务器及邮件系统使用的协议 3 个组成构件。其中,MUA 是用户与邮件系统之间的接口,负责邮件撰写、阅读、发送和接收工作;邮件服务器从软件功能上又分为两个部分:负责邮件转发的邮件传送代理(MTA)和负责将邮件投递到收件人信箱的邮件分发代理(MDA);邮件系统使用的协议是实现邮件收发以及在不同系统之间传送而共同遵守的规则。目前最常用的协议是简单邮件传送协议(SMTP)和邮局协议第 3 版(POP3)。SMTP 用于 MUA 与 MTA 之间或 MTA 与 MTA 之间的邮件发送或转发,默认监听端口 25;而 POP3 工作在 MUA 与 MDA 之间完成邮件的接收工作,默认监听端口 110。

企业架设邮件服务器,通常用于企业内部员工之间、员工与公司客户之间使用电子邮件进行联络交流和公文传递。在 Linux 系统中,Sendmail 是一个安全性、稳定性和可移植性都非常好的邮件传送代理程序,或者说是 SMTP 功能的具体实现,几乎所有 Linux 发行版都自带了它的安装包。另外,还有 Postfix、Qmail、Exim 等也是 Linux 平台下较为常用的免费开源邮件服务器软件。邮件分发代理在 CentOS 系统中是由 dovecot 服务实现的,或者说是 POP3/IMAP 协议的具体实现。因此,为企业架设 E-mail 服务器,其实就是设置用户邮箱以及配置 sendmail 和 dovecot 服务的过程,当然首先必须在 DNS 服务配置的正向解析资源文件中添加一条邮件交换(MX)记录,以通知邮件传送进程把邮件送到另一个邮件系统,直至送达最终目的地。

Sendmail 的主配置文件是/etc/mail/sendmail.cf,但通常都是先修改容易理解的宏配置文件 sendmail.mc,再使用 m4 宏处理程序来自动生成配置文件 sendmail.cf 的。dovecot 服务的配置除了修改其主配置文件/etc/dovecot/dovecot.conf 外,还要对/etc/

dovecot/conf.d 目录下有关邮箱、日志、用户验证方式等进行设置。在 CentOS 等系统中设置用户邮箱时,切记要同时为用户创建邮箱目录,否则在使用 telnet 命令连接端口 110 进行接收邮件测试时,往往会出现各种错误提示而直接退出。

在完成 E-mail 服务器配置后,就可以在客户端安装、配置 Microsoft Outlook、Foxmail 等程序,然后通过邮件的收发来测试邮件服务器工作是否正常。当然,系统管理员也可以在客户端字符命令界面下直接使用 telnet 和 ssh 等命令来登录邮件服务器,并进行收发邮件的测试,而且当邮件服务器因配置不正确而不能正常工作时,使用这些命令更容易找出问题所在。目前,SSH 是比 Telnet 更加安全也更被推荐使用的远程登录协议,因为 SSH(默认端口为 22)使用加密传送数据,支持压缩及用户身份验证;而 Telnet(默认端口为 23)使用明文传送数据,不使用任何验证策略及数据加密方法。

习　　题

一、简答题

1. 用户使用电子邮件的方式有哪几种?它们各有什么优缺点?

2. 一个邮件系统主要由哪几部分组成?分别起什么作用?

3. E-mail 最常用的协议有哪两个?简述其功能及默认的使用端口号。

4. 简述从发件人发送邮件到收件人接收邮件的工作过程。

5. 列举 Linux 平台下常用的免费邮件服务器软件。

6. 在配置邮件服务器时,为什么需要在 DNS 服务器的正向解析资源文件中添加一条邮件交换(MX)记录?如何使用 nslookup 命令来测试 MX 记录配置是否成功?

7. 从邮件系统的实现机制来说,sendmail 和 dovecot 服务分别实现什么功能?

8. 在 Sendmail 的配置中,如何创建用户的邮件账号?

9. 简述 SSH 和 Telnet 的区别。

10. 简述客户端使用 telnet 命令发送和接收邮件的主要步骤和命令。

二、训练题

魅影饰品公司为了员工之间能使用公司内部邮箱进行联络交流和公文传递,决定架设一台邮件服务器。该服务器 IP 地址为 192.168.3.5,使用 Linux 平台下的 Sendmail 来实现。公司要求为每个员工设置一个邮箱,其格式为 username@mysp.com,员工使用的邮件客户端软件有 Microsoft Outlook 和 Foxmail 两种。

(1) 配置符合公司需求的邮件服务器(邮箱账户暂时只设置 tom 和 jim 用于测试)。

(2) 使用两台 Windows 7 客户机,均安装 Foxmail 软件,其中一台配置邮件账户 tom@mysp.com;另一台配置邮件账户 jim@mysp.com。然后在两个客户机间互相发送和接收邮件,测试邮件服务器工作是否正常。

(3) 在两个客户机上分别使用各自的邮件账户,用 telnet 命令相互发送和接收邮件。

(4) 按附录 C 中简化的项目文档撰写 E-mail 服务器配置与管理项目实施报告。

项目 7　VPN 服务器配置与管理

7.1　知识预备与方案设计

7.1.1　认识 VPN 及其实现方法

1. 什么是 VPN

许多企业往往在不同地域开设有多家分支机构,企业总部通常配置有多台应用服务器,架设了服务完善的企业内部网,而各分支机构也都建设有自己的局域网。企业需要实现总部与各分公司之间正常的协同办公,分公司的员工要能访问集成在企业总部的 Web 站点、文件服务器、电子邮件系统等,实现各部门之间的信息交互。

虽然移动用户或远程用户远程访问企业内部专用网络的实现方法有多种,但传统的远程访问方式不仅通信费用比较高,而且在与企业内部专用网络中的计算机进行数据传输时,不能保证企业内部私有数据通信的安全性。近些年来,VPN 作为一种虚拟网络应用技术得到了广泛的应用,企业通过部署 VPN 系统,利用公共网络实现企业总部与异地分公司之间的异地组网,已成为目前理想的解决方案。

VPN(Virtual Private Network,虚拟专用网络)是一种利用公共网络来构建私人专用网络的技术,也是一条穿越公用网络的安全、稳定的隧道。它涵盖了跨共享网络或公共网络的封装、加密和身份验证链接的专用网络的扩展,从而避开了各种安全问题的干扰。

之所以称它为虚拟网,主要是因为整个 VPN 网络的任意两个节点之间的连接并没有传统专用网所需的端到端的物理链路,而是架构在公用网络服务商所提供的网络平台如 Internet、ATM(异步传输模式)、Frame Relay(帧中继)等之上的逻辑网络,用户数据在逻辑链路中传输。因此,VPN 借助于公共网络,可以使本来只能局限在很小地理范围内的企业内部网扩展到世界上的任何一个角落。

2. VPN 的典型架构

图 7-1 所示的就是一个典型企业的 VPN 服务项目的网络拓扑结构。

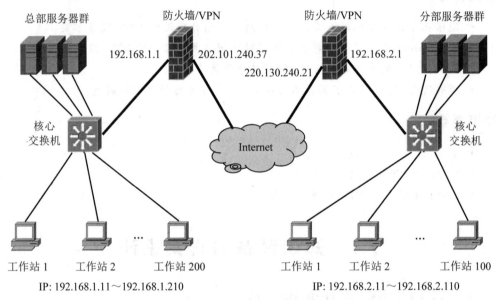

图 7-1 典型企业 VPN 项目的网络拓扑结构

在这一典型 VPN 系统架构中,两个具有 VPN 发起能力的设备(计算机或防火墙)提供了通过 Internet 安全地对企业内部专用网络进行远程访问的连接方式。VPN 客户端使用基于 TCP/IP 的隧道协议对 VPN 服务器的虚拟端口进行虚拟呼叫;VPN 服务器接受呼叫并验证对方身份后,就在 VPN 客户端和服务器之间通过 Internet 建立了点对点的 VPN 连接;然后在隧道的发起端即服务端,用户的私有数据经过封包和加密之后在 Internet 上传输;而到了隧道的接收端即客户端,接收到的数据经过拆包和解密之后安全地到达用户端。也就是说,利用 VPN 技术在企业总部与分部之间通过 Internet 开辟了一条临时的虚拟通道,使分部的用户可以通过"网上邻居"访问企业总部的服务器,感觉和访问本地的服务器一样。在外部看起来,这条虚拟通道好像是一条通信专线,达到了私有网络的安全级别,但它又无须敷设专用的通信电缆或光缆。因此,这种方法最大的优点是成本低廉、安全性高,并且企业完全控制主动权,因为 VPN 上的设施和服务都由企业自己掌控。

3. VPN 的实现方法

具体实现 VPN 的方法非常多,如上述典型企业 VPN 网络拓扑结构中,使用专用防火墙或者使用带 VPN 功能的路由器都可以很方便地配置实现。然而,有许多中小型企业可能并不具备这些专用的网络设备,充当"防火墙/VPN"的可能只是 Linux 或 Windows 平台的普通计算机,为它安装防火墙/VPN 服务器软件并做一些简单配置之后,就可以实现企业总部与分部之间的 VPN 访问。但无论是采用专用网络设备还是普通计算机来实现 VPN,它们都需要两个网络接口,其中一个接口用于连接企业内部网络,另一个接口用于连接外部的 Internet 公网。

介绍这种典型 VPN 架构,并在安装有双网卡的计算机上配置 VPN 服务器的书籍和网上资料非常多,读者可以自己查阅。在本项目后续的方案设计和具体实施中,将采用另一种在仅安装单网卡的计算机上配置 VPN 服务器,并实现 VPN 访问的方法。这种方法在内部网络结构较为简单,且只是通过 ADSL 共享接入 Internet 的小型甚至中型企业中应用十分广泛,也是一种成本低廉却又最安全的解决方案。

7.1.2　了解 VPN 隧道协议和验证方式

1. VPN 隧道协议

VPN 是采用隧道技术进行通信的。数据包经过源局域网与公网的接口时,由特定的设备将这些数据包作为负载封装在一种可以在公网上传输的数据报文中,当数据报文到达目的局域网与公网的接口时,再由相应的设备将数据报文解封装,取出原来在源局域网中传输的数据包,转发目的局域网中。被封装的局域网数据包在公网上传递时所经过的逻辑路径称为"隧道"。

为了创建隧道,隧道的客户机和服务器必须使用相同的隧道协议。目前,VPN 使用的隧道协议有 PPTP、L2TP 和 IPSec 三大类,其中 PPTP 和 L2TP 是第二层隧道协议,而 IPSec 是第三层隧道协议。

(1) PPTP(Point-to-Point Tunneling Protocol,点对点隧道协议)。PPTP 在 RFC 2637 中定义,可以看作对 PPP(点对点协议)的扩展,它将 PPP 数据帧封装成 IP 数据报,并提供了在 PPTP 客户端与服务器之间的加密通信,这种基于 PPTP 的 VPN 通信的前提是通信双方有连通且可用的 IP 网络。PPTP 客户端与服务器之间交换的报文有两种:控制报文和数据报文。控制报文负责 PPTP 隧道的建立、维护和断开,控制连接由客户端首先发起,它向 PPTP 服务器监听的 TCP 端口(端口号默认为 1723)发送连接请求,得到回应后建立了控制连接,再通过协商建立起 PPTP 隧道用于传送数据报。数据报负责传送真正的用户数据,承载用户数据的 IP 数据报经过加密、压缩之后,再依次经过 PPP、GRE(通用路由封装)、IP 封装,最终得到一个可以在 IP 网络中传输的 IP 数据报送给 PPTP 服务器。PPTP 服务器接收到该 IP 数据报后经过层层解包并解密和解压缩,最终得到用户的数据报,并将其转发到内部网络上。PPTP 采用 RSA 公司的 RC4 作为数据加密算法,保证了隧道通信的安全性。

注意:除了 IP 外,用户数据报也可以使用其他协议进行封装,如 IPX 数据报或 NetBEUI 数据报等。也就是说,PPTP 允许对多协议通信进行加密,然后封装在 IP 报头中,以通过基于 IP 的互联网发送。

(2) L2TP(Layer 2 Tunneling Protocol,第二层隧道协议)。L2TP 由 RFC 2661 定义,它结合了 L2F(第二层转发)协议和 PPTP 的优点,由 Cisco、Ascend、Microsoft 等公司在 1999 年联合制定,已成为第二层隧道协议的工业标准,得到了众多网络厂商的支持。L2TP 协议支持 IP、X.25、帧中继或 ATM 等作为传输协议,但目前使用最多的还是基于 IP 网络的 L2TP。与 PPTP 类似,L2TP 客户端与服务器之间交换的报文也包括控制报文和数据报文,并且也使用 PPP 协议可对多种不同的协议对用户数据报进行封装,然后再添加传输协议的报头,以便能在互联网上传输。但 L2TP 与 PPTP 也有一些不同之处:L2TP 的两种报文都是把 PPP 帧使用 UDP 协议进行封装,默认监听端口 1701 进行隧道维护,而 PPTP 使用 TCP 协议封装,默认监听端口 1723;L2TP 允许通过任何支持点对点传输的媒介发送数据包,而 PPTP 要求传输网络必须是 IP 网络;L2TP 支持在两端使用多条隧道,而 PPTP 只能在两端建立一条隧道;L2TP 可提供隧道验证,而 PPTP 则不支持;L2TP 依靠 IPSec(Internet 协议安全)来提供加密服务,二者的组合称为 L2TP/IPSec,提供了封装和加密专用数据的主要 VPN 服务,而 PPTP 自身就提供 RC4 数据加密。

(3) IPSec(Internet Protocol Security,Internet 协议安全)。IPSec 是由 IETF 标准定义的 Internet 安全通信的一系列标准,它提供了私有信息通过公用网的安全保障。由于 IPSec 所处的 IP 层是 TCP/IP 协议的核心层,因此可以有效地保护各种上层协议,并为各种应用层服务提供一个统一的安全平台。IPSec 的基本思想是把与密码学相关的安全机制引入 IP 协议,通过使用现代密码学所创立的方法来支持保密和验证服务,使用户可以有选择地使用所提供的功能,并得到所要求的安全服务。IPSec 是随着 IPv6 的制订而产生的,但由于 IPv4 的应用还非常广泛,所以在 IPSec 标准的制订过程中也增加了对 IPv4 的支持。IPSec 标准相当复杂,有许多标准还在不断完善中。它包含的主要内容有:安全关联和安全策略;IPSec 协议的运行模式;AH(Authentication Header,验证头)协议;ESP(Encapsulate Security Payload,封装安全载荷)协议;IKE(Internet 密钥交换)协议等。

2. VPN 的身份验证方式

PPTP 和 L2TP 都是对 PPP 帧进行再次封装,以便能通过公网到达目的地,再解除封装而还原成 PPP 帧。从这个角度来说,可以认为双方是通过 PPP 进行通信的。在 PPP 协议中,有时候需要对连接用户的身份进行验证,以防非法用户的 PPP 连接。验证发生在 PPP 链路建立的时候,要求链路连接发起方在验证选项中填写验证信息,只有得到接收方的许可后才能建立链路。可以采用 PAP 或者 CHAP 身份验证方式对连接用户进行身份验证,也可以使用更加灵活的 EAP 验证协议。

(1) PAP 验证方式。PAP 验证方式非常简单,被验证方发送明文的用户名和密码到验证方,验证方根据自己的网络用户配置信息验证用户名和密码是否正确,然后做出不同的选择。由于 PAP 验证时,用户名和密码在网络中是以明文方式进行传输的,很可能会在传输过程中被截获,对网络安全造成极大的威胁,因此 PAP 验证并不是一种健全的验证方法,仅适用于对安全性要求较低的网络环境。

(2) CHAP 验证方式。CHAP(Challenge-Handshake Authentication Protocol,质询握手身份验证协议)是 PPP 协议用来验证用户身份的另一种方法,由 RFC 1994 定义。可以在链路建立过程中进行 CHAP 验证,也可以在链路建立后的任何时候多次使用 CHAP 验证。CHAP 验证对方身份时有 3 个步骤:在链路建立完成后,由验证发起者向对方发送一个 challenge 消息;对方使用 MD5 等 one-way-hash 函数计算该消息的值并予以响应;验证发起者收到响应值后与自己计算的 Hash 值进行比较,如果两个值匹配,则验证通过;否则将终止链路。只要链路还存在,这 3 个步骤随时都可能会发生,即双方随时都可以对对方进行验证。通过使用递增的标识符和改变 challenge 的值,CHAP 可以防止对方的重放攻击。CHAP 要求双方都要知道明文的密码,但密码从来不在网络上传输。

(3) MS-CHAP 验证方式。MS-CHAP Microsoft CHAP,起初的版本 1 由 RFC 2433 定义,后来的版本 2 由 RFC 2759 定义。MS-CHAP v2 在 Windows 2000 中引入,并在 Windows 95/98 中提供了对版本 2 的支持,而从 Windows Vista 后就去掉了对版本 1 的支持。与标准的 CHAP 相比,MS-CHAP 主要有 3 个方面的特点:①双方可以通过协商起用 MS-CHAP;②提供了一种由验证发起方控制的密码修改和重试机制;③定义了验证失败时的出错代码。

(4) EAP 验证方式。EAP(Extensible Authentication Protocol,扩展验证协议)是另一种 PPP 验证协议,它并不在链路建立阶段指定验证方法,而是到了验证阶段才指定,这样就可以在得到更多的信息后再决定使用什么验证方法。这种机制非常灵活,甚至允许指定专门的验证服务器来执行真正的验证工作。

7.1.3 设计企业网络 VPN 服务方案

1. 项目需求分析

新源公司是一家中小型民营企业,目前在外地尚未正式成立分公司,仅有两名员工长期驻留在上海办事处。公司内部网络结构非常简单,所有员工都是通过 ADSL 共享方式接入 Internet。但公司需要员工在家里或在外地也能便捷、安全地访问公司内网资源,包括内网计算机中的共享资源、仅供内网访问的 Web 站点、FTP 站点等,也能通过公司内部网中的 E-mail 服务器收发邮件。为此,新源公司要求在不增加额外硬件成本的前提下,在已有服务器上架设 VPN 服务,让公司员工能随时随地通过 VPN 访问内网资源。

2. 设计网络拓扑结构

新源公司 VPN 项目的网络拓扑结构如图 7-2 所示。

由图 7-2 可知,这是一种典型的采用单网卡实现 VPN 连接与访问的方案。公司内部

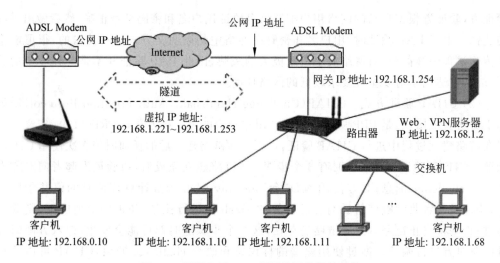

图 7-2　新源公司 VPN 项目的网络拓扑结构

的客户机和服务器均使用 192.168.1.0/24 网段的 IP 地址，他们都通过 ADSL 共享接入 Internet。根据项目需求分析和方案设计，将 VPN 服务架设在已有的 Web 服务器上，该服务器上只安装有一块网卡，IP 地址为 192.168.1.2。公司员工在家里或外地通过 ADSL Modem 上网时，客户机使用的私有 IP 地址其实可以是任意的，在本项目中只是为了便于介绍 VPN 的访问测试，所以假设为 192.168.0.10。

客户机在远程连接 VPN 服务器后，它们各自需要得到一个虚拟 IP 地址，我们把虚拟 IP 地址范围设置为与公司内网同一网段的 192.168.1.221～192.168.1.253（实际中也可以指定任何其他网段的某个 IP 地址范围），该范围内的 IP 地址已在项目 2 规划 IP 地址时专门为此用途而保留。这样，客户机与 VPN 服务器之间使用相同网段的虚拟 IP 地址实现通信，就像穿过 Internet 建立了一条虚拟专用"隧道"，实现了公司员工在家里或外地也能如同处于公司内部一样，访问各种内网资源（如 Web、FTP 站点等）的目的。

另外，在前面介绍的 PPTP、L2TP 和 IPSec 三种 VPN 隧道协议中，第二层隧道协议 PPTP 使用时间最久，有着占用资源少、运行速度快、非常容易搭建等优势，并且几乎所有平台都内置了 PPTP 协议的 VPN 客户端，至今仍然是企业和 VPN 供应商的热门选择，新源公司也因此决定架设基于 PPTP 协议的 VPN 服务器。

    注意：事实上，除了 PPTP、L2TP 和 IPSec 三种隧道协议外，还有多种 VPN 实现技术。例如，OpenVPN 就是一种新的基于 OpenSSL 库和 SSLv3/TLSv1 协议的应用层 VPN 实现，是免费的开源软件。与 PPTP 相比，OpenVPN 的加密强度较高，信息不易在传输通路上被人劫持和破解，并且可以将其配置在任何端口上运行，具有穿越网络地址转换（NAT）和防火墙的功能，但它需要第三方软件，安装和配置过程较为烦琐，连接速度和传输效率相对略低。另外，还有 SSTP（Secure Socket Tunneling Protocol，安全套接字隧道协议）、IKEv2（Internet Key Exchange version 2，因特网密钥交换版本 2）等，这里不再赘述。

7.2 企业网络 VPN 服务项目实施

上述设计方案,就是要在 IP 地址为 192.168.1.2 的服务器上架设基于 PPTP 的 VPN 服务器,并使用客户端(以 Windows 为例)进行 VPN 连接与访问测试。

7.2.1 配置基于 PPTP 的 VPN 服务器

在 Linux 系统中,基于 PPTP 的 VPN 服务名称是 pptpd。pptpd 是 Poptop 中重要的程序,也是 PPTP 的守护进程,用来管理基于 PPTP 隧道协议的 VPN 连接。当 pptpd 接收到用户的 VPN 接入请求后,会自动调用 PPP 协议的 pptpd 程序来完成验证过程,然后建立 VPN 连接。因此,在架设 VPN 的服务器上除了要安装 pptpd 软件包外,还要安装 ppp 以及相关的功能软件包,然后进行一些相关配置并启动 pptpd 服务。

基于 PPTP 的 VPN 服务器端配置并不复杂,其中最关键的两项配置工作如下。

(1) 设置隧道通信双方在建立 VPN 连接时自动获取的虚拟 IP 地址段。

(2) 创建有拨入权限的用户,让客户端有权连接 VPN 服务器。

1. 安装 ppp 和 pptpd 及相关功能软件包

在要配置基于 PPTP 协议的 VPN 服务器上,通常需要安装以下 4 个软件包。

(1) ppp 软件包:ppp-2.4.5-5.el6.i686.rpm。

(2) pptpd 软件包:pptpd-1.4.0-3.el6.i686.rpm。

(3) DKMS 动态内核模块支持软件包:dkms-2.0.17.5-1.noarch.rpm。

(4) MPPE 加密协议的内核补丁软件包:kernel_ppp_mppe-1.0.2-3dkms. noarch.rpm。

其中,DKMS(Dynamic Kernel Module Support,动态内核模块支持)是 Oikawa 等人在 1996 年提出的一种与 LKM 类似的动态核心模块技术,它以文件的形式存储并能在系统运行过程中动态地加载和卸载,这使用户在不编译内核的基础上就可以外挂一些内核的模块;MPPE(Microsoft Point-to-Point Encryption,Microsoft 点对点加密)协议由 Microsoft 设计,它规定了在数据链路层对通信机密性保护的机制,通过对 PPP 链接中 PPP 分组的加密以及 PPP 封装处理,实现数据链路层的机密性保护。这两个软件包也是搭建 VPN 服务器非常关键的功能软件包,若不安装则无法使用 VPN 的加密连接。

包括 CentOS 在内的多数 Linux 发行版都自带有 ppp 软件包,而另外 3 个软件包一般都没有自带的。因此,ppp 软件包可以从 Linux 安装光盘上找到,当然也可以与其他 3 个软件包一样从网上获取较新版本。这些软件包都可以从 Poptop 的官方网站 http:// poptop.sourceforge.net/或者从 https://dl.fedoraproject.org/下载。

注意:上述软件包名称中的版本号都是目前较新的,应与读者所使用的 Linux 系统版本相适应,尤其是 pptpd 和 DKMS 软件包。版本信息中.el6 和.i686 的问题在项目 1 检查和安装服务器软件包时已有说明,对于 32 位的 CentOS 或 RHEL 系统,通常.rhel6 及.i386 的 RPM 包也可以适用,但如果读者安装的是 64 位系统,则应下载.x86_64 的 RPM 包。

在获得所需的软件包之后,安装之前可以先查询是否已安装了 ppp 软件包,并对系统内核是否支持 MPPE 补丁、ppp 是否支持 MPPE 等兼容性进行检查,操作命令如下。

```
//以下命令查询系统中是否已安装了 ppp 软件包
#rpm -qa |grep ppp
rp-pppoe-3.10-10.el6.i686
ppp-2.4.5-5.el6.i686                    //有该软件包显示表示已安装,无显示则未安装
//以下命令检查系统内核是否支持 MPPE 补丁
#modprobe ppp-compress-18 && echo 'ok!!! '
ok!!!                                   //显示 ok!!!表示支持,否则表示不支持
//以下命令检查 ppp 是否支持 MPPE
#strings '/usr/sbin/pppd'|grep -i mppe|wc -l
42                                      //显示≥30 的数字表示支持,显示为 0 表示不支持
//以下命令检查系统是否开启 ppp 支持
#cat /dev/ppp
cat: /dev/ppp: No such device or address        //显示该行文本表示通过
//以下命令检查系统是否开启 TUN/TAP 支持
#cat /dev/net/tun
cat: /dev/net/tun: File descriptor in bad state        //显示该行文本表示通过
#
```

在上述检查结果均支持或通过的情况下,就可以安装 VPN 服务器所需要的软件包了。RPM 软件包的安装方法很简单,读者可以参考项目 1 中检查和安装服务器软件包以及附录 A 中有关 Linux 下的软件安装等内容,这里不再给出具体操作命令。但有一点需要提醒的是,DKMS 软件包必须在 MPPE 内核补丁包之前安装。

2. 修改 VPN 服务器主配置文件

基于 PPTP 协议的 VPN 服务器主配置文件是/etc/pptpd.conf,在该文件中可以指定 PPP 配置文件和 pppd 程序的路径,以及为 VPN 服务器和客户端指定隧道的虚拟 IP 地址等。默认的/etc/pptpd.conf 文件(去掉说明性注释后)内容及详细解释如下,其中的每个配置行以配置名称开头,后面跟着参数值或关键字,它们之间用空格分隔。在读取配置文件时,pptpd 进程将忽略空行和以"#"开头的注释内容。

```
#vim /etc/pptpd.conf                    //编辑 VPN 服务器主配置文件
//去掉说明性注释后的默认配置内容如下
#ppp /usr/sbin/pppd                     //指定 pppd 程序的路径
option /etc/ppp/options.pptpd
//指定 PPP 选项文件(PPTP 加密和验证配置文件)的路径,该文件的内容作为 pptpd
//进程启动时的命令行参数,与执行 pptpd 命令时使用--option 指定选项效果相同
#debug
```

```
//打开调试功能(把所有 Debug 信息记入系统日志文件/var/log/messages)
#stimeout 10              //指定 PPTP 控制连接超时时间,单位为 s
#noipparam
//默认情况下客户端原始的 IP 地址传递给 ip-up 脚本.如果存在该选项将不传递
logwtmp                  //使用/var/log/wtmp 文件来记录客户端连接和断开的信息
#bcrelay eth1
//打开从接口到客户端的广播中继,若启用,则将从 eth1 接口收到的广播包转发给客户端
#delegate
//默认情况下该选项不存在,此时由 pptpd 进程管理 IP 地址的分配,把可分配的 IP 分给
//客户端;若存在该选项,则 pptpd 进程不负责 IP 地址的分配,由客户端对应的 pppd
//进程采用 radius 或 chap-secrets 方式进行分配
#connections 100                    //限制客户端的连接数量
//以下指定 VPN 隧道中 VPN 服务器和客户端的虚拟 IP 地址范围,提供了两种示例
//指定虚拟 IP 地址时,可以使用逗号分隔的单个 IP 地址,也可以使用 IP 地址范围
#localip 192.168.0.1
//在隧道中为 VPN 服务器设置一个虚拟 IP 地址
#remoteip 192.168.0.234-238,192.168.0.245
//在隧道中指定自动分配给 VPN 客户端的虚拟 IP 地址范围
#or                              //或者按以下示例设置
#localip 192.168.0.234-238,192.168.0.245
#remoteip 192.168.1.234-238,192.168.1.245
#
```

修改 VPN 服务器主配置文件主要就是设置 localip 和 remoteip 这两项,localip 用于指定 VPN 连接时分配给服务器的虚拟 IP 地址;而 remoteip 用于指定远程 VPN 客户端可以获取的虚拟 IP 地址范围,即设定一个虚拟 IP 地址池。这里按照新源公司 VPN 服务项目方案设计,我们采用默认主配置文件中提供的两种设置示例的第一种方法,将 localip 指定为固定的 IP 地址 192.168.1.221,将 remoteip 设置地址池为 192.168.1.222～192.168.1.253。修改后的/etc/pptpd.conf 文件内容(仅给出有去掉♯注释符及修改的行)如下。

```
#vim /etc/pptpd.conf
//以下为默认配置文件中有变动的行,其他内容保持不变
ppp /usr/sbin/pppd
connections 100
localip 192.168.1.221
remoteip 192.168.1.222-253
#                              //修改完毕,保存并退出
```

注意:如果需要将虚拟 IP 地址池设置为多个分段,则 remoteip 语句指定的多个虚拟 IP 地址段之间使用逗号间隔。另外,在某些 Linux 版本中,打开 logwmpt 功能有可能会与 PPP 冲突而引起 VPN 拨号失败,这种情况下应该关闭 logwmpt 功能,即在 logwmpt 行首加"♯"将它作为注释。

3. 修改 PPP 选项文件

由于 pptpd 在接收到用户的 VPN 接入请求后,会自动调用 PPP 服务来完成相应的

验证过程,然后建立 VPN 连接。因此,要使 pptpd 服务正常工作,还必须在 PPP 配置文件中对 VPN 连接的验证服务等方面进行相关的配置。

　　PPP 选项文件为/etc/ppp/options.pptpd,这是由 VPN 服务器主配置文件/etc/pptpd.conf 中的 option 选项所指定的。在 PPP 选项文件中可以设置身份验证方式、加密长度,以及为 VPN 客户端指定 DNS 服务器和 WINS 服务器的 IP 地址。默认的/etc/ppp/options.pptpd 文件(去掉说明性注释后)内容及详细解释如下。

```
#vim /etc/ppp/options.pptpd                     //编辑 PPTP 加密和验证选项配置文件
//去掉说明性注释后的默认配置内容如下
name pptpd                                       //用于身份验证的本地系统的名称
//注意,必须与/etc/ppp/chap-secrets 中的第二个字段匹配
#chapms-strip-domain                            //在验证之前从用户名中删除域前缀
#{{{
refuse-pap                                       //拒绝 PAP 身份验证
refuse-chap                                      //拒绝 CHAP 身份验证
refuse-mschap                                    //拒绝 MSCHAP 身份验证
require-mschap-v2                                //采用 MS-CHAPv2 身份验证
require-mppe-128                                 //使用 128 位 MPPE 加密
//注意,使用 128 位 MPPE 加密必须采用 MS-CHAPv2 身份验证方式
#}}}
#{{{
#-chap
#-chapms
//要求对方使用 MS-CHAPv2 进行身份验证
#+chapms-v2
//需要 MPPE 加密(注意 MPPE 需要在验证过程中使用 MS-CHAPv2)
#mppe-40
#mppe-128
//使用 40 位或 128 位 MPPE 加密,注意二者只能选其一
#mppe-stateless
#}}}
#ms-dns 10.0.0.1
#ms-dns 10.0.0.2
//如果 pppd 充当 Microsoft Windows 客户端的服务器,则允许 pppd 向客户端提供
//一个或两个 DNS 地址,第一个指定主 DNS 地址;第二个(如果有)为备用 DNS 地址
#ms-wins 10.0.0.3
#ms-wins 10.0.0.4
//如果 pppd 充当 Microsoft Windows 或 Samba 客户端的服务器,则允许 pppd 向客
//户端提供一个或两个 WINS(Windows Internet 名称服务,网上邻居可见的)服务器
//地址,第一个指定主 WINS 地址;第二个(如果有)指定备用 WINS 地址
proxyarp
//启动 ARP 代理,如果分配给客户端的 IP 地址与内网在一个子网就需要启用 ARP 代理
#10.8.0.100
//通常由 pptpd 分配 IP 地址并传递给 pppd,但如果在 pptpd.conf 文件中使用
//delegate 选项进行了委托,则 pppd 将使用 radius 或 chap-secrets 分配客户端的
```

```
//IP 地址,需要在此处指定本地 IP 地址(除非使用委托选项,否则不能使用此选项)
#debug                                  //启用连接调试工具(把信息记入系统日志)
#dump                                   //显示所有已设置的选项值
lock
//为伪 TTY 以确保独家访问创建一个 UUCP 风格的锁定文件
nobsdcomp                               //关闭 BSD 压缩
novj
novjccomp
//禁用 Van Jacobson 压缩(在有 Windows 9x/ME/XP 客户端的一些网络上需要)
nologfd
//关闭日志
#
```

在本项目中,对 PPP 选项文件/etc/ppp/options.pptpd 的默认配置内容仅做两处修改:①增加 auth 选项,表示使用默认的/etc/ppp/chap-secrets 文件进行身份验证;②使 debug 行有效,从而使所有 Debug 信息记入系统日志文件/var/log/messages。修改后的/etc/ppp/options.pptpd 文件内容(仅给出有效配置行)如下。

```
#vim /etc/ppp/options.pptpd           //有效配置行如下
//注意新增的 auth 选项和生效的 debug 选项,其他保持默认配置
name pptpd
refuse-pap
refuse-chap
refuse-mschap
require-mschap-v2
require-mppe-128
proxyarp
auth
debug
lock
nobsdcomp
novj
novjccomp
nologfd
#                                       //修改完毕,保存并退出
```

4. 创建 VPN 用户和密码

由于在 PPP 选项文件中已通过 auth 选项指定默认使用/etc/ppp/chap-secrets 安全验证文件进行身份验证,所以创建 VPN 用户和密码可以通过直接编辑该文件来完成。

在/etc/ppp/chap-secrets 文件中,每个用户占一行内容,每一行包括 VPN 用户名、服务名称、密码和隧道 IP 地址 4 个数据项,以空格或 Tab 键分隔。其中,VPN 用户名和密码要加双引号;服务名称使用默认的 pptpd,这是由 PPP 选项文件/etc/ppp/options.pptpd 中的 name 选项指定的;隧道 IP 地址是指以该用户连接时分配给 VPN 客户端的 IP 地址,可以使用 * 表示由 VPN 服务器动态分配 IP 地址。在为新源公司初步实施

VPN 服务项目时,暂时仅创建一个用于 VPN 连接测试的 csvpn 用户,密码设置为 123456,因此修改安全验证文件/etc/ppp/chap-secrets 的内容如下。

```
#vim /etc/ppp/chap-secrets                    //编辑安全验证文件
//默认仅包含 4 行注释,为提高可读性,通常在最后一行注释前添加 VPN 用户,即
#Secrets for authentication using CHAP
#client           server        secret              IP addresses
#######system-config-network will overwrite this part!!! (begin) ##########
"csvpn"           pptpd         "123456"            *
#######system-config-network will overwrite this part!!! (end) ###########
#                                             //修改完毕,保存并退出
```

注意:创建和管理 VPN 用户,除了直接编辑安全验证文件/etc/ppp/chap-secrets 外,还可以使用 vpnuser 命令来实现,其命令格式如下。

```
vpnuser add［用户名］［密码］                   //添加 VPN 用户
vpnuser del［用户名］                          //删除 VPN 用户
vpnuser show［用户名］                         //显示 VPN 用户
vpnuser domain［用户名］［域名］               //为 VPN 用户设置域
```

5. 开启 IP 转发功能

Linux 系统默认情况下是不开启 IP 转发功能的,因为大多数人不会用到此功能,但如果是架设 Linux 路由或者 VPN 服务器,就需要打开系统内核路由模式,使其支持 IP 转发。可以执行以下命令来开启 IP 转发功能(无须重启即可生效)。

```
#sysctl -w net.ipv4.ip_forward=1             //或者使用下面的命令
#echo 1>/proc/sys/net/ipv4/ip_forward
```

上述命令只能用于临时开启 IP 转发功能,重启系统后就会失效。如果要使 IP 转发功能永久生效(即随系统启动而自动开启),则可以修改 sysctl 的配置文件/etc/sysctl.conf,将其中的 net.ipv4.ip_forward 参数的值由默认值 0 改为 1,具体操作如下。

```
#vim /etc/sysctl.conf
...        //其他内容略,仅将以下参数的值改为 1,即
net.ipv4.ip_forward=1
#                                             //修改完毕,保存并退出
#sysctl -p                                    //使内核参数生效
net.ipv4.ip_forward=1
net.ipv4.conf.default.rp_filter=1
net.ipv4.conf.default.accept_source_route=0
kernel.sysrq=0
kernel.core_uses_pid=1
net.ipv4.tcp_syncookies=1
net.bridge.bridge-nf-call-ip6tables=0
net.bridge.bridge-nf-call-iptables=0
```

```
net.bridge.bridge-nf-call-arptables=0
kernel.msgmnb=65536
kernel.msgmax=65536
kernel.shmmax=4294967295
kernel.shmall=268435456
#
```

注意：在修改/etc/sysctl.conf 文件 IP 转发功能永久有效后，对 Red Hat 系列 Linux(包括 CentOS)来说，也可以通过重启网络服务（即 service network restart)命令使之生效，而在 Debian/Ubuntu 系列 Linux 中需要执行/etc/init.d/procps.sh restart 命令。

6. 设置防火墙转发规则并打开 PPTP 端口

实际上 VPN 服务器的配置到这里已经完成，但由于没有设置 Linux 防火墙 iptables 的相关转发规则，所以 VPN 客户端还是不能通过隧道虚拟 IP 地址来访问企业内部网。一般来说，VPN 服务器和 NAT(网络地址转换)服务器架设在同一台服务器上，执行下列命令可以添加 iptables 的 NAT 规则，同时打开 PPTP 默认监听的端口 1723。

```
#service iptables start                                    //启动 iptables 服务
#iptables -F -t filter
#iptables -F -t nat
#iptables -P INPUT ACCEPT
#iptables -P OUTPUT ACCEPT
#iptables -P FORWARD ACCEPT
#iptables -t nat -P PREROUTING ACCEPT
#iptables -t nat -P POSTROUTING ACCEPT
#iptables -t nat -P OUTPUT ACCEPT
#iptables -A INPUT -s 192.168.1.0/24 -j ACCEPT            //注①
#iptables -A INPUT -p tcp --dport 1723 -j ACCEPT          //注②
#iptables -A INPUT -p gre -j ACCEPT                       //注③
#iptables -t nat -A POSTROUTING -o ppp0 -s 192.168.1.0/24 -j MASQUERADE
#service iptables save                                    //保存防火墙 iptables 规则
#
```

关于 Linux 防火墙 iptables 的配置方法及命令含义可参阅项目 8 中的相关内容，这里仅对本任务相关的命令加以说明。注释为"注①"的命令表示接受 192.168.1.0/24 网段 IP 地址的主机访问，前面在 VPN 服务器主配置文件/etc/pptpd.conf 中指定 VPN 隧道使用的虚拟 IP 地址就是在该网段中的 IP 地址；注释为"注②"的命令表示打开端口 1723，这是 PPTP 服务默认使用的端口；注释为"注③"的命令表示打开 GRE(通用路由封装)协议。上述用于启动、重启 iptables 服务或者保存防火墙 iptables 规则的命令也可以使用等效的/etc/init.d/iptables start|restart|save 命令替代。

注意：保存防火墙规则其实就是把此前执行 iptables 命令所设定的那些规则保存到配置文件/etc/sysconfig/iptables 中去，使系统重启后无须再执行这些命令，直接启动 iptables 服务即可。因此也可以直接编辑/etc/sysconfig/iptables 文件，将这些规则

（命令名称 iptables 后面的参数部分）输入该文件。但如果读者只为测试 VPN 而临时建立这些规则，并不想永久保存它们，可又不希望每次重启系统或 iptables 服务后反复地去执行这些烦琐的命令，可以把这些 iptables 命令（最好前面加上绝对路径，即/sbin/iptables）组织到一个文件名如 vpn.sh 的脚本中，然后对该文件添加执行权限或设置为 777 权限，这样只要每次开机或启动 iptables 服务后执行一次脚本 vpn.sh 即可（注意因为没有把这些 iptables 规则写入其配置文件，所以重启 iptables 服务后这些规则就失效了），命令参考如下。

```
#vim vpn.sh                          //编辑脚本 vpn.sh,输入内容后保存并退出
#chmod a+x vpn.sh                    //将 vpn.sh 文件为所有用户添加执行权
#service iptables start              //启动 iptables 服务
#./vpn.sh                            //执行 vpn.sh 脚本
```

7. 启动 pptpd 服务

完成以上全部配置后，可以使用以下命令启动 pptpd 服务，或者重新加载 pptpd 服务配置，并查看 pptpd 进程监听了哪些网络端口（是否包含有端口 1723）。

```
#service pptpd start                      //启动 pptpd 服务,或者
Starting pptpd:                           [OK]
#service pptpd reload                     //重新加载 pptpd 服务配置
Warning: a pptpd restart does not terminate existing
connections, so new connections may be assigned the same IP
address and cause unexpected results. Use restart-kill to
destroy existing connections during a restart.
#netstat -anp |grep pptpd                 //查看 pptpd 监听的端口
tcp       0    0 0.0.0.0:1723    0.0.0.0:*        LISTEN      5837/pptpd
unix 2    []        DGRAM     21354    5837/pptpd
```

也可以使用下面的命令，使重新引导系统时能自动启动 pptpd 服务。

```
#chkconfig pptpd on                       //设置运行级别 2~5 下自动启动 pptpd 服务
#chkconfig --list pptpd
pptpd           0:off    1:off    2:on    3:on    4:on    5:on    6:off
#
```

7.2.2 在内网客户机上测试 VPN 连接

为验证 VPN 服务器配置的正确性，在使用客户机远程连接到 VPN 服务器之前，或者受实训条件限制而无法实现远程连接的情况下，可以先使用内网中的客户机（即与 VPN 服务器在同一网段，如 IP 为 192.168.1.20）上进行 VPN 连接测试。

由于目前的 Linux 发行版本一般都没有内置 PPTP 的支持，如果要使用 Linux 客户端拨号连接 VPN 服务器，除了需要安装 PPP 软件包外，还需要下载和安装 PPTPClient

软件包,并进行简单的配置。但所有的 Windows 版本都内置了对 PPTP 的支持,这也是架设基于 PPTP 的 VPN 服务器的优点之一。这里为方便起见,使用 Windows 客户端(以 Windows 7 为例)来测试与 VPN 服务器的连接。

1. 创建 VPN 连接并连接到 VPN 服务器

步骤 1 右击 Windows 桌面下方"任务栏"右侧托盘区中的"网络连接"图标,在弹出的快捷菜单中选择"打开网络和共享中心"命令,或者单击"控制面板"窗口中"网络和 Internet"→"网络和共享中心"链接,打开如图 7-3 所示的"网络和共享中心"窗口。

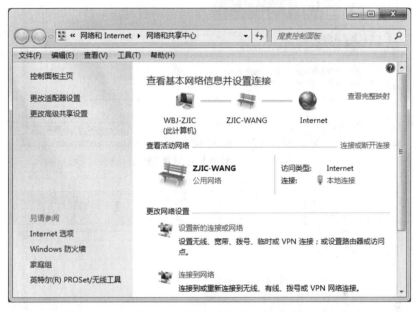

图 7-3 "网络和共享中心"窗口

步骤 2 在"网络和共享中心"窗口中单击右侧的"设置新的连接或网络"超链接,即可打开"设置连接或网络"窗口,如图 7-4 所示。要求用户选择一个连接选项,由于这里要创建的是 VPN 连接,所以选择"连接到工作区"选项。

步骤 3 单击"下一步"按钮进入"连接到工作区"窗口,如图 7-5 所示。在"使用我的 Internet 连接(VPN)"和"直接拨号"两个选项中选择前者。

步骤 4 在选择"使用我的 Internet 连接(VPN)"选项后,进入如图 7-6 所示的界面,要求用户"键入要连接的 Internet 地址"。在"Internet 地址"文本框中输入 192.168.1.2 (即 VPN 服务器 IP 地址);在"目标名称"文本框中输入 test(默认名称为"VPN 连接")。其中,目标名称将出现在"网络连接"窗口中作为连接图标的名称,实际中往往使用便于记忆的公司名称等作为连接名称,这里仅用于测试,所以使用 test。另外,如果允许这台客户机的其他用户也能使用 test 连接,可以选中下方的"允许其他人使用此连接"复选框;如果只是创建一个 VPN 连接,并不想立即连接 VPN 服务器,可以选中下方的"现在不连接;仅进行设置以便稍后连接"复选框。

图 7-4　"设置连接或网络"窗口

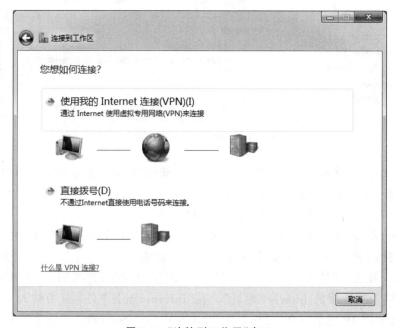

图 7-5　"连接到工作区"窗口

　　步骤 5　单击"下一步"按钮,进入如图 7-7 所示的界面,要求用户"键入您的用户名和密码"。此时在"用户名"文本框中输入 csvpn,这是在配置 VPN 服务器时创建的有拨入权限的 VPN 用户名,然后在"密码"文本框中输入该用户的密码(前面创建 csvpn 用户时为其设置的密码是 123456)。

168

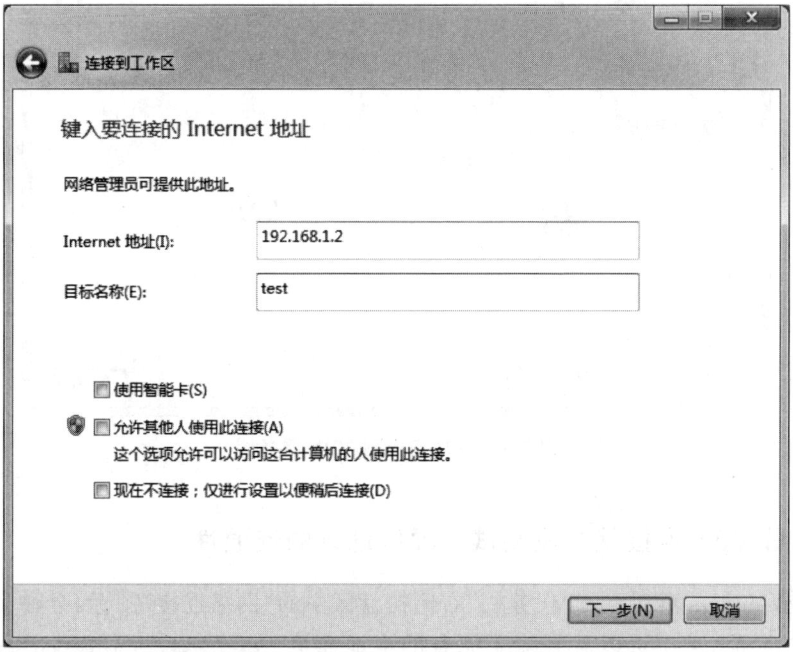

图 7-6　输入要连接的 VPN 服务器地址和目标名称

图 7-7　输入 VPN 用户名和密码

步骤 6　至此，VPN 连接已创建完成，由于步骤 4 中没有选中"现在不连接；仅进行设置以便稍后连接"复选框，所以单击"连接"按钮就会立即开始连接。经过验证用户名和密码、在网络上注册计算机之后，在"连接到工作区"向导界面上最终显示"您已经连接"，如图 7-8 所示。

在成功连接到 VPN 服务器后，单击"关闭"按钮。

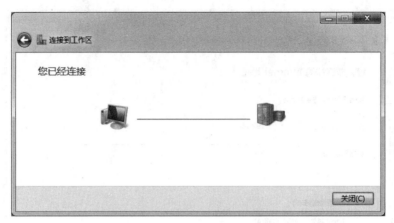

图 7-8　成功连接到 VPN 服务器

2. 查看 VPN 连接状态及测试与虚拟地址的连通性

单击 Windows 桌面下方"任务栏"右侧托盘区中的"网络连接"图标,会弹出一个显示现有连接的界面,从中可以看到除了原有的本地连接外,增加了一个 test 连接,说明已连接到 VPN 服务器,如图 7-9 所示。此时,如果在"网络和共享中心"窗口(见图 7-3)中单击左侧的"更改适配器设置"超链接,在"网络连接"窗口也可以看到已成功连接的 test 图标,如图 7-10 所示。

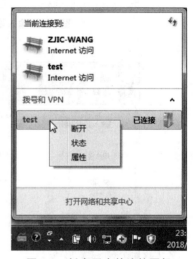

图 7-9　托盘区中的连接图标

在托盘区显示的现有连接中右击 test 连接,在弹出的快捷菜单中选择"状态"命令,或者在"网络连接"窗口中双击 test 图标,打开"test 状态"对话框,可以查看到 test 连接已发送和已接收的字节数等常规状态以及详细信息。"常规"选项卡和"详细信息"选项卡分别如图 7-11 和图 7-12 所示。从"详细信息"选项卡中可以看到,VPN 服务器端的虚拟 IP 地址为 192.168.1.221,而 VPN 客户端从前面配置的隧道 IP 地址池 192.168.1.222~192.168.1.253 范围内获得了虚拟 IP 地址 192.168.1.222,连接目标(即 VPN 服务器)地址为 192.168.1.2。

如果要断开 test 连接,可以在托盘区显示的现有连接中右击 test 连接,也可以在"网络连接"窗口中右击 test 图标,然后在弹出的快捷菜单中选择"断开"命令。断开连接后如果要重新进行 test 连接,可以在"网络连接"窗口中双击 test 图标,打开"连接 test"对话框,输入 csvpn 用户的密码后单击"连接"按钮即可,如图 7-13 所示。

在客户端连接到 VPN 服务器后,在命令提示符窗口中执行 ipconfig /all 命令,也可以查看到"PPP 适配器 test"连接的网络参数。此时如果 Ping VPN 服务器的虚拟 IP 地址 192.168.1.221,如图 7-14 所示,是可以 Ping 通的。

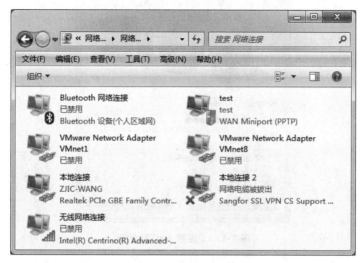

图 7-10　创建 test 连接后的"网络连接"窗口

图 7-11　"test 状态"对话框的"常规"选项卡

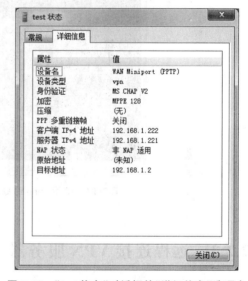

图 7-12　"test 状态"对话框的"详细信息"选项卡

注意：由于是使用与 VPN 服务器(192.168.1.2)相同网段的客户机(如 192.168.1.20)进行 VPN 连接测试，而且此前设置隧道通信双方使用的虚拟 IP 地址也是同一个网段的，所以读者可能会认为 Ping 通 192.168.1.221 并不奇怪。但是，此时在 VPN 服务器上 ping 192.168.1.222 也是能 Ping 通的，至少说明在建立 VPN 连接后，服务器和客户端都获得了指定范围内的虚拟 IP 地址，因为在进行测试的局域网内并没有 192.168.1.221 和 192.168.1.222 这两台实际机器。

图 7-13 "连接 test"对话框

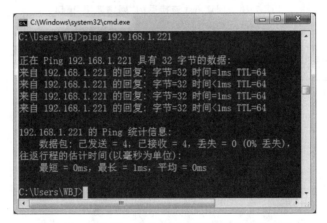

图 7-14 使用 Ping 命令测试与 VPN 服务器的连接

7.2.3 远程连接 VPN 服务器

上述在本地内网的其他计算机上连接 VPN 服务器,仅仅用于测试连接的正确性,并没有 VPN 访问的实际意义,下面介绍客户端通过 Internet 进行远程连接的方法。

1. 远程连接前的准备工作

在远程连接 VPN 服务器之前,需要做好以下两项准备工作。

(1) 获得企业内部网接入 Internet 时使用的公网 IP 地址。在本项目采用的网络架构(见图 7-2)中,新源公司每台计算机都是直接连接或通过交换机连接在一个普通的(家用)路由器上,路由器的 WAN 接口连接 ADSL Modem,所以公网 IP 地址通常是当 ADSL Modem 拨号接入 Internet 时由 ISP 自动分配的,并不是一个固定的 IP 地址。这种情况下,要得到内网接入 Internet 后所获取的公网 IP 地址,最简单的方法是使用浏览器登录路由器的管理界面(即访问网关 IP 地址: http://192.168.1.254),在"运行状态"页面的"WAN 口状态"中就可以查看到。当然也可以通过其他途径来得到公网 IP 地址,这里不再深究。

(2) 在路由器上要做一个 VPN 服务端口的映射。公司内部每个私有地址的计算机都能够共享一个 Internet 连接上网,是因为连接 ADSL Modem 的路由器中内置了 NAT(Network Address Translation,网络地址转换)服务,这种方式必须在路由器上做一个 VPN 服务端口的映射。由于本项目架设的是基于 PPTP 的 VPN 服务器,默认使用端口 1723,所以要将端口 1723 映射到 192.168.1.2 这台 VPN 服务器,如图 7-15 所示。

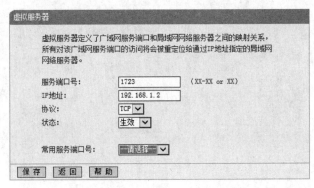

图 7-15　在路由器上将端口 1723 映射到 VPN 服务器

注意:如果是直接拨号,则无须做端口映射,只要在防火墙中打开 1723 这个端口即可。现在有些小型企业只是向 ISP 申请安装了像普通家庭一样的价格相对低廉的宽带上网,在接入 Internet 后所获取的可能还是一个私有 IP 地址(可以理解为更大的局域网内部地址),而不是公网 IP 地址,除非向 ISP 购买专线服务。这种情况下就无法架设 VPN 服务器,让客户端通过 Internet 远程访问自己的 VPN 服务器了。读者可以登录路由器的管理界面,查看"WAN 口状态"中的 IP 地址,如果该地址是 10 开头的 A 类地址、172.16~172.31 开头的 B 类地址或 192.168 开头的 C 类地址,都是属于私有 IP 地址。

2. 远程连接并测试 VPN 连接

接下来就可以在家里通过 ADSL Modem 上网的客户机上创建 VPN 连接并进行远程连接测试了。无论使用哪个版本的 Windows 客户端,创建 VPN 连接的过程与上述在内网客户端上测试时基本相同,不同的只是在要求输入连接的 Internet 地址时(见图 7-6),应输入公司内网接入 Internet 的公网 IP 地址,而不是 VPN 服务器的私有地址 192.168.1.2。

客户端成功连接 VPN 服务器后,打开命令提示符窗口,执行 ipconfig /all 命令查看所有网络连接的 IP 地址等网络参数,如图 7-16 所示。

可以看到,除了进行 VPN 连接之前本地已有的全部连接外,还增加了一个"PPP 适配器 VPN 连接",它在 VPN 连接时获取的虚拟 IP 地址为 192.168.1.222,该地址处于前面在配置 pptpd 服务时所设定的远程虚拟 IP 地址范围内。除了使用 ipconfig 命令查看计算机上某个网络连接的状态参数外,还可以使用 ping 192.168.1.221、ping 192.168.1.2 命令来测试是否能 Ping 通 VPN 服务器虚拟 IP 地址和实际内网 IP 地址,进一步验证客户端是否已成功连接 VPN 服务器。图 7-17 所示的就是 Ping 通 192.168.1.2 地址的显示结果,表明实际 IP 地址为 192.168.0.10 的远程客户端通过 VPN 连接,就能 Ping 通架设在公司内部的 VPN 服务器,虽然它们并不在同一网段。

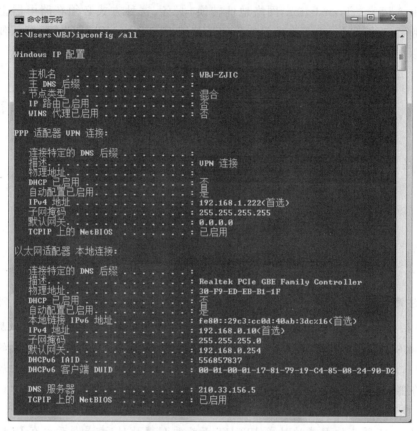

图 7-16　在远程客户端查看所有连接的网络参数

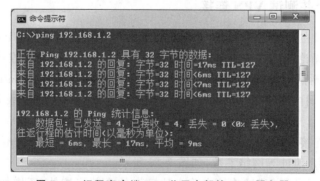

图 7-17　远程客户端 Ping 公司内部的 VPN 服务器

注意：客户端使用任何私有 IP 地址都无关紧要,这里只是为说明测试结果,按本项目的网络拓扑结构方案,假设其私有 IP 地址为 192.168.0.10。

事实上客户端 Ping 公司内网中任何一台计算机 IP 地址也均能 Ping 通。由此也说明,客户端远程连接公司的 VPN 服务器后,客户端与公司内部的计算机就像在同一个局域网中一样,可以直接通过"网上邻居"相互访问彼此共享的资源,也可以直接访问公司内部的 Web、FTP 站点或者通过公司内部的 E-mail 服务器收发邮件。读者可以试着将项目 4 中架设的公司内网站点(www2.xinyuan.com)设置为仅供内网地址访问,然后通过 VPN 连接后远程访问该站点。

注意：虚拟 IP 地址范围并不一定要设置为与 VPN 服务器在同一网段。根据企业的规模不同,有的公司可能将整个网段分配给客户机时 IP 地址就很紧张,有的公司甚至使用了多个网段。在这种情况下,虚拟 IP 地址可以设置为公司内网中使用的任何一个网段中的地址,也可以设置为一个甚至多个网段,只要公司内网的各个网段(包括虚拟 IP 地址的网段)之间的路由是连通的就可以了。另外,客户端远程连接 VPN 服务器后,要在"网上邻居"中看到对方的计算机,还必须确保双方拥有相同的工作组名,且都安装了 NetBEUI 协议。

7.3　解决 VPN 连接应用中的常见问题

虽然我们顺利完成了新源公司 VPN 服务项目的实施,但在实际进行 VPN 连接测试及应用中,由于受到诸如服务器和客户端系统以及网络环境不同等多种因素的影响,往往会遇到各种各样的问题,尤其对初学者来说遇到这些问题可能就会束手无策。这里针对实际在 VPN 连接与应用中经常出现的问题进行梳理和分析,并寻求解决方案,不作为本项目实施的工作任务,旨在提高读者分析问题和解决问题的能力。

7.3.1　解决 VPN 连接后不能访问 Internet 问题

在本项目采用的 VPN 架构中,最常遇到也最令人困惑的问题是：远程客户机原本可以正常通过 ADSL Modem 访问 Internet,但当它成功连接到 VPN 服务器后,它与公司内网之间的通信和访问完全正常,却反而无法访问 Internet 了。

事实上,不仅是在远程客户机上进行 VPN 连接时会如此,即使是在 VPN 服务器本机上进行测试时,也同样会出现这个问题。这时候,首先应该通过查看路由表来分析出现这一问题的原因。在客户端打开"命令提示符"窗口,执行 route print 命令会显示如下结果。

```
C:\>route print
...
Active Routes:
Network Destination    Netmask        Gateway         Interface       Metric
       0.0.0.0         0.0.0.0        192.168.1.222   192.168.1.222   1
       0.0.0.0         0.0.0.0        192.168.0.254   192.168.0.10    2
       127.0.0.0       255.0.0.0      127.0.0.1       127.0.0.1       1
       ...             ...            ...             ...             ...
```

在列出的活动路由（Active Routes）中，每条路由有 5 列数据，分别为目标网络（Network Destination）、网络掩码（Netmask）、网关（Gateway）、接口（Interface）和跃点数（Metric）。可以看到，此时的路由表中有两条到目标网络 0.0.0.0 的路由，其中一条是原来上网所需的本地网关 192.168.0.254，跃点数为 2；另一条是建立 VPN 连接后的网关，即客户端获取的虚拟 IP 地址 192.168.1.222，跃点数为 1。

根据路由规则，在路由条目中有多个相同目的地址路由的情况下，跃点数与优先级成反比，即跃点数越小的路由优先级越高。因此，这里对所有非本网段的访问都被转发到了VPN 网关上，而不是转发到原来的本地网关，或者说本地网关失效了，于是就出现了不能访问 Internet 的问题。

找到了问题出现的症结，就不难找出解决的办法了，可以采用以下两种方法来解决连接 VPN 后却不能访问 Internet 的问题。

1. 修改路由表

route 命令不仅可以打印（print）当前系统缓存中的活动路由，还可以添加（add）路由以及更改（change）和删除（delete）现有的路由，而且该命令在 Windows 或 Linux 系统中的使用方法基本相同。使用 route 命令修改现有路由的操作步骤如下。

步骤 1　删除接入 VPN 后增加的网关为虚拟 IP 的那条路由。

```
C:\>route delete 0.0.0.0 mask 0.0.0.0 192.168.1.222
```

步骤 2　添加一条指向 VPN 服务器所在网络的路由，由于本项目中 VPN 服务器 IP 地址为 192.168.1.2，所以只要将目的网络为 192.168.1.0 的路由指向客户端 VPN 连接时所获取的虚拟 IP 地址 192.168.1.222 即可。

```
C:\>route add 192.168.1.0 mask 255.255.255.0 192.168.1.222
```

🖱 **注意**：为了解决客户端连接 VPN 后不能访问 Internet 的问题，修改路由表只是一种临时性的解决方案，因为路由表是在客户端的缓存中自动生成的，当客户端重新建立VPN 连接后，被删除的路由又会自动产生。如果要永久性地解决这一问题，可以采用下面第二种方法。

2. 修改 VPN 连接属性

修改 VPN 连接属性的操作步骤如下。

176

步骤 1　在 Windows 桌面上右击"网络"图标,在弹出的快捷菜单中选择"属性"命令;或者右击桌面下方"任务栏"右侧托盘区中的"网络连接"图标,在弹出的快捷菜单中选择"打开网络和共享中心"命令;或者打开"控制面板"窗口,单击"网络和 Internet"→"网络和共享中心"超链接。这三种方法都可以打开"网络和共享中心"窗口(见图 7-3)。然后,单击左侧的"管理网络连接"链接,打开"网络连接"窗口,右击 test 连接图标,在弹出的快捷菜单中选择"属性"命令,打开"test 属性"对话框并切换到"网络"选项卡,如图 7-18 所示。

步骤 2　在"此连接使用下列项目"列表中双击"Internet 协议版本 4(TCP/IPv4)"选项,打开"Internet 协议版本 4(TCP/IPv4)属性"对话框。单击"高级"按钮,打开"高级 TCP/IP 设置"对话框。在"IP 设置"选项卡中,清除"在远程网络上使用默认网关"复选框(默认被选中),如图 7-19 所示。

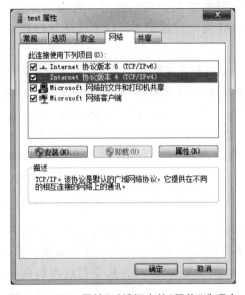
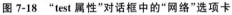

图 7-18　"test 属性"对话框中的"网络"选项卡

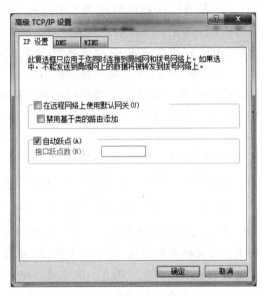

图 7-19　"高级 TCP/IP 设置"对话框

步骤 3　连续三次单击"确定"按钮关闭各个对话框。将 test 连接断开并重新进行连接后,客户端不仅能正常访问公司内网,也能正常访问 Internet 了。此时,如果客户端使用 route print 命令查看路由表,就会发现只有一条目标网络为 0.0.0.0 的、指向本地网关 192.168.0.254 的路由了。

7.3.2　排查与解决 VPN 连接中的常见错误

在完成 VPN 服务器的配置后,实际使用客户端进行 VPN 连接时可能会出现各种各样的错误,系统会以不同的错误代码报告给用户。本书不可能囊括几百种 VPN 错误代码,下面仅列举最常见的几种错误,并给出相应的解决方法。通过学习这几种典型错误的分析与排查方法,读者能够触类旁通,解决实际中遇到的各种 VPN 连接错误。

1. 代码 800 错误及其排查与解决

800 错误是指不能建立 VPN 连接,即 VPN 服务器可能无法到达,或者此连接的安全参数没有正确配置。这是客户端进行 VPN 连接测试时经常出现的一种错误提示,其原因也非常复杂,VPN 服务器或客户端设置上的问题都有可能导致 800 错误。

从 VPN 服务器方面来说,很有可能是 Linux 防火墙 iptables 设置上的问题,如没有开启 VPN 服务器内网网段或隧道 IP 地址段的 NAT 转发,或者没有打开 PPTP 的监听端口(默认为 1723),甚至也可能根本没有启动 pptpd 服务。如果是连接测试自己配置的 VPN 服务器,则应该对照 7.2 节的项目实施步骤仔细检查每个步骤的配置及服务开启;但如果在连接一个日常使用的 VPN 服务器时提示 800 错误,则应该检查 VPN 客户端的设置是否存在问题,主要从以下几个方面进行排查。

(1) 检查所在的网络是否与要连接的 VPN 服务器有正确的通道。有两个方面:①检查客户端的网络是否能连通;②如果在 VPN 连接中设置的 Internet 地址是目标主机的 IP 地址,则应检查 IP 地址是否正确。

(2) 如果在 VPN 连接中设置的 Internet 地址是目标主机的域名地址,则很可能是客户端使用的 DNS 服务器无法解析或者繁忙而引起的临时性故障,特别是连接国外的一些 VPN 服务器时比较容易出现这种情况。此时可运行 cmd 打开命令提示符窗口,执行 ipconfig /flushdns 命令来清除现有的 DNS 缓存,也可重新设置客户端的 DNS 服务器地址,把首选 DNS 和备选 DNS 分别修改为 8.8.8.8 和 8.8.4.4(Google 的免费 DNS 服务器),或者修改为 208.67.222.222 和 208.67.220.220(Open DNS),然后再尝试 VPN 连接。

注意:与大多数可以通过 Internet 访问的 VPN 服务器一样,作为企业内部的 VPN 服务器最好也配置一个域名。这样做的好处是,客户端创建 VPN 连接时可以使用域名作为目标主机的地址,因为 VPN 服务器通常需要定期维护,其 IP 地址可能会改变,但域名一般不会改变。还有一点需要注意,这里分析的是连接 VPN 服务器时所出现的 800 错误,与前面讨论的连接 VPN 后不能访问 Internet 是两个不同的问题。后者除了因建立 VPN 连接后增加了一条跃点数更小的路由而导致外,还有一种情况(特别是连接到国外的 VPN 时)可能是 QQ 提示在国外登录,却无法打开一些国外的网站,或者速度很慢。这种情况多数也是 DNS 解析的问题,由客户端自己来修改 DNS 服务器地址当然是解决方法之一,但在为企业配置 VPN 服务器时,为了使它具有更好的适应性,可以在 PPP 选项文件/etc/ppp/options.pptpd 中去掉默认两个 ms-dns 实例行首的"#"号注释,并把它后面的 IP 地址改为 Google 的两个免费 DNS 服务器(8.8.8.8 和 8.8.4.4)或者其他有效的 DNS 服务器地址。

(3) 由于客户端配置异常而造成无法连接 VPN 服务器。这种情况不一定是因为用户做了配置上的修改,也可能是系统内部出现异常(如注册表信息),这往往在 Windows 系统中较为多见,通常的处理方法是打开"网络连接"窗口,删除原来的 VPN 连接配置,重新建立一个新的 VPN 连接,再进行 VPN 连接。

(4) 检查 VPN 连接的安全参数与配置要求是否一致。可能防火墙规则设置过于严格导致无法对外进行连接,可以调整或关闭所有防火墙再进行尝试。

(5) 对于安装有家庭网关的用户,建议重启家庭网关设备。

2. 代码 619 错误及其排查与解决

619 错误是无法连接到指定的服务器,用于此连接的端口已关闭。从 VPN 服务器配置上来说,应重点检查 Linux 防火墙 iptables 的设置,是否已打开 PPTP 默认监听的端口 1723。如果客户机通过家庭宽带路由器、公司的网关路由器或防火墙连接上网,则很可能是这些 Internet 网关设备的问题,应从以下几个方面来检查和解决。

(1) 首先把路由器的 DMZ 设置为主机内网 IP 地址进行尝试,然后通过"网络连接"窗口打开 VPN 连接的属性对话框,在"安全"选项卡中把 VPN 类型(默认为自动)改为"点对点隧道协议(PPTP)",如图 7-20 所示,再尝试 VPN 连接是否正常。

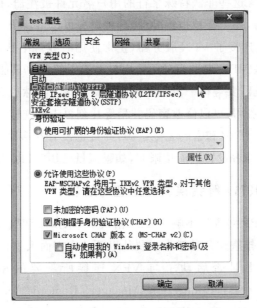

图 7-20　"test 属性"对话框中的"安全"选项卡

(2) 检查 Internet 网关设备是否关闭了 NAT-T 功能,可以打开网关路由的 NAT-T 功能再进行 VPN 连接。如果还是出错,可以换个网络环境进行测试,若是在其他网络环境下可以连接,则很可能网关路由设备对 VPN 的支持不好,主要是对 GRE 和 PPTP 协议的 NAT-T 不支持,此时需要更换网关设备,现在市面上大多数设备都已经支持。

(3) 客户机使用 PPTP 模式连接 VPN 服务器,需要开启 TCP 的端口 47 和 1723。如果使用 L2TP 模式连接 VPN,则需要开启 UDP 的端口 500、1701 和 4500,因为客户机连接的路由器、防火墙以及安装的防火墙软件都不能屏蔽相应的这些端口。

3. 代码 691 错误及其排查与解决

691 错误是由于域中的用户名或密码无效而被拒绝访问引起的。因此,从 VPN 服务器配置方面来说,应重点从以下两个方面来进行检查。

（1）安全验证文件/etc/ppp/chap-secrets 中设置 VPN 用户的配置行是否正确，包括用户名、服务名称、密码和隧道 IP 地址等，特别要注意的是 VPN 用户名和密码要加引号。

（2）在 VPN 服务器主配置文件/etc/pptpd.conf 中，可能使用 connections 选项设置了限制可被接受的客户端连接数量，应检查限制的连接数会不会太小。

从 VPN 客户机方面来说，主要从以下几个方面进行检查。

（1）核对 VPN 用户名和密码是否输入正确。有些用户可能因为设置的 VPN 用户名和密码比较复杂，输入时要特别注意字母的大小写、小键盘上的数字锁定键有无开启等；有些用户则习惯使用复制、粘贴来输入，则应注意不要复制到空格。

（2）如果是新注册的 VPN 账户，还应注意用户名中是否含有非法的特殊字符（如引号、冒号等），因为即使含这些非法特殊字符的用户名允许被注册，但是由于 VPN 服务器不能识别这些特殊字符，还是会被拒绝验证，这种情况可以再注册一个账户重试。

（3）有时候客户机连接了 VPN 服务器，正常使用时异常中断也会提示 691 错误，这种情况往往是因为某些 VPN 提供商对免费用户设置了的账户只能在一个客户端上连接使用，一旦异常断开，就需要等待一段时间才能重新连接。当然也有可能你的账户在别的客户端上登录，或者被盗用，可以修改密码并稍等片刻再尝试连接。

（4）在确定 VPN 用户名和密码完全正确，并且也没有在多个客户端登录的情况下，则应检查 VPN 提供商是否设置了流量限制，如果流量已用完，也会提示 691 错误。

4. 代码 721、720、711 等错误及其排查与解决

721 错误是远程 PPP 对等机不响应；720 错误是未配置 PPP 控制协议；而 711 错误是 RasMan 初始化失败。排查这几种错误主要从以下几个方面入手。

（1）检查客户机上是否启动了与 VPN 连接所需要的相关服务，主要包括：Telephony、Remote Access Connection Manager、Remote Access Auto Connection Manager、Remote Procedure Call (RPC) Locator 和 Network Connections 5 个服务。在 Windows 系统中对于任何服务，启动或设置启动类型的方法都是一样的，所以这里仅以 Telephony 服务为例来说明。右击桌面上的"计算机"图标，在弹出的快捷菜单中选择"管理"命令，打开"计算机管理"窗口。在左窗格中选择"服务和应用程序"→"服务"，此时在中间的窗格就会列出本地计算机的所有服务，找到需要设置的 Telephony 服务，可以看到其状态为空白（即未启动），启动类型为"手动"。在右击该服务所弹出的快捷菜单中选择"启动"命令即可启动该服务，如图 7-21 所示。但这只是临时启动服务，如果要让此服务随系统引导而自动启动，则需要修改它的启动类型。双击需要设置的服务项，或选择右击弹出的快捷菜单中的"属性"命令打开该服务的属性对话框。在"常规"选项卡的"启动类型"下拉列表框中选择"自动"选项，如图 7-22 所示，单击"确定"按钮。

（2）检查客户端上网使用的路由器安全设置，主要是防火墙和 VPN 两个方面。使用浏览器登录路由器的管理界面（通常可以在路由器的外标签上查看到默认访问地址，大多

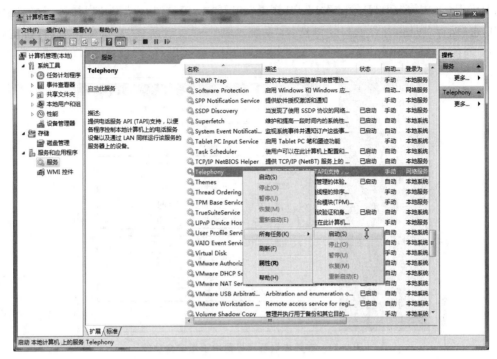

图 7-21　在"计算机管理"窗口的"服务"列表中启动选定的服务

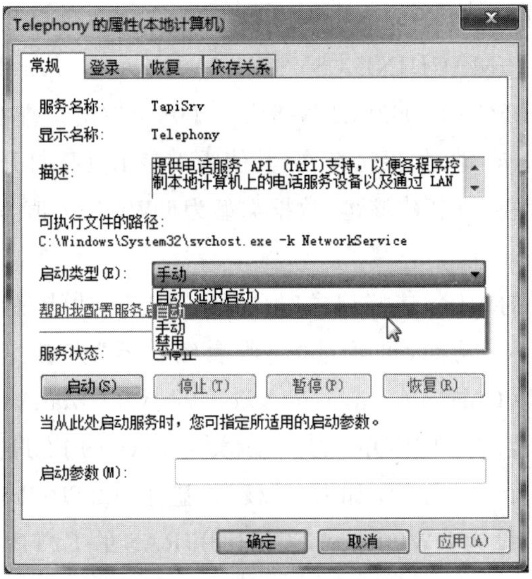

图 7-22　设置服务自动启动

数品牌的路由器为 http://192.168.1.1 或 http://192.168.0.1)。图 7-23 所示的是一款 TP-LINK 路由器的管理界面,在窗口左侧选择"安全功能"→"安全设置",然后在右侧显示的"状态检测防火墙(SPI)"区域中将"SPI 防火墙"设置为"不启用",在"虚拟专用网络

（VPN)"区域中将"PPTP 穿透""L2TP 穿透"和"IPSec 穿透"均设置为"启用"。设置完成后单击"保存"按钮，并在窗口左侧选择"系统工具"→"重启系统"来重启路由器，再进行 VPN 的连接。

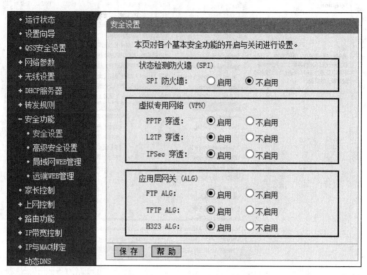

图 7-23　在路由器管理界面中设置安全功能

（3）如果客户机使用的还是早期的 Windows XP 系统，并且安装了 SP2，出现 721 错误还可能是 WAN 端口配置上的问题。可以运行 regedit 命令打开"注册表编辑器"窗口，找到 HKEY_LOCAL_MACHINE\SYSTEM\CurrentControlSet\Control\Class\{4D36E972-325-11CE-BFC1-08O02bE10318}\＜000x＞主键。查看＜000x＞主键中是否包含一个 ValidateAddress 键，如果已存在，其值为 1 表示处于打开状态，将其值改为 0 表示关闭即可。如果不存在，则新建该键，数据类型为 DWORD，值为 0。然后重启系统，再进行 VPN 连接。

（4）在发起 PPTP 的 VPN 连接请求时应禁止 IPSec 功能，但某些版本的 Windows 系统中默认启动了 IPSec 功能，可通过"注册表编辑器"窗口找到［HKEY_LOCAL_MACHINE\SYSTEM\CurrentControlSet\Services\RasMan\Parameters］主键中的 ProhibitIPSec 键，将其值改为 DWORD：1，表示关闭 RAS 的 L2TP/IPSec 功能（如该键不存在，则可以新建一个）。当然，如果要使用基于 L2TP/IPSec 的 VPN 连接，则 ProhibitIPSec 键的值应设为 DWORD：0，表示使用 RAS 的 L2TP IPSec 功能。

注意：从客户机这一方来说，VPN 相关服务开启情况和路由器安全设置上的检查实际上也是常规性的两项检查，并不只针对 721、720、711 错误，如前面提到的 619、800 等很多 VPN 连接上的错误都可以作为排查因素之一。最后两处对 Windows 注册表的修改也不一定是解决这几种 VPN 错误的方法，只是将它作为排查问题的思路提供给读者。

小 结

虚拟专用网络(VPN)是一种利用公共网络来构建私人专用网络的技术,也是一条穿越公用网络的安全、稳定的隧道。它通过对网络数据的封包和加密传输,实现了在公用网络上安全传输私有数据的目的,从而使企业内部网扩展到世界上的任何一个角落。VPN客户端与服务器之间必须使用同样的隧道协议,目前常用的隧道协议有第二层隧道协议PPTP 和 L2TP,以及第三层隧道协议 IPSec 等。其中,PPTP 和 L2TP 都是对 PPP 帧进行再次封装,以便能通过公网到达目的地,再解除封装而还原成 PPP 帧。在 PPP 通信时往往还需要对连接用户的身份进行验证,以防止非法用户进行 PPP 连接,常用于身份验证的协议有 PAP、CHAP 和 EAP 等。

为了实现企业总部和异地分支机构之间的协同办公,通常可以在企业总部内部网中架设 VPN 服务器,异地分支机构借助 Internet 与总部的 VPN 服务器建立一条安全隧道,就可以直接通过"网上邻居"相互访问彼此共享的资源,也可以直接访问那些仅供企业内部访问的 Web、FTP 等资源,或者通过企业内部的 E-mail 服务器收发邮件。

客户端与 VPN 服务器建立 VPN 连接,其实就是使客户端与 VPN 服务器都得到一个处于同一网段的虚拟 IP 地址。在 Linux 系统中,Poptop 是目前使用较多的、基于PPTP 点对点隧道协议开发的 VPN 服务器软件。要使 Poptop 正常工作,除了需要pptpd 这一重要程序外,还需要安装 PPP 软件包、dkms 动态内核模块支持软件包和MPPE 加密协议的内核补丁软件包。配置基于 PPTP 的 VPN 服务器主要工作有:①合理规划并设置隧道通信双方在建立 VPN 连接时自动获取的虚拟 IP 地址段,这是通过设置主配置文件/etc/pptpd.conf 中的 localip 和 remoteip 选项来实现的;②创建有接入权限的用户,使客户端能以合法的用户身份登录到 VPN 服务器,这是通过对 PPP 选项文件/etc/ppp/options.pptpd 和安全验证文件/etc/ppp/chap-secrets 的设置来完成的。

客户端在创建 VPN 连接并成功连接 VPN 服务器后,可以在 VPN 连接状态信息中查看到所获取的虚拟 IP 地址,也可以通过命令(Windows 客户端使用 ipconfig,Linux 客户端使用 ifconfig)来查看 VPN 连接的虚拟 IP 地址,还可以使用 Ping 对方虚拟 IP 地址的方法来测试 VPN 连接是否成功。

习 题

一、简答题

1. 什么是 VPN?

2. 采用 VPN 方式实现企业总部和各分公司之间的异地组网有哪些优越性?

3. 列举常用的 VPN 隧道协议和身份验证方式。

4. 当客户端与远程 VPN 服务器建立连接后,客户端与远程 VPN 服务器所在的内部网络之间为什么能够像在同一个局域网中一样?

5. 当异地分支机构的远程客户端与企业总部的 VPN 服务器建立连接后,客户端可以通过哪些途径访问企业总部内网中的资源?

6. 配置基于 PPTP 的 VPN 服务器需要安装哪些软件包? 如何检查它们的兼容性?

7. 在配置基于 PPTP 协议的 VPN 服务器过程中,为什么需要设置虚拟 IP 地址段? 通过哪个文件中的什么选项来进行设置?

8. 当客户端与远程 VPN 服务器建立连接后,如何通过命令来检查 VPN 连接是否成功?

二、训练题

盛达电子公司目前尚未在异地开设分公司,但希望员工在家里或者在外地出差时也能使用 VPN 方式通过 Internet 访问公司的内部网站。为此,需要在公司内网已架设 DNS 服务和内部 Web 站点的服务器上架设 VPN 服务器。该服务器使用 CentOS 系统, IP 地址为 192.168.3.1,并且在公司网络的 IP 地址规划时,已经把 192.168.3.221~192. 168.3.253 地址段保留给 VPN 作为虚拟 IP 地址使用。

(1) 按上述需求,在 CentOS 系统中完成基于 PPTP 的 VPN 服务器配置。其中,有接入权限的用户暂时只须创建 vpnwjm 和 vpnchf 两个。

(2) 在 Windows 7 客户机上创建一个 VPN 连接,并连接到公司内网的 VPN 服务器。

(3) 在客户机上使用 ifconfig 命令查看通过 VPN 连接获取的虚拟 IP 地址,并使用 ping 命令验证 VPN 连接是否成功。

(4) 按附录 C 中简化的项目文档撰写 VPN 服务器配置与管理项目实施报告。

项目 8 CA 及安全 Web 服务配置

能力目标

- 能根据企业信息化建设项目总体规划设计 CA 及安全 Web 服务方案。
- 能在 Linux 平台下正确安装、配置和管理 CA 服务。
- 能在 Linux 平台下正确配置基于 SSL 的安全 Web 服务。
- 掌握 Linux 防火墙 iptables 的基本配置与应用。

知识要点

- HTTP 的安全问题以及基于 SSL/TLS 的 HTTPS 加密与验证机制。
- CA、数字证书、PKI 等基本概念。
- 防火墙的作用以及包过滤防火墙 iptables 的工作原理。

8.1 知识预备与方案设计

8.1.1 基于 SSL 协议的 HTTPS 概述

1. 纯文本 HTTP 的安全问题

通过项目 4 的实施,很容易就为新源公司在同一台服务器上架设了 4 个不同用途的普通 Web 站点。这里之所以说"普通",是因为这些 Web 站点和人们日常访问的多数网站一样,都基于纯文本的 HTTP。正如其名称所暗示的,纯文本协议不会对传输中的数据进行任何形式的加密和验证,因此在安全方面存在着重大缺陷。

(1) 通信使用明文(不加密),内容可能会被窃听。在基于 TCP/IP 的 Internet 上,世界任何一个角落的服务器与客户端间通信时,数据所经过的各种网络设备、通信线路和计算机等都不可能是个人的私有物,任何一个环节都有可能遭到恶意窥视。窃听相同段上的通信并非难事,只须收集在互联网上流动的数据包(帧)就行了,对这些数据包的解析工作可交给抓包(Packet Capture)或嗅探器(Sniffer)等工具来完成。HTTP 本身不具备加密的功能,所以无法做到对通信整体(使用 HTTP 通信的请求和响应内容)进行加密,也就是说 HTTP 报文都使用明文方式传送。

(2) 不验证通信方的身份,因此有可能遭遇伪装。HTTP 中的请求和响应都不会对通信方进行确认,任何人都可以发起 HTTP 请求,Web 服务器接收到请求后,只要发送端的 IP 地址和端口号没有被设定为限制访问,不管请求来自何方、出自谁手,都会返回一个响应,这就很容易受到中间人的攻击(Man-In-The-Middle attack,MITM)。这种攻击方式就是"中间人"冒充真正的服务器接收你传给服务器的数据,然后再冒充你把数据传给真正的服务器,或者说 Web 服务器和客户端都有可能是"中间人"伪装的。不仅如此,Web 服务器也无法阻止海量请求下的 DoS(Denial of Service,拒绝服务)攻击,因为即使是毫无意义的请求,服务器也会"照单全收"。

(3) 无法证明报文的完整性,所以可能已遭篡改。由于 HTTP 无法证明通信的报文完整性,所以在请求或响应送出之后直到对方接收之前的这段时间内,如果遭到了"中间人"的攻击,服务器和你之间传送的数据被"中间人"一转手做了手脚(请求或响应的内容被篡改),也没有任何办法获悉,即无法确认发出的请求和响应与接收到的请求和响应是前后一致的,这就会出现很严重的安全问题。例如,你从某个 Web 网站下载内容,很可能在传输途中已经被篡改为其他的内容,而你作为接收方却浑然不知。

2. 确保 Web 安全的 HTTPS

为了统一解决 HTTP 使用明文传输造成数据容易被窃听、没有验证造成身份容易被伪装进而数据被篡改等安全问题,人们在 HTTP 基础上加入加密处理和身份验证等机制,这就是 HTTPS(HTTP Secure)。

HTTPS 并非应用层的一种新协议,只是把 HTTP 通信接口部分用 SSL(Secure Socket Layer,安全套接层)或 TLS(Transport Layer Security,传输层安全)协议代替而已。SSL 技术最初由浏览器开发商网景通信公司率先倡导,但由于所开发的 SSL 1.0 和 SSL 2.0 都被发现存在问题,所以很多浏览器直接抛弃了该版本的协议。后来由 IETF(Internet Engineering Task Force,Internet 工程任务组)主导开发了当前主流的 SSL 3.0 协议版本,并以此为基准进一步制定了同样成为主流的 TLS 1.0、TLS 1.1 和 TLS 1.2。正因为 TSL 是以 SSL 为原型开发的协议,所以有时会统一称为 SSL。

其实 HTTPS 就是身披 SSL 协议这层外壳的 HTTP。通常,应用层 HTTP 是直接和 TCP 通信的,而结合 SSL 后演变成 HTTP 先和 SSL 通信,再由 SSL 和 TCP 通信。这一通信过程中 SSL 提供了验证、加密处理及摘要功能,使 HTTP 拥有了 HTTPS 可以验明对方身份以及防止被窃听和篡改的功效。

注意:SSL 是独立于 HTTP 的协议,也是目前应用最为广泛的网络安全技术。它不仅是运用于与 HTTP 结合,其他运行在应用层的 SMTP 和 Telnet 等协议都可以配合 SSL 协议使用。实际中对于一些只读类型的网站,由于用户只能读取内容,并没有实际提交任何信息,则纯文本通信的 HTTP 仍然是一种更高效的选择,因为加密通信的 HTTPS 会消耗更多的 CPU 及内存资源。但对于那些保存敏感信息的网站,如用户需要登录来获得网站服务的页面、需要输入信用卡信息进行结算的购物页面等,则必须使用 HTTPS 通信。在访问支持 HTTPS 的 Web 站点时,浏览器地址栏内 URL 的开头不再使用"http://",而是改用"https://",并且在访问有效时,地址栏内会出现一个带锁的标记(其显示方式会因浏览器的不同而有所不同)。

3. HTTPS 的加密机制

在介绍 HTTPS 的加密机制之前,首先介绍加密和解密方法。近代的加密方法中,加密算法是公开的,而密钥是保密的,所以保持了加密方法的安全性。加密和解密使用同一个密钥的加密方法称为共享密钥加密,也称为对称密钥加密。

很显然,加密和解密都要用到密钥,没有密钥就无法对加密过的密文进行解密。但是反过来说,任何人只要持有密钥就能解密了。于是,以共享密钥方式加密通信时就产生了一个令人困惑的难题,如果不把密钥发送给对方,对方就无法对收到的密文进行解密,因此必须把密钥也发送给对方,可是在互联网上转发密钥时如果通信被监听,那么密钥就可能会落入攻击者之手,也就失去了加密的意义(试想,密钥若能安全发送,数据也同样能安全送达了)。图 8-1 形象地描述了以共享密钥方式加密通信的这一困境。

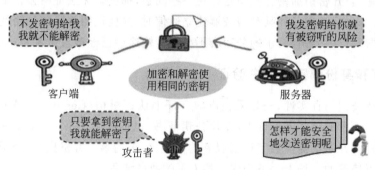

图 8-1　以共享密钥方式加密通信的困境

SSL 采用了一种叫作公开密钥加密(Public Key Cryptography)的加密处理方式,走出了共享密钥加密的困境。公开密钥加密使用一对"非对称"的密钥,一把叫作私有密钥(Private Key,简称私钥);另一把叫作公开密钥(Public Key,简称公钥)。顾名思义,私钥不能让其他任何人知道,而公钥则可以随意发布,任何人都可以获得,他们是配对的一套密钥。使用公开密钥方式加密通信的过程如图 8-2 所示,发送密文的一方使用对方的公钥进行加密处理,对方收到被加密的信息后,再使用自己的私钥进行解密。

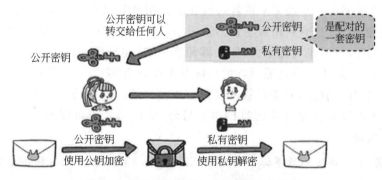

图 8-2　使用公开密钥方式加密通信的过程

由此可见，使用公开密钥加密方式不需要发送用来解密的私钥，也就不必担心密钥被攻击者窃听。但是，与共享密钥加密方式相比，公开密钥加密的处理更加复杂，如果Web 服务器和客户端之间的所有通信全部使用公开密钥加密方式来实现，则处理效率会进一步降低，速度会变得更慢。为此，HTTPS 采用共享密钥加密和公开密钥加密两者并用的混合加密机制，先使用公开密钥加密方式来交换密钥，在确保密钥安全的前提下，再使用共享密钥加密方式进行报文的交换，这就充分利用了两种加密方法各自的优势。

注意：无论采用何种加密方式，加密后的通信内容照样也会被攻击者窃听，这点与传输未加密的明文是相同的，只是说即使攻击者窥视到加密的通信内容，也难以破解报文信息的含义。另外，在公开密钥加密通信方式中，要想根据密文和公钥将信息恢复到原文，就目前的技术而言还是异常困难的。

遗憾的是，公开密钥加密方式还是存在一些问题，那就是无法证明公钥本身就是货真价实的公钥。比如，正准备和某台服务器建立通信时，如何证明收到的公钥就是原本预想的那台服务器发行的公钥，真正的公钥会不会在传输途中已经被攻击者替换掉了？

4. 公钥和身份绑定的证书验证

为了确认公钥的真实性，SSL 采用由数字证书认证机构（Certificate Authority，CA）及其相关机关颁发的公开密钥证书，简称公钥证书，也称数字证书或简称证书。CA 是专门负责为各种验证需求提供数字证书服务的权威、公正的第三方机构，并处客户端与服务器双方都可信赖的立场上。下面先介绍 CA 的业务流程。

首先由服务器的运营人员向 CA 提出公钥申请，CA 在验明提出申请者的身份之后，会对已申请的公钥做数字签名，然后分配这个已签名的公钥，并将它放入公钥证书后绑定在一起。服务器会将这份由 CA 颁发的公钥证书发送给客户端，以进行公钥加密方式通信。接到证书的客户端可使用 CA 的公钥对那张证书上的数字签名进行验证，客户端一旦验证通过就可以确认：服务器的公钥是值得信赖的，其 CA 是真实有效的。但在这一流程中，CA 的公钥必须安全地转交给客户端，而使用网络通信方式时很难保证。为此，大多数浏览器开发商发布版本时，会事先在内部植入常用 CA 的公钥。

由于数字证书是一个经 CA 签名的包含了公钥及其拥有者身份信息的文件，所以基于 SSL 功能的 HTTPS 利用数字证书这一手段，不仅确保了公开密钥加密方式通信中公钥的真实性，同时也对通信方（服务器和客户端）的身份进行了验证。通过确认通信方持有的证书，就可以确认通信方的实际存在以及真实意图，使那些蓄意攻击的"中间人"难以伪装和假冒，从而难以篡改服务器和客户端之间的请求或响应信息，因为伪造证书从技术角度来说是非常困难的事。另外，从使用者的角度来说，也降低了个人信息泄露的风险。

注意：CA 颁发的数字证书均遵循 X.509 V3 标准，该标准在编排公钥密码格式方面已被广泛接受。要架设支持 HTTPS 的 Web 服务器，第一要务就是获得数字证书。对于全球性的商业网站，数字证书建议从 VeriSign（威瑞信）等值得信赖的国际知名证书颁发机构购买,这可以增强网站服务的信誉度。除此之外,数字证书还可以通过两种途径免费获得,一种是采用自签名证书,适用于以测试为目的的网站,或者用户之间相互信任的个人项目网站;另一种是向以社区为基础的验证供应商(如 StartSSL 等)申请获得,但建议只用于对安全性要求不高的个人项目网站。

综上所述,HTTPS 就是基于 SSL 协议所提供的加密通信、身份验证以及完整性保护之后的 HTTP,解决了纯文本协议 HTTP 所存在的安全问题。最后,再介绍一个概念,就是公钥基础设施(Public Key Infrastructure,PKI)。PKI 是一种遵循既定标准的密钥管理平台,它能够为所有网络应用提供数据加密和数字签名(身份验证)等服务,以及所必需的密钥和证书管理体系。简单地说,PKI 就是利用公钥理论和技术建立的提供安全服务的基础设施,主要包括 3 个部分:认证机构和数字证书库,密钥备份、恢复系统和证书吊销系统,PKI 应用接口系统。PKI 技术是信息安全技术的核心,也是目前电子商务、电子政务、网上金融业务以及企业网络安全等系统最关键和基础的技术。

注意:PKI 既不是一个协议,也不是一个软件,它是一个标准,在此标准之下发展出的所有提供公钥加密和数字签名服务的系统都称为 PKI 系统。因此,PKI 并不仅仅是应用于本项目讨论的基于 SSL 的安全 Web 服务(即 HTTPS),基于 SET 的电子交易系统、基于 S/MIME 的安全电子邮件系统以及智能卡和 VPN 的安全验证等都是 PKI 应用的典型案例。

5. OpenSSL 简介

在 Linux 系统中,要配置基于 SSL 的安全 Web 站点,需要使用 openssl 和 mod_ssl 两个软件模块。OpenSSL 是一个开放源代码的基于 SSL 协议的产品实现,它采用 C 语言作为开发语言,支持 Linux、UNIX、Windows、Mac OS 和 VMS 等多种平台。OpenSSL 最早的版本于 1995 年发布,1998 年后由 OpenSSL 项目组维护和开发。目前,OpenSSL 已经得到了广泛的应用,许多软件中的安全部分都使用了 OpenSSL 库,如 VOIP 的 OpenH323 协议、Apache、Linux 安全模块等。

虽然 OpenSSL 使用 SSL 作为其名字的重要组成部分,但其实现的功能却远远超出了 SSL 协议本身,它包括了密码算法库、SSL 协议库和应用程序库 3 部分。

(1) 密码算法库。这是 OpenSSL 的基础部分,实现了目前大部分主流的密码算法和标准,主要包括公开密钥算法、对称加密算法、散列函数算法、X509 数字证书标准、PKCS12、PKCS7 等标准。OpenSSL 的 SSL 协议部分和应用程序部分都是基于这个库开发的。

(2) SSL 协议库。这部分是在密码算法库基础上实现的,并封装了 SSL 协议的 3 个版本和 TLS 协议,使用该库完全可以建立一个 SSL 服务器和 SSL 客户端。

(3) 应用程序库。这是 OpenSSL 最生动的部分,也是 OpenSSL 使用入门部分,它基于上述的密码算法库和 SSL 协议库实现了很多实用和范例性的应用程序,覆盖了众多的密码学应用。

8.1.2 设计 CA 及安全 Web 服务方案

1. 项目需求分析

由于新源公司对外的 Web 站点具有电子商务功能,为保证 Web 交易等多方面的安全需求,利用 PKI 技术,将该站点架设为基于 SSL 服务的 Web 站点,依靠数字证书实现身份验证和数据加密,确保信息传递的安全性。

2. 设计网络拓扑结构

按照新源公司网络信息服务项目的总体规划,CA 及安全 Web 服务项目的网络拓扑结构如图 8-3 所示。

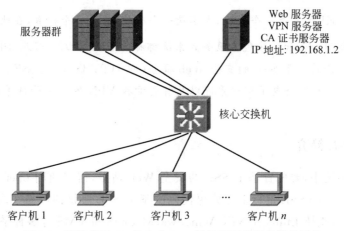

图 8-3 新源公司 CA 及安全 Web 服务项目的网络拓扑结构

由于新源公司数字证书服务主要应用于架设基于 SSL 服务的 Web 站点,同时考虑到实验环境和条件的限制,CA 证书服务器与 Web、VPN 服务器都架设在 IP 地址为 192.168.1.2、服务器域名为 www.xinyuan.com 的同一台计算机上。

8.2 基于 SSL 的安全 Web 服务项目实施

数字证书除了可以从一些权威、可信赖的第三方知名证书颁发机构购买之外,还可以采用自签名证书或者从一些社区认证供应商处免费获得。由于本项目只是作为基于 SSL 协议的安全 Web 服务的配置与测试,或者用于新源公司可信任的客户访问的 HTTPS 网站,所以采用不需要花钱购买的自签名证书,这就需要首先搭建自己的 CA 证书服务器,然后向新源公司的 Web 服务器颁发证书。

8.2.1　搭建 CA 证书服务器

1. 检查并安装所需的软件模块

本项目是将项目 4 中为新源公司架设的外网 Web 站点设置为基于 SSL 的安全 Web 站点,依靠数字证书实现身份验证和数据加密,确保信息传递的安全性。因此,在架设 Web 服务器的 Linux 系统中,需要使用 openssl 和 mod_ssl 两个软件模块,可通过以下命令来检查这两个软件模块是否被安装。

```
#rpm -qa|grep openssl                    //检查是否已安装 openssl 模块
openssl-devel-1.0.1e-15.el6.i686
krb5-pkinit-openssl-1.10.3-10.el6_4.6.i686
openssl098e-0.9.8e-17.el6.centos.2.i686
openssl-1.0.1e-15.el6.i686
#rpm -qa|grep mod_ssl                    //检查是否已安装 mod_ssl 模块
mod_ssl-2.2.15-29.el6.centos.i686
```

有上述显示则表明 openssl 和 mod_ssl 两个软件模块已被完整安装。如果命令执行后无任何软件包显示或缺少软件包,则可以通过 CentOS 的安装光盘或 U 盘使用 rpm 命令进行安装,也可以在联网情况下使用 yum 命令进行安装,其方法和步骤这里不赘述。

2. 修改 OpenSSL 主配置文件

步骤 1　首先将 OpenSSL 的主配置文件/etc/pki/tls/openssl.cnf 进行备份;然后用 vi/vim 编辑器打开该配置文件,找到 CA_default 节的内容,其原始配置如下。

```
#cd /etc/pki/tls
#cp openssl.cnf openssl.cnf.bak          //备份 OpenSSL 主配置文件
#vim openssl.cnf                         //编辑 OpenSSL 主配置文件
...
####################################################################
[ca]
default_ca      =CA_default              #The default ca section
####################################################################
[CA_default]                             //重点阅读该节的配置内容
dir             =/etc/pki/CA             #Where everything is kept
certs           =$dir/certs              #Where the issued certs are kept
crl_dir         =$dir/crl               #Where the issued crl are kept
database        =$dir/index.txt          #database index file.
#unique_subject =no                      #Set to 'no' to allow creation of
                                         #several ctificates with same subject.
new_certs_dir   =$dir/newcerts           #default place for new certs.
certificate     =$dir/cacert.pem         #The CA certificate
serial          =$dir/serial             #The current serial number
crlnumber       =$dir/crlnumber          #the current crl number
```

191

```
                                        #must be commented out to leave a V1 CRL
crl                 =$dir/crl.pem       #The current CRL
private_key         =$dir/private/cakey.pem #The private key
RANDFILE            =$dir/private/.rand #private random number file

X509_extensions     =usr_cert           #The extentions to add to the cert
name_opt            =ca_default         #Subject Name options
cert_opt            =ca_default         #Certificate field options
default_days        =365                #how long to certify for
default_crl_days    =30                 #how long before next CRL
default_md          =sha1               #which md to use.
preserve            =no                 #keep passed DN ordering
policy              =policy_match       #
...
```

上述内容的注释部分也是原始配置文件中的英文注释。CA_default 节中的配置项几乎不用修改,使用默认配置即可。但是,其中有几项重要的配置内容读者必须理解其含义和作用,因为在后续的实施过程中,有些步骤是需要按照 oppenssl.cnf 文件的要求来进行配置的,如创建需要的文件、生成私钥和证书文件等。因此,下面把这些重要的配置行及其中文注解单独列出,便于读者进一步理解和记忆。

```
dir                 =/etc/pki/CA        //指定 CA 的默认目录位置
certs               =$dir/certs         //指定存放已生成的证书的默认目录
crl_dir             =$dir/crl           //指定存放证书撤销列表(CRL)的默认目录
database            =$dir/index.txt     //保存已签发证书的文本数据库文件,初始时为空
new_certs_dir       =$dir/newcerts
//存放新签发证书的默认目录,证书名就是该证书的系列号,后缀是 .pem
certificate         =$dir/cacert.pem    //存放 CA 自身根证书的文件名
serial              =$dir/serial
//签发证书时使用的序列号文本文件,里面必须包含下一个可用的十六进制数字
private_key         =$dir/private/cakey.pem   //存放 CA 自身私钥的文件名
```

注意:这里列出的是 CentOS 6.5 中的 openssl.cnf 文件的原始内容,在稍早的 Red Hat、Fedora 等 Linux 版本中,dir 配置项的默认设置可能是 dir=../../CA,强烈建议使用绝对路径来指定 CA 的默认目录,即将其改为 dir=/etc/pki/CA,否则有可能会在后续为 WWW 服务器颁发证书等的步骤中出错。

步骤 2 在 OpenSSL 配置文件/etc/pki/tls/openssl.cnf 中,找到 policy_match 节的配置内容,其原始配置如下。

```
#For the CA policy
[policy_match]
countryName                 =match
stateOrProvinceName         =match
organizationName            =match
```

```
organizationalUnitName          =optional
commonName                      =supplied
emailAddress                    =optional
...
```

在 policy_match 节的前 3 行内容中,将 match 改为 optional,否则将只有和 CA 在同一个国家或地区、省份或组织的主机才能从 CA 获得证书。

```
countryName                     =optional
stateOrProvinceName             =optional
organizationName                =optional
```

步骤 3　在 OpenSSL 配置文件/etc/pki/tls/openssl.cnf 中,找到 req_distinguished_name 节的配置内容,其原始配置如下。

```
#req_extensions=v3_req #The extensions to add to a certificate request
[req_distinguished_name]
countryName                     =Country Name (2 letter code)
countryName_default             =XX
ountryName_min                  =2
countryName_max                 =2
stateOrProvinceName             =State or Province Name (full name)
#stateOrProvinceName_default    =Default Province
localityName                    =Locality Name (eg, city)
localityName_default            =Default City
0.organizationName              =Organization Name (eg, company)
0.organizationName_default      =Default Company Ltd
organizationalUnitName          =Organizational Unit Name (eg, section)
#organizationalUnitName_default=
commonName                      =Common Name (eg, your name or your server's hostname)
commonName_max                  =64
emailAddress                    =Email Address
emailAddress_max                =64
#SET-ex3                        =SET extension number 3
...
```

上述配置行中,带边框的 4 行分别用于设置默认的国家或地区名称、省份名称、城市名称和公司名称,分别将其值设置为中国(CN)、浙江(ZJ)、杭州(HZ)、新源公司(xinyuan),即把对应的 4 行内容修改如下。

```
countryName_default             =CN
stateOrProvinceName_default     =ZJ
localityName_default            =HZ
0.organizationName_default      =xinyuan
...
```

193

完成上述修改后,保存文件,并退出 vim 编辑器即可。

3. 创建签发证书的文本数据库和序列号文件

刚安装好 OpenSSL 软件模块时,在/etc/pki/CA 目录下默认已包含 certs、crl、newcerts 和 private 4 个目录。其中,private 是用于存放 CA 证书服务器自身私钥和证书文件的目录。另外 3 个目录的用途在前面已有介绍,这里不再重复。但是,按照 openssl.cnf 文件中的要求,在/etc/pki/CA 目录下还应该有两个文件,一个是用于保存已签发证书的文本数据库文件 index.txt;另一个是用于存放签发证书时使用的序列号文件 serial。这两个文件默认是不存在的,所以需要事先创建这两个文件,操作命令如下。

```
#cd /etc/pki/CA
#touch index.txt                        //创建空文件 index.txt
#echo "01" >serial                      //创建 serial 文件并置内容为"01"
#ll                                     //该命令等同于 ls -l 命令
total 20
drwxr-xr-x.   2   root root   4096   Nov 22   2013 certs
drwxr-xr-x.   2   root root   4096   Nov 22   2013 crl
-rw-r--r--    1   root root      0   Dec 16   22:12 index.txt
drwxr-xr-x.   2   root root   4096   Nov 22   2013 newcerts
drwx------.   2   root root   4096   Nov 22   2013 private
-rw-r--r--    1   root root      3   Dec 16   22:13 serial
#
```

注意:因为初始用于保存已签发证书的文本数据库文件内容为空,所以直接使用 touch 命令来创建内容为空的 index.txt 文件;而存放签发证书时使用的序列号文本文件 serial 中,必须包含下一个可用的十六进制数字,所以初始时该文件内容应为"01"(注意不能用"1")。对于创建这种内容非常简单的文件,通常有两种更简便的方法。一种是使用"echo"文本内容">文件名"格式的命令,将回显到屏幕上的文本内容重定向到指定的文件中;另一种是使用"cat >文件名"格式的命令,将键盘输入的内容重定向到文本文件中。上述长格式显示文件目录时使用了"ll"命令,它与"ls -l"命令等价。作为 Linux 初学者来说,要学会善于灵活地使用这些命令。另外,在稍早的 Red Hat、Fedora 等 Linux 版本中,默认在/etc/pki/CA 目录下可能只有一个 private 目录,这种情况下只要使用 mkdir 命令创建其余 3 个空目录(certs、crl 和 newcerts)即可。

4. 生成 CA 服务器的私钥和证书文件

步骤 1 使用 openssl 命令在 CA 证书服务器上产生自己的私钥文件 cakey.pem,该私钥为 1024 位,存放在/etc/pki/CA/private 目录下,操作命令如下。

```
#pwd                                    //检查当前目录的位置
/etc/pki/CA
#openssl genrsa 1024>private/cakey.pem  //显示下列信息表明私钥已生成
```

```
Generating RSA private key, 1024 bit long modulus
.....++++++
...++++++
e is 65537 (0x10001)
#ll private                              //查看 private 下产生的私钥文件
total 4
-rw-r--r--    1    root root      887    Dec 16    22:51 cakey.pam
#
```

步骤 2　在 CA 证书服务器上，使用 openssl 命令根据自己的私钥文件 cakey.pem 来生成自己的证书文件 cacert.pem。该证书遵循 X.509 V3 标准，即 X509 证书，有效期为 3650 天，存放在/etc/pki/CA 目录下，操作命令如下。

```
#openssl req -new -key private/cakey.pem -x509 -out cacert.pem -days 3650
//根据自己的私钥文件生成证书文件，显示以下信息以及提示用户确认或输入信息
You are about to be asked to enter information that will be incorporated
into your certificate request.
What you are about to enter is what is called a Distinguished Name or a DN.
There are quite a few fields but you can leave some blank
For some fields there will be a default value,
If you enter '.', the field will be left blank.
-----
Country Name (2 letter code) [CN]:
```

在执行 openssl 命令并显示了一些提示信息后，光标停在了最后一行的末尾，要求输入两个字符代码的国家或地区名称，方括号内给出了默认的国家或地区名称为 CN，这正是之前在修改 OpenSSL 主配置文件 openssl.cnf 时所设置的默认国家或地区名称，如果不需要修改，则直接按 Enter 键确认。接下来会逐一提示要求输入省份名称、城市名称、公司名称、部门名称、证书的公用名称以及 E-mail 地址。其中，省份名称、城市名称和公司名称也因为已在 openssl.cnf 文件中设置了默认值，所以都只须按 Enter 键确认即可。但是，前面在修改 openssl.cnf 文件时并没有设置部门名称、证书公用名称及 E-mail 地址的默认值，所以在这几处提示时需要输入相应的内容。执行过程如下（其中带下画线的文字为需要输入的内容）。

```
Country Name (2 letter code) [CN]:                      //直接按 Enter 键
State or Province Name (full name) [ZJ]:                //直接按 Enter 键
Locality Name (eg, city) [HZ]:                          //直接按 Enter 键
Organization Name (eg, company) [xinyuan]:             //直接按 Enter 键
Organizational Unit Name (eg, section) []: tec         //输入部门名称
Common Name (eg, your name or your server's hostname) []:wbj
                                                       //输入证书公用名称
Email Address []: wbj@xinyuan.com                      //输入 E-mail 地址
#ll cacert.pem                                          //查看产生的自己的证书文件
-rw-r--r--    1    root root     1005    Dec 16    23:09 cacert.pem
#
```

步骤 3　修改证书文件和私钥文件的权限为 600，即文件主具有读写权限，同组用户和普通用户无任何权限，操作命令如下。

```
#pwd                                    //检查当前目录位置
/etc/pki/CA
#chmod 600 cacert.pem                   //修改证书文件的权限为 600
#ll cacert.pem                          //查看证书文件的权限设置
-rw-------    1    root root    1005    Dec 16    23:09 cacert.pem
#chmod 600 private/cakey.pem            //修改私钥文件的权限为 600
#ll private/cakey.pem                   //查看私钥文件的权限设置
-rw-------    1    root root    1005    Dec 16    22:51 private/cakey.pem
#
```

8.2.2　为 Web 服务器颁发证书

由于 CA 证书服务器是根据 Web 服务器的证书请求文件来颁发证书的，所以首先要在 Web 服务器上产生自己的私钥文件，并根据私钥来生成证书请求文件。按照本项目的方案设计，把 CA 证书服务与 Web 服务架设在同一台 IP 地址为 192.168.1.2 的服务器上。

步骤 1　首先在 Web 服务器的/etc/httpd 目录下创建一个 certs 目录，用来存放服务器的私钥文件、证书请求文件以及证书文件；然后使用 openssl 命令生成 Web 服务器自己的私钥文件 httpd.key。该私钥为 1024 位，存放在 certs 目录下，操作命令如下。

```
#cd /etc/httpd
#mkdir certs
#cd certs                               //使当前目录为/etc/httpd/certs
#openssl genrsa 1024>httpd.key
//产生私钥文件 httpd.key,有以下显示表明私钥文件已生成
Generating RSA private key, 1024 bit long modulus
..+++++
...................................................+++++
e is 65537 (0x10001)
#ll                                     //查看 Web 服务器上创建的私钥文件
-rw-r--r--    1    root root    887     Dec 17    00:27 httpd.key
#
```

步骤 2　在/etc/httpd/certs 目录下，使用 openssl 命令根据私钥 httpd.key 来生成证书请求文件 httpd.csr，操作命令如下。

```
#pwd                                    //查看并确认当前目录位置
/etc/httpd/certs
#openssl req -new -key httpd.key -out httpd.csr
//根据私钥生成证书请求文件,显示以下信息以及提示用户确认或输入信息
You are about to be asked to enter information that will be incorporated
```

```
into your certificate request.
What you are about to enter is what is called a Distinguished Name or a DN.
There are quite a few fields but you can leave some blank
For some fields there will be a default value,
If you enter '.', the field will be left blank.
-----
Country Name (2 letter code) [CN]:                      //直接按 Enter 键
State or Province Name (full name) [ZJ]:                //直接按 Enter 键
Locality Name (eg, city) [HZ]:                          //直接按 Enter 键
Organization Name (eg, company) [xinyuan]:             //直接按 Enter 键
Organizational Unit Name (eg, section) []: office
Common Name (eg, your name or your server's hostname) []: www.xinyuan.com
                                                       //输入证书公用名称
Email Address []: wbj@xinyuan.com                      //输入 E-mail 地址

Please enter the following 'extra' attributes
to be sent with your certificate request
A challenge password []:                               //直接按 Enter 键
An optional company name []:                           //直接按 Enter 键
#ll httpd.csr                                          //查看生成的证书请求文件
-rw-r--r--   1    root root    692    Dec 17   00:48 httpd.csr
#
```

上述带下画线的文字是需要用户输入的内容。由于新源公司的网站是由公司办公室负责管理的,所以部门名称输入了 office;而证书公用名称则直接使用了 Web 服务器的完整域名 www.xinyuan.com。最后是提示输入随证书请求文件一起发送给 CA 证书服务器的附加信息,包括质询密码和公司的可选名称两项,若无必要,则可直接按 Enter 键。

注意:从生成证书请求文件的操作过程来看,与此前在 CA 证书服务器上生成自己的 X509 证书文件类似,在提示输入国家或地区名称、省份名称、城市名称、公司名称时,同样在方括号内给出了 openssl.cnf 文件中已设置的默认值。但这里生成的是 Web 服务器向 CA 证书服务器申请颁发证书的请求文件,所以每一步提示时应根据 Web 服务器的实际所在位置和公司信息来输入或确认,可能与 CA 证书服务器自己的证书文件信息并不相同。

步骤 3　使用 openssl 命令让 CA 证书服务器根据证书请求文件 httpd.csr 向 Web 服务器颁发证书,操作命令如下。

```
#openssl ca -in httpd.csr -out httpd.cert                //颁发证书,显示如下信息
Using configuration from /etc/pki/tls/openssl.cnf
Check that the request matches the signature
Signature ok
Certificate Details:
      Serial Number: 1 (0x1)
      Validity
```

```
            Not Before    : Dec 16 16:54:40 2018 GMT
            Not After     : Dec 16 16:54:40 2019 GMT
        Subject:
            countryName           =CN
            stateOrProvinceName   =ZJ
            organizationName      =xinyuan
            organizationalUnitName =office
            commonName            =www.xinyuan.com
            emailAddress          =wbj@xinyuan.com
        X509v3 extensions:
            X509v3 Basic Constraints:
                CA:FALSE
            Netscape Comment:
                OpenSSL Generated Certificate
            X509v3 Subject Key Identifier:
            79:06:98:81:28:C3:1E:51:D7:6B:AC:63:FB:91:1E:1D:9A:58:3E:70
            X509v3 Authority Key Identifier:
            keyid:1F:C8:FC:4C:E3:F3:5C:7F:73:B6:1C:0C:E5:D9:A6:77:77:10:7F:D4

Certificate is to be certified until Dec 16 16:54:40 2019 GMT (365 days)
Sign the certificate? [y/n]: y                              //是否颁发

1 out of 1 certificate requests certified, commit? [y/n] y        //是否提交
Write out database with 1 new entries
Data Base Updated
#ll httpd.cert                             //查看 CA 为 Web 服务器颁发的证书
-rw-r--r--    1    root root    3174    Dec 17    01:03 httpd.cert
#ls                                        //此时当前目录下应显示有 3 个文件
httpd.cert    httpd.csr    httpd.key
#
```

在显示证书内容后,提示用户是否颁发(或称签发,Sign),此时输入 y(yes)确认;接着提示用户是否提交(commit),再次输入 y 确认;此后 CA 服务器向 Web 服务器颁发的证书文件 httpd.cert 随即产生。

步骤 4　此时在/etc/httpd/certs 目录下应有 3 个文件,即私钥文件 httpd.key、证书请求文件 httpd.csr 和 CA 颁发的证书文件 httpd.cert。将这 3 个文件的权限修改为 600,即文件主具有读写权限,同组用户和普通用户无任何权限,操作命令如下。

```
#pwd                                       //检查当前目录位置
/etc/httpd/certs
#ll                                        //查看当前目录下的所有文件详细列表
total 12
-rw-r--r--    1    root root    3174    Dec 17    01:03 httpd.cert
-rw-r--r--    1    root root    692     Dec 17    00:48 httpd.csr
-rw-r--r--    1    root root    887     Dec 17    00:27 httpd.key
#chmod 600 *                               //所有文件的权限修改为 600
```

```
#ll
total 12
-rw-------        1      root root      3174      Dec 17      01:03 httpd.cert
-rw-------        1      root root      692       Dec 17      00:48 httpd.csr
-rw-------        1      root root      887       Dec 17      00:27 httpd.key
#
```

注意：本步骤的实际目的是修改证书文件 httpd.cert 和私钥文件 httpd.key 这两个文件的权限，这里只是为了操作方便，使用了星号（＊）通配符的一条命令同时修改了当前目录下所有（3 个）文件的权限。因为证书已经颁发，所以证书请求文件 httpd.csr 的权限甚至文件本身的存在与否都已无关紧要。另外，前面许多操作中经常使用 pwd 命令查看当前目录的位置，目的只是为了提醒自己其后续的命令应在此目录下执行才是正确的。

8.2.3　将 Web 站点配置为要求 HTTPS 访问

通过上述配置，Web 服务器已经有自己的证书和私钥了。但此时，如果客户端浏览器要使用 HTTPS 方式访问新源公司的 Web 站点，则 Web 服务器还需要将证书传送到客户端的浏览器，这就需要 ssl 和 httpd 服务的相互配合与协作。

要将公司的 Web 站点配置为要求用 SSL 方式访问，需要用到 mod_ssl 软件模块。只要安装了 mod_ssl 模块，就会在/etc/httpd/conf.d 目录下自动生成一个 SSL 配置文件 ssl.conf。

步骤 1　将 SSL 的配置文件/etc/httpd/conf.d/ssl.conf 进行备份；然后使用 vi/vim 编辑器打开该配置文件，修改其中用于指定 Web 服务器证书文件和私钥文件及其存放位置的两个配置行，具体操作命令和方法如下。

```
#cd /etc/httpd/conf.d
#cp ssl.conf ssl.conf.bak              //备份 SSL 的配置文件
#vim ssl.conf                          //编辑配置文件 ssl.conf
...      //其他内容略，找到以下两个配置行
SSLCertificateFile /etc/pki/tls/certs/localhost.crt
//指定 Web 服务器的证书文件及其存放位置
...
SSLCertificateKeyFile /etc/pki/tls/private/localhost.key
//指定 Web 服务器的私钥文件及其存放位置(CentOS 6 中原始配置文件为第 112 行)
```

根据此前 CA 证书服务器为 Web 服务器颁发的证书文件，以及在 Web 服务器上生成自己的私钥文件的文件名及其存放位置，将上述两个配置行做如下修改。

```
SSLCertificateFile /etc/httpd/certs/httpd.cert
SSLCertificateKeyFile /etc/httpd/certs/httpd.key
```

步骤 2　在 SSL 配置文件 ssl.conf 中找到以下作为注释的用于修改证书链的配置

行,指定用于存放 CA 自身根证书的文件名及其路径。

```
#SSLCertificateChainFile /etc/pki/tls/certs/server-chain.crt
//修改证书链,指定存放 CA 自身根证书的文件
```

删去该行行首的♯号注释符,并根据此前在 CA 证书服务器上生成的 X509 标准证书文件 cacert.pem,将配置行修改为如下。

```
SSLCertificateChainFile /etc/pki/CA/cacert.pem
```

步骤 3 完成上述修改后,保存 ssl.conf 文件并退出 vi/vim 编辑器,回到命令提示符后重启 httpd 服务,操作命令如下。

```
#service httpd restart
Stopping httpd:                                            [OK]
Starting httpd:                                            [OK]
#
```

8.2.4 测试访问基于 SSL 的安全 Web 站点

至此,新源公司基于 SSL 协议的安全 Web 站点已架设完成,这里以 Windows 7 作为客户机系统,通过 IE 浏览器对 HTTPS 网站进行访问测试。但因为架设新源公司 HTTPS 网站时并未使用由受信任的证书颁发机构颁发的安全证书,而是采用了由自己搭建的 CA 证书服务器颁发的自签名证书,所以当客户机第一次访问该站点时必然会提示"此网站的安全证书存在问题"的警报,这就需要在客户机上安装接收到的来自 Web 服务器的证书,并将其颁发机构存储为受信任的根证书颁发机构之后才能正常访问。

1. 首次访问公司 HTTPS 网站并查看证书

步骤 1 在客户机上打开 IE 浏览器,在地址栏中输入 https://www.xinyuan.com(注意是以 https://开头而不是 http://开头的),按 Enter 键后就会显示"此网站的安全证书存在问题"的安全警报页面,提醒用户"此网站出具的安全证书不是由受信任的证书颁发机构颁发的",如图 8-4 所示。用户可以选择"单击此处关闭该网页"或"继续浏览此网站(不推荐)"链接进行操作,也可以展开"详细信息"进行查看。

步骤 2 在显示安全警报信息的页面中,单击"继续浏览此网站(不推荐)"链接,即可打开项目 4 中架设的新源公司可供外网访问的默认主站点,如图 8-5 所示。此时的地址栏显示有底纹,且右侧会出现一个红色的⊗符号的"证书错误"安全报告。

步骤 3 单击地址栏右侧红色⊗符号的"证书错误"标记,弹出如图 8-6 所示的"不受信任的证书"信息提示。单击"查看证书"链接,即可打开"证书"对话框,在"常规"选项卡中显示了证书的基本信息,包括颁发给谁的、颁发者是谁以及证书的有效期等,如图 8-7 所示。

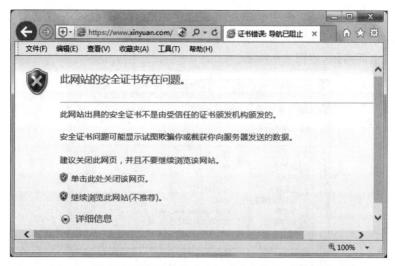

图 8-4　页面提示"此网站的安全证书存在问题"的警告信息

图 8-5　浏览新源公司 HTTPS 网站时提示"证书错误"

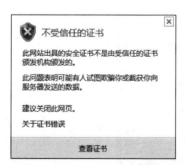

图 8-6　"不受信任的证书"信息

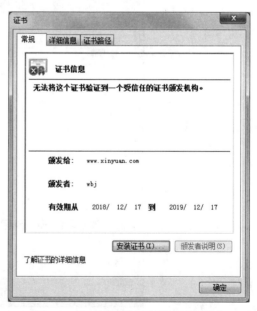

图 8-7　"证书"对话框的"常规"选项卡

步骤 4 在"详细信息"选项卡中列出了证书的版本、序列号、签名算法等全部信息，如图 8-8 所示。在"证书路径"选项卡中，以层次结构的方式列出了从该证书直到其颁发机构（CA）的全部路径，如图 8-9 所示。

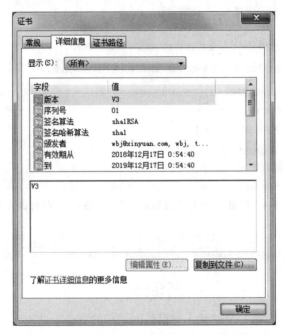

图 8-8 "证书"对话框的"详细信息"选项卡

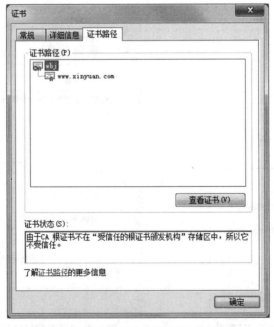

图 8-9 "证书"对话框的"证书路径"选项卡

注意：从"证书路径"选项卡中可以看到，客户机使用 HTTPS 访问的 Web 服务器的证书名称为 www.xinyuan.com，这正是此前在 Web 服务器上生成证书请求文件时输入的证书公用名称（直接使用了服务器域名），而该证书的颁发者就是 CA 证书服务器上生成根证书文件时输入的证书公用名称 wbj。

2. 安装根证书使其受客户端信任

因为使用的是自签名证书，而不是受信任的根证书颁发机构颁发的证书，所以需要在客户机上安装证书，将其颁发机构存储为受信任的根证书颁发机构。

步骤 1　在"证书"对话框的"证书路径"选项卡中，选中证书的颁发者（即根证书颁发机构）wbj，单击"查看证书"按钮就会打开类似于图 8-7 所示的"证书"对话框；然后在对话框的"常规"选项卡中单击"安装证书"按钮，即打开"证书导入向导"对话框的"欢迎使用证书导入向导"界面，如图 8-10 所示。

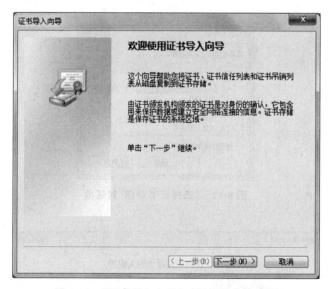

图 8-10　"证书导入向导"对话框的欢迎界面

步骤 2　单击"下一步"按钮，"证书导入向导"对话框进入"证书存储"界面，要求用户选择如何保存证书，如图 8-11 所示。

步骤 3　选择"将所有的证书放入下列存储"单选按钮，单击"浏览"按钮，弹出"选择证书存储"对话框，如图 8-12 所示。选择"受信任的根证书颁发机构"文件夹，单击"确定"按钮返回。单击"下一步"按钮，"证书导入向导"对话框进入"正在完成证书导入向导"界面，如图 8-13 所示。

步骤 4　单击"完成"按钮，弹出"安全性警告"对话框，警告用户即将从一个声称代表 wbj 的证书颁发机构安装证书，如图 8-14 所示。单击"是"按钮，弹出如图 8-15 所示的"证书导入成功"对话框。单击"确定"按钮，再关闭此前打开的两个对话框即可。

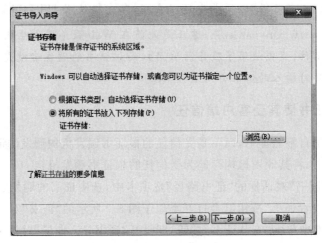

图 8-11 "证书导入向导"对话框的证书存储界面

图 8-12 "选择证书存储"对话框

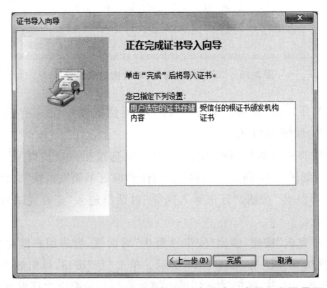

图 8-13 "证书导入向导"对话框的正在完成证书导入向导界面

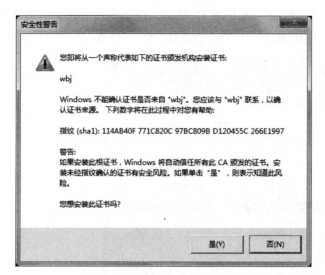

图 8-14　"安全性警告"对话框

图 8-15　证书导入成功

3. 客户机信任证书后再次访问 HTTPS 网站

在客户机上成功导入证书后,通过浏览器可以看到证书的颁发机构已被存储在"受信任的证书颁发机构"中。也就是说,客户机从此信任来自新源公司 Web 服务器的自签名证书,每次都可以正常浏览新源公司的 HTTPS 网站。

步骤 1　在 IE 浏览器窗口中,选择"工具"→"Internet 选项"命令,打开"Internet 选项"对话框,切换至"内容"选项卡,如图 8-16 所示。

图 8-16　"Internet 选项"对话框的"内容"选项卡

步骤 2　单击"证书"按钮,打开"证书"对话框,选择"受信任的根证书颁发机构"选项卡,即可看到"颁发给"和"颁发者"均为 wbj,如图 8-17 所示。在确定已信任来自新源公司 Web 服务器的自签名证书后,关闭"证书"对话框,再关闭"Internet 选项"对话框即可。

图 8-17　在"证书"对话框中查看受信任的根证书颁发机构

步骤 3　关闭原来打开的 IE 浏览器窗口,重新打开 IE 浏览器。然后在地址栏中输入 https://www.xinyuan.com 并按 Enter 键,此时不会再出现如图 8-4 所示的安全警报信息,而是直接打开新源公司基于 SSL 的安全 Web 站点并正常浏览了,如图 8-18 所示。

图 8-18　新源公司基于 SSL 的安全 Web 站点页面

注意:对比正常浏览的图 8-18 所示页面与此前出现"证书错误"的如图 8-5 所示的浏览页面,在地址栏中有何区别。如果此时在浏览器的地址栏中输入 http://www.xinyuan.com,也同样可以访问上述 Web 站点。这是因为在项目 4 中配置 Web 站点时,该站点使用了默认的端口 80。如果要使该站点只能用 HTTPS 方式访问,还需要修改 Apache 主配置文件 httpd.conf,将其中的 Listen 192.168.1.2:80 和 Listen 80 两个配置行前面加♯号注释,即禁用端口 80,并重启 httpd 服务,此后就只能以 HTTPS 方式访问该站点了,它使用的是 SSL 默认的端口 443。

以上浏览的新源公司基于 SSL 访问的 Web 站点主页是事先设计好的一个 HTML 文件/var/www/html/index.html。如何开发符合公司需求且实用美观的主页不在本书讨论之内,下面给出公司主页 index.html 的内容,仅供读者写测试页面时参考。

```
<HTML>
<HEAD>
    <TITLE>新源公司网站</TITLE>
</HEAD>
<BODY LANG="zh-CN" DIR="LTR">
<P ALIGN=CENTER STYLE="margin-bottom: 0cm"><FONT SIZE=6 STYLE="font-size:
40pt">新 源 公 司</FONT></P>
<P ALIGN=CENTER STYLE="margin-bottom: 0cm"></P>
<P ALIGN=CENTER STYLE="margin-bottom: 0cm"><FONT SIZE=5 STYLE="font-size:
26pt">基于 SSL 的安全 Web 站点</FONT></P>
</BODY>
</HTML>
```

8.3　Linux 防火墙配置与管理

在初步完成新源公司信息化建设后,各种企业级的网络应用已经逐步展开,包括服务器在内的网络资源的安全性随之成为公司必须优先考虑的事务。虽然已经利用 SSL 加密通信和身份验证等技术实施了 HTTPS 方式访问的安全 Web 服务配置,但对于网络服务器的整体安全来说,还远远不够。网络服务器的安全包括多个学科领域,涉及网络安全、充当服务器的计算机软/硬件的安全以及安全管理等方面,本书不可能将其全部囊括。下面介绍 Linux 网络服务器最重要的安全技术手段之一。Linux 防火墙 iptables 的技术原理和命令语法通过在新源公司网络服务器上添加 iptables 防火墙并配置相应的包过滤策略来提升整个企业网络的安全性。

8.3.1　iptables 防火墙的实现原理

1. 防火墙及其主要作用

防火墙是一种位于内部网络与外部网络之间用来限制、隔离网络用户某些工作的安全防护系统,即按照设定的访问规则,允许或限制数据包通过。也就是说,如果没有防火墙的允许,企业内部的用户就无法访问互联网,互联网上的用户也无法访问企业内部,从而最大限度地阻止网络中的黑客攻击。

防火墙一般是计算机硬件和软件相结合的一种技术,它在互联网和局域网之间建立起一个安全网关,使内部网络免受非法用户的入侵。防火墙主要由服务访问规则、验证工具、包过滤和应用网关 4 部分组成,通常具有以下作用。

(1) 数据包过滤。数据包过滤是指监控通过(进入和流出)的数据包的特征来决定放行或者阻止该数据包,从而屏蔽不符合既定规则的数据包,实现阻挡攻击、禁止外部或内部访问、限制每个 IP 地址的流量和连接数等功能。

（2）数据包透明转发。防火墙一般架设在提供某些服务的服务器与请求服务的客户端之间，客户端对服务器的访问请求与服务器反馈给客户端的信息都需要经过防火墙的转发，因此大多数防火墙都具备网关的功能，并提供数据包的路由选择，实现网络地址转换（NAT），从而使局域网内部主机也能顺利访问外部网络。

（3）对外部攻击进行检测、阻挡、记录和告警。如果检测到客户端发送的信息是防火墙设置所不允许的，防火墙会立即将其阻断，避免其进入防火墙后面的服务器；必要时防火墙可以将攻击行为记录下来，并向网络管理员发出警报。

2. 包过滤防火墙 iptables 简介

按照工作方式可以将防火墙分为包过滤、应用级网关（也称代理服务型防火墙）和电路级网关 3 种基本类型。内置于 Linux 内核中的防火墙 iptables 是基于包过滤的防火墙。

包过滤防火墙是在网络层实现的，其核心思想是检查所经过的每一个数据包的包头，包括源 IP 地址、目标 IP 地址、源端口、目标端口以及包的协议类型（TCP、UDP 或 ICMP）和传输方向等信息，然后根据预先设定的规则进行比对，并按规则决定如何处理这个数据包，如丢弃（DROP）、放行（ACCEPT）或拒绝（REJECT）等。由于在 TCP/IP 中绝大多数服务都有标准的 TCP/UDP 端口号（如 HTTP 服务的默认端口号为 80），因此，包过滤防火墙也包括对特定的服务进行过滤，只须将所有包含特定的目标端口号的包丢弃，或者说屏蔽特定的端口，就可以禁止特定的服务。

包过滤防火墙可以阻塞内部主机和外部主机或另外一个网络之间的连接，比如可以阻塞一些可能有敌意的或不可信任的主机或网络连接到内部网络中。归纳起来，包过滤防火墙可以使用以下过滤策略。

（1）拒绝/允许来自某主机或某网段的所有连接。

（2）拒绝/允许来自某主机或某网段的指定端口的连接。

（3）拒绝/允许本地主机或本地网络与其他主机或其他网段的所有连接。

（4）拒绝/允许本地主机或本地网络与其他主机或其他网段的指定端口的连接。

Linux 从 1.1 内核就已经拥有防火墙功能。随着 Linux 内核的不断升级，内核中的防火墙也经历了 3 个阶段，即 2.0 内核采用的 ipfwadm、2.2 内核采用的 ipchains、2.4 及更新的内核采用 netfilter/iptables。与大多数 Linux 自带软件一样，这个防火墙也是免费提供的，它可以实现硬件防火墙中的常用功能，也可以在应用方案中作为硬件防火墙的替代品，完成包过滤、包重定向和网络地址转换等功能。

netfilter/iptables 包过滤系统实际上由 netfilter 和 iptables 两个组件组成。其中，netfilter 组件也称为内核空间，是 Linux 内核中的一个安全框架，由一些"表"组成，每个表由若干个"链"组成，而每条链中又可以包含一条或数条规则；iptables 组件也称为用户空间，是提供给用户使用的一个工具，让用户能够方便地定制包过滤规则，控制防火墙配置。可以这样来理解，iptables 是内核提供的一个命令行工具，通过它可以将用户的安全设置传入 netfilter 安全框架，这个安全框架才是真正的防火墙。但人们往往从使用者角度忽略了内核空间的 netfilter 组件，习惯地把 Linux 自带的这个包过滤防火墙系统简称为 iptables 防火墙(本书也以此简称)。

3. iptables 的基本工作原理

iptables 是按照规则来办事的。规则就是网络管理员预定义的条件,一般定义为"如果数据包头符合这样的条件,就这样处理这个数据包"。所有预定义的规则都存储在内核空间的包过滤表中,构成了表、链和规则三个层次的安全框架,这也是初学 iptables 时最难懂之处。下面以 Web 服务器为例,从一个相对容易理解的角度切入,来讨论表、链、规则的概念及其关系。

如果架设 Web 服务的 Linux 内核中没有启用 iptables 防火墙,那么当客户端发送报文请求访问该服务器上的 Web 服务时,报文到达网卡后会通过内核的 TCP 协议(TCP/IP 协议栈是 Linux 内核的一部分)直接传输给用户空间中的 Web 服务,因为客户端报文的目标是该 Web 服务所监听的套接字(IP:Port)。当 Web 服务响应客户端请求时,发出的响应报文的目标是客户端,而 Web 服务监听的 IP 地址与端口成为原点。这一请求与响应的过程不难理解,如图 8-19(a)所示。

现在,为架设 Web 服务的 Linux 系统上添加 iptables 防火墙,让 Linux 内核空间中的 netfilter 起到"防火"的作用,这就要在报文进入和流出 Web 服务所经过的 netfilter 位置分别设置一个叫作 INPUT(入站)和 OUTPUT(出站)的关卡,如图 8-19(b)所示,在每个关卡上都预先定义好一些规则(或条件)。任何一个报文在经过这些关卡时都必须接受检查,只有符合放行条件的才能放行,而符合阻拦条件的则一律被阻止。这里把 INPUT 和 OUTPUT 称作"关卡"只是为了容易理解,它们在 iptables 中称为"链"。

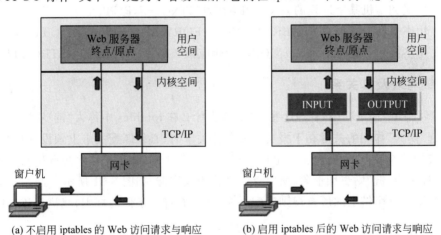

(a) 不启用 iptables 的 Web 访问请求与响应　　(b) 启用 iptables 后的 Web 访问请求与响应

图 8-19　启用 iptables 防火墙前后的 Web 请求与响应过程

实际上,以上描述的场景并不完善,因为内核检查客户机发来的报文时,报文中的目标地址有可能不是本机,而是其他服务器。这种情况下,如果本机的内核支持 IP 包的转发功能(IP_FORWARD),就应该把这个报文转发给其他主机。因此,iptables 的内核空间中除了 INPUT 链和 OUTPUT 链,还必须设置与报文转发有关的其他几条链,分别是:PREROUTING(路由前)链、FORWARD(转发)链和 POSTROUTING(路由后)链。

这样就构成了 iptables 防火墙的 5 条链,其关系如图 8-20 所示。

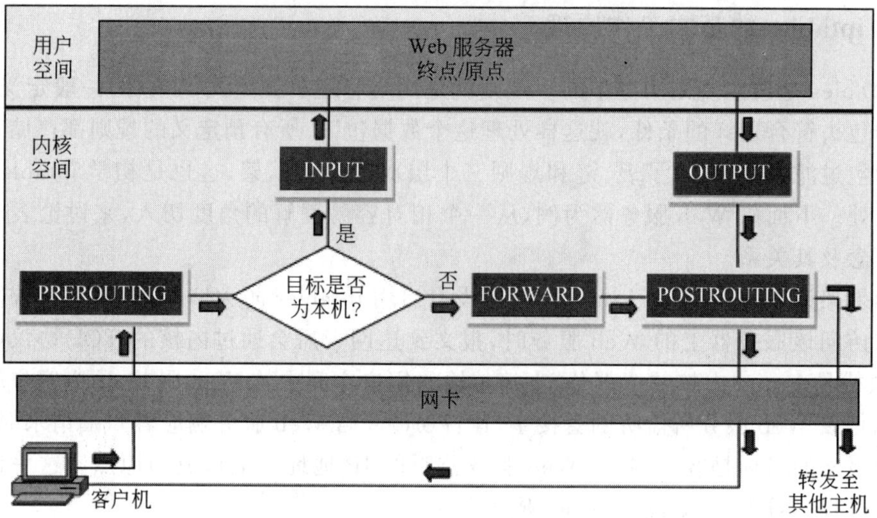

图 8-20　iptables 防火墙 5 条链的相互关系

由此可见,当服务器启用了 iptables 防火墙后,根据报文不同的访问目标,其经过的链就可能不同。如果报文需要转发,则报文就不会经过 INPUT 链发往用户空间,而是直接在内核空间中经过 FORWARD 链和 POSTROUTING 链转发出去。归纳起来,实际中根据报文的流向有以下 3 种常见的应用场景。

(1) 发送到本机某个进程的报文:PREROUTING→INPUT。

(2) 由本机转发的报文:PREROUTING→FORWARD→POSTROUTING。

(3) 从本机某个进程发出的报文(通常为响应报文):OUTPUT→POSTROUTING。

4. 链与表及其关系

对于 INPUT、OUTPUT 等这些"关卡",为什么在 iptables 中称为"链"呢?这是因为防火墙起"防火"作用的关键在于报文经过这些关卡时,必须匹配关卡上预设的规则,然后执行对应的动作。但是,一个关卡上可能有不止一条规则,如果把这些规则串到一根链条上来看,称其为"链"则更加形象,所以有时也称为规则链,如图 8-21 所示。经过某个关卡的报文都要将这个链上的所有规则匹配一遍,如果有符合条件的规则,就执行该规则对应的动作。

虽然每个链上都存放了一串规则,但不同链上的规则有些是相似的。比如,A 类规则都是对 IP 地址或端口的过滤,B 类规则是修改报文等。那么,是不是可以对链上的规则按功能进行分门别类,把实现相同功能的规则存放在一起呢?答案是肯定的。人们把具有相同功能的规则的集合称为"表",这样就将不同功能的规则存放到不同的表中进行管理。

iptables 已经定义了 filter、nat、mangle 和 raw 4 个不同功能的表,用户定义的规则基本都在这 4 个表的范围内。但并不是每个链都会包含这 4 个表中存放的所有规则,有的

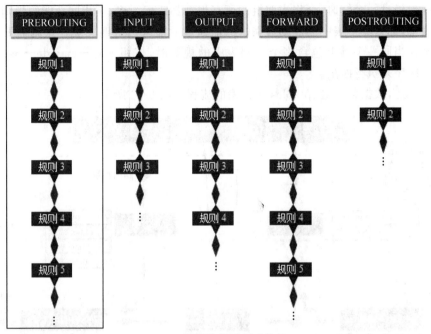

图 8-21　多个规则形成的链

链中注定不会包含某类规则,就像有的关卡天生就不具备某些功能一样。这里把 5 个链的规则都存在于哪些表(或者说这 5 个关卡都拥有什么功能)归纳如下。

(1) PREROUTING 链的规则可存在于 raw 表、mangle 表和 nat 表。

(2) INPUT 链的规则可存在于 mangle 表和 filter 表。

(3) FORWARD 链的规则可存在于 mangle 表和 filter 表。

(4) OUTPUT 链的规则可存在于 raw 表、mangle 表、nat 表和 filter 表。

(5) POSTROUTING 链的规则可存在于 mangle 表和 nat 表。

在实际使用中,往往是通过"表"作为操作入口来对规则进行定义的。因此,把 iptables 定义的 4 个表的功能及其支持的链进行重新梳理,如表 8-1 所示。

表 8-1　iptables 中表的功能及其支持的链

表	功　　能	支 持 的 链
filter	用于数据包过滤,确定是否放行该数据包,是 netfilter 默认的表也是最常用的表	INPUT、FORWARD 和 OUTPUT
nat	负责网络地址转换,修改数据包中的源、目标 IP 地址或端口,也是常用的表	PREROUTING、OUTPUT 和 POSTROUTING
mangle	用于数据包的特殊变更操作,为数据包设置标记,如修改 ToS 特性	PREROUTING、INPUT、FORWARD 、OUTPUT 和 POSTROUTING
raw	确定是否对数据包进行状态跟踪,一般用于关闭链接追踪,以提高性能	PREROUTING 和 OUTPUT

数据包经过一个链时,会将当前链的所有规则都匹配一遍,而相同功能的规则又汇聚在一个表中,那么哪些表中的规则放在链的前面或后面来进行匹配呢?这就需要约定一个优先级。当同一个链上包含多个不同表中的规则时,按照 raw→mangle→nat→filter 的优先级次序来执行匹配。

综上所述,数据包通过 iptables 防火墙的流程如图 8-22 所示。

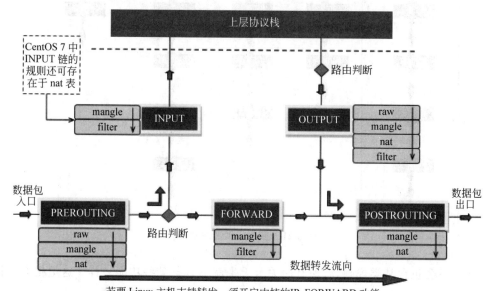

图 8-22 数据包通过 iptables 防火墙的流程

注意:在 CentOS 6.x 版本中,INPUT 链的规则只存在于 mangle 和 filter 表,而 nat 表中的规则不能用于 INPUT 链,这对于 Red Hat、Fedora、RHEL 等 Linux 版本中也是如此。但在 CentOS 7 中,INPUT 链的规则还可存在于 nat 表,或者说 nat 表中的规则还可以用于 INPUT 链,这一点在图 8-22 中给予了特别注解。另外,除了 iptables 已设置的 5 条链外,为了更方便用户管理,还可以在某个表中创建自定义链,通常将针对某个应用程序所设置的规则放置在自定义链中。但是,用户自定义的链不能直接使用,只能被 iptables 已有的某个默认的链当作动作去调用才能起作用,或者说自定义链需要“焊接”在某个默认链上才能被 iptables 使用。

8.3.2 iptables 规则及语法

在理解了内核空间的安全框架和实现原理后,最终还是要回到“规则”这个问题上来。网络管理员根据实际的“防火”需要来配置 iptables 防火墙,其实就是利用用户空间提供的 iptables 工具来设置和管理表、链中的一条条规则。

在 iptables 命令中,一条完整的 iptables 规则是由表名、命令选项、链名、匹配条件和目标动作 5 个要素组成的,其语法格式如下。

iptables［-t 表名］命令选项［链名］［匹配条件］［-j 目标动作］

其中,表名和链名用于指定 iptables 命令所操作的表和链(操作对象),这在前面已有深入阐述,下面主要介绍常用的目标动作、命令选项以及匹配条件的使用方法,最后给出控制 iptables 服务的操作。

注意:如果不指定表名,则默认为 filter 表;当不指定链名时,默认表示指定表中的所有链;大多数情况下匹配条件是必须指定的,除非设置了规则链的默认策略。另外,链和目标动作的英文名称一定要全部大写。

1. 目标动作

目标动作使用-j 参数来指定,是指当指定匹配条件符合时应如何处理这个数据包,如允许通过、拒绝、丢弃或转给其他链处理等。目标动作是 iptables 命令真正要执行的任务,常用的目标动作如表 8-2 所示。

表 8-2　iptables 命令常用的目标动作

目 标 动 作	描　　　述
ACCEPT	允许数据包通过
DROP	丢弃数据包
REJECT	拒绝数据包,丢弃数据包的同时给发送者发送拒绝接收的通知
LOG	数据包的有关信息被记录到日志文件(默认为/var/log)中
TOS	改写数据包的 ToS(Type of Service,服务类型)值
QUEUE	中断过滤程序,将数据包放入队列,交给其他程序处理。通过自行开发的处理程序可以进行其他事务处理,如计算联机费用等
RETURN	结束目前规则链中的过滤程序,返回主规则链继续过滤,如果把自定义规则链看作一个子程序,则此动作相当于提前结束子程序并返回主程序
SNAT	改写数据包中的源 IP 地址为某特定 IP 地址或 IP 地址范围,可以指定端口的范围,进行完此处理动作后,将直接跳往下一个规则链(mangle:postrouting)
DNAT	改写数据包中的目标 IP 地址为某特定 IP 地址或 IP 地址范围,可以指定端口的范围,进行完此处理动作后,将直接跳往下一个规则链(filter:input 或 filter:forward)
REDIRECT	将数据包重定向到另一个端口,进行完此处理动作后,将会继续比对其他规则。该功能可以用来实现通透式代理服务或者保护 Web 服务器
MASQUERADE	是 SNAT 的一种特殊形式,但与 SNAT 略有不同,适用于动态分配 IP 地址的拨号连接,从而实现 IP 地址伪装,因为无须指定要伪装成哪个 IP 地址,IP 地址会从网卡自动读取
MIRROR	映射数据包,即将源 IP 地址与目标 IP 地址对调后,将数据包送回,进行完此处理动作后将会中断过滤程序
MARK	将数据包标上某个代号,使它作为后续过滤的条件判断依据,进行完此处理动作后,将会继续比对其他规则

2. 命令选项

命令选项用于指定管理 iptables 规则的操作方式,如插入、增加、删除、查看等。常用的命令选项、功能及其示例和说明如表 8-3 所示。

表 8-3　iptables 常用的命令选项、功能及其示例和说明

命令选项	功　　能	示例和说明
-A --append	在指定链的链尾添加规则	示例:iptables -A INPUT -i eth0 -s 192.168.1.0/24 -j ACCEPT 说明:在 INPUT 链中添加规则,该规则允许 eth0 网络接口接收来自 192.168.1.0/24 子网的所有数据包
-D --delete	从指定链中删除匹配的规则	示例:iptables -D INPUT 8 　　　iptables -D FORWARD -p tcp -s 192.168.1.12 -j ACCEPT 说明:以上为删除指定链中规则的两种方法,前一种用编号来表示被删除的规则;后一种是用整条的规则来匹配策略
-R --replace	在指定链中替换匹配的规则	示例:iptables -R FORWARD 2 -p tcp -s 192.168.1.0 -j ACCEPT 说明:如果源或目标地址是以名称而不是以 IP 地址表示的,且解析出的 IP 地址多于一个,那么这条命令是失效的
-I --insert	以指定规则号在所选链中插入规则	示例:iptables -I FORWARD 2 -p tcp -s 192.168.1.0 -j ACCEPT 说明:与-R 的不同之处在于该选项在相应的位置前面插入一条规则,而不是替换
-L --list	列出指定链或所有链中的规则	示例:iptables -L 说明:列出所有链的规则 示例:iptables -t nat -L 说明:列出 nat 表中的所有规则 示例:iptables -L INPUT 说明:列出 INPUT 链中的所有规则
-F --flush	在指定链或所有链中删除所有规则	示例:iptables -F 说明:清除 iptables 已有的全部规则 示例:iptables -t nat -F 说明:清除 nat 表中的所有规则
-N --new	创建用户自定义链	示例:iptables -N tcp_allowed 说明:自定义名称为 tcp_allowed 的规则链。如果希望对数据包作定制的处理,可以自己定义新的链
-X --delete	删除用户自定义链	示例:iptables -X tcp_allowed 说明:删除用户自定义的 tcp_allowed 规则链
-P --pollicy	设置指定内置链的默认规则	示例:iptables -P INPUT DROP 说明:将规则链的默认处理策略设置为 DROP,即丢弃数据包。默认值为 ACCEPT,即接收不符合任何规则的数据包

命令选项	功　能	示例和说明
-Z --zero	将指定链中规则的 包字节计数器清零	示例：iptables -Z INPUT 说明：将 INPUT 链中所有规则的包字节计数器清零 示例：iptables -Z INPUT 1 说明：将 INPUT 链中 1 号规则的包字节计数器清零(包字节计数器 用来计算同一个包出现的次数,归零常用于过滤阻断式攻击)
-E --rename	更改用户自定义链 名称	示例：iptables -E WWW OOO 说明：更改用户自定义链 WWW 的名称为 OOO
-v	列详细信息	示例：iptables -vL 说明：详细列出所有链的规则
-n	数字输出	示例：iptables -nL 说明：IP 地址和端口号以数字格式显示
-x	扩大数字	示例：iptables -xL 说明：显示包和字节计数器的精确值

注意：其中,-A/D/R/I 选项是针对指定链中的规则进行操作的,其余大写字母的选项都是针对链(-N/X 是对用户自定义链)的管理;最后 3 个小写字母的选项通常与-L 或-S(表中未列出,与-L 类似但显示方式不同)组合使用,此时-v/n/x 必须放在前面,比如-vL 是正确用法,使用-Lv 则会提示错误信息 iptables：No chain/target/match by that name.;-P 选项用于设置指定内置链的默认规则策略,通常有两种方法,一种是先用下列前 3 条命令允许所有的数据包通过,然后再禁止有危险的数据包通过;另一种是先用下列后 3 条命令禁止所有的数据包,然后再根据需要允许特定的数据包通过防火墙。

```
#iptables - P INPUT ACCEPT            //允许所有的包
#iptables - P OUTPUT ACCEPT
#iptables - P FORWARD ACCEPT
#
#iptables - P INPUT DROP              //禁止所有的包
#iptables - P OUTPUT DROP
#iptables - P FORWARD DROP
```

3. 匹配条件

匹配条件用于指定如何匹配一个数据包,分为基本匹配条件和扩展匹配条件两大类。

(1) 基本匹配条件。这是在设置和管理规则时可以直接使用并且适用于所有规则的匹配条件,主要用于匹配数据包中的协议、源和目标 IP 地址以及数据包流入和流出的网络接口等,在防火墙配置中比较常用。

(2) 扩展匹配条件。这是需要依赖一些扩展模块才能使用的匹配条件,或者说在使用扩展匹配条件之前需要指定相应的扩展模块。除了匹配源端口(source-port)、匹配目标端口(destination-port)、匹配 ICMP 类型(icmp-type)、匹配 TCP 标志(tcp-flags)这几个较为常用的匹配条件外,扩展匹配条件还包括 limit、owner、tos、statistic、time、ttl、multiport、state、mark、mac、comment 和 quota 等。

例如,匹配指定的端口要以指定匹配的协议(TCP 或 UDP)为前提条件,在使用--source-port(可简用--sport)选项匹配源端口或者使用--destination-port(可简写为--dport)选项匹配目标端口之前,必须使用-m 选项指定对应的 TCP 或 UDP 模块。因为实际在设置和管理 iptables 规则时,通常在匹配端口之前先使用-p tcp 或-p udp 匹配协议,而扩展模块名称又恰好与协议名称相同,所以往往缺省指定扩展模块的-m 选项,iptables 默认会调用与-p 选项指定的协议名称相同的扩展模块。

与基本匹配条件相比,扩展匹配条件较为繁多和复杂,有些也并不常用,作为 iptables 的初学者来说,很难在短时间内掌握并熟记所有的匹配条件。因此,这里先给出 iptables 常用匹配条件的功能描述及使用示例,包括基本匹配条件以及常用的 4 个扩展匹配条件,如表 8-4 所示。其他更多的扩展匹配条件将在表后给出简单的说明,读者在学会 iptables 基本配置之后可查阅有关资料来进一步深入学习。

表 8-4 iptables 常用匹配条件及其功能描述和使用示例

匹 配 条 件	功能描述和使用示例
-p protocol	描述:匹配指定的协议。协议可用名称表示,如 tcp、udp、icmp 等,也可用对应的整数表示,如 tcp 为 1、udp 为 17、icmp 为 6;若无该匹配条件则默认为 all,但 all 仅表示 tcp、udp、icmp 这 3 种协议,而不是指/etc/protocol 文件中包含的所有协议;协议前加一个前缀"!"表示除该协议外的所有协议 示例:iptables -A INPUT -p tcp -j ACCEPT iptables -A OUTPUT -p icmp --icmp-type echo-reply -j ACCEPT
-s address[/mask]	描述:匹配源地址。地址通常有 4 种表示形式:①单个地址如 192.168.1.48,也可以写为 192.168.1.48/32 或 192.168.1.48/255.255.255.255;②网络地址如 192.168.1.0、192.168.1.0/24 或 192.168.1.0/255.255.255.0;③地址加前缀"!",如!192.168.1.0 表示除该地址段外的所有地址;④不跟地址表示所有地址,也可以写成 0.0.0.0/0 示例:iptables -A INPUT -s 192.168.0.5 -j ACCEPT iptables -A INPUT -s 192.168.0.0/24 -j ACCEPT
-d address[/mask]	描述:匹配目标地址。地址的表示形式与-s 中的源地址相同 示例:iptables -I INPUT -d 192.168.0.1 -p tcp --dport 80 -j ACCEPT iptables -A OUTPUT -s 127.0.0.1 -d 127.0.0.1 -o lo -j ACCEPT
--sport port1[:port2]	描述:匹配源端口。该匹配条件通常以-p 选项匹配 tcp 或 udp 为前提,若不指定匹配端口,则表示匹配指定协议的所有端口。虽然端口号也可用/etc/services 文件中标注的相应服务名称替代,但这样会增加系统的额外开销,所以建议直接指定端口号;若在端口号前添加"!"表示指定除该端口以外的其他所有端口;可以同时指定多个连续的端口号,但无法标识端口不连续的情况 示例:iptables -A INPUT -p tcp --sport 80 -j ACCEPT

匹配条件	功能描述和使用示例
--dport port1[:port2]	描述：匹配目标端口。该匹配条件及端口指定的说明与匹配源端口相同 示例：iptables -A INPUT -p tcp --dport 22 -j ACCEPT
-i name	描述：匹配数据包被接收的接口名称（只适用于 INPUT、FORWARD 和 PREROUTING 链），如 eth1、ppp0 等；接口名称结尾处的数字也可用"＋"通配符，如 eth＋表示匹配从所有以太网接口流入的数据包 示例：iptables -A INPUT -i eth0 -j ACCEPT
-o name	描述：匹配用于发送数据包的接口名称（只适用于从 FORWARD、OUTPUT 和 POSTROUTING 链流出的数据包），接口名称指定方法与-i 相同 示例：iptables -A FORWARD -o ppp+ -j ACCEPT iptables -A FORWARD -i eth0 -o eth1 -p　tcp -j ACCEPT
-f	描述：指定数据包的第二个和以后的 IP 碎片 示例：iptables -A FORWARD -f -s 192.168.0.0/24 -d 192.168.1.200 -j ACCEPT
--icmp-type {type[/code]|typename}	描述：匹配 ICMP 类型。与 TCP 和 UDP 不同，ICMP 包是根据其类型进行匹配的。ICMP 类型可以使用十进制数值或相应的名称表示，数值是在 RFC792 中定义的；类型名称可以使用 iptables -p icmp -h 命令查看。该匹配条件中也可以在 ICMP 类型前加"!"取反，表示匹配除该类型以外的所有 ICMP 包 示例：iptables -A INPUT -p icmp --icmp-type echo-request -j ACCEPT iptables -A OUTPUT -p icmp --icmp-type echo-reply -j ACCEPT
--tcp-flags mask comp	描述：匹配 TCP 标记。有两个参数，第一个参数提供检查范围；第二个参数提供被设置的条件。该匹配操作可以识别以下标记：SYN、ACK、FIN、RST、URG 和 PSH，或者用 ALL 来指定所有标记，用 NONE 来表示未选定任何标记 示例：iptables -A FORWARD -p tcp --tcp-flags ALL SYN,ACK -j ACCEPT

其他扩展匹配条件的主要功能简要说明如下。

(1) limit：匹配过滤器限制速率。使用 limit 可以对指定规则的日志数量加以限制，以免被信息的洪流淹没；还可以控制某条规则在一段时间内的匹配次数（即可以匹配的数据包数量），这样就能够减少 DoS SYN Flood 攻击（拒绝服务攻击的一种方式）的影响。

(2) owner：匹配本地产生的数据包的创建者相关特性，包括用户名、用户 ID、群组名和群组 ID 以及关联的套接字(Socket)。该匹配只适用于 OUTPUT 和 POSTROUTING 链，转发的数据包没有任何 Socket 关联它们，从内核线程的数据包中也有一个 Socket，但通常没有所有者。

(3) tos：匹配数据包的 ToS(Type of Service，服务类型)字段。ToS 是 IP 报头的一部分，由 8 个二进制位组成，包括一个 3 位的优先权字段（现在已被忽略）、4 位的 ToS 子字段和 1 位未用位（必须置 0）。

(4) statistic：匹配基于统计条件的数据包，包括设置规则匹配的模式（random 或

nth);为数据包设置概率(0~1,只工作在 random 模式);设置每 n 个数据包中匹配 1 个包(只工作在 nth 模式);设置计数器初始值($0 \leqslant P \leqslant n-1$,默认为 0,只工作在 nth 模式)。

（5）time：指定匹配数据包到达的时间/日期范围,包括--datestart、--datestop、--timestart 和--timestop,以及--monthdays、--weekdays、--localtz 等选项。

（6）ttl：匹配 IP 报头中的 TTL(Time To Live)值。TTL 值是一个 8 位二进制数值,一旦经过一个处理它的路由器,其值就会减 1。当 TTL 值减为 0 时,数据包就会被认为不可转发而被丢弃,并发送 ICMP 报文通知源主机。

（7）multiport：匹配一组源端口或目标端口,最多可以指定 15 个端口。该匹配条件只能与-p tcp 或-p udp 结合使用,也可以用 port1:port2 方式指定一个端口范围。

注意：不能在一条 iptables 规则中同时使用标准端口匹配和多端口匹配,比如以下这条规则就是错误的。

```
#iptables -A INPUT -p tcp --dport 53 -m multiport --dport 21,23 -j ACCEPT
```

（8）state：匹配数据包的连接状态(可用的有 INVALID、ESTABLISHED、NEW 和 RELATED 4 种)。状态匹配扩展要有内核中的连接跟踪代码的协助,因为它是从连接跟踪机制中得到的数据包的状态。每个连接都有一个默认超时值,连接时间一旦超过了这个值,该连接就会被从连接跟踪的记录数据库中删除,也就是说该连接就不再存在了。

（9）mark：匹配数据包中被设置的 mark 值。mark 值只能由内核更改,它不是数据包本身的一部分,而是在数据包穿越计算机的过程中由内核分配的和它相关联的一个字段,可能被用来改变数据包的传输路径。

（10）mac：匹配源 MAC 地址。MAC 地址是一个 48 位二进制数,采用每个字节转换成十六进制数并以冒号(:)间隔的形式,如 00:26:2D:FD:6B:5C。

（11）comment：允许添加注释到任何规则。需要先使用-m 选项加载 comment 扩展模块,再用--comment 添加注释,注释内容应加双引号。

（12）quota：为每个数据包通过字节计数器实现网络配额。需要先使用-m 选项加载 quota 扩展模块,再用--quota 指定以字节为单位的配额数量。

4. 控制 iptables 服务

（1）检查 iptables 软件包安装情况,以下显示表明 iptables 软件包已完成安装。

```
#rpm -qa |grep iptables
iptables-devel-1.4.7-11.el6.i686
iptables-1.4.7-11.el6.i686
iptables-ipv6-1.4.7-11.el6.i686
#
```

（2）启动、停止、重启 iptables 服务,操作命令如下。

```
#service iptables start                 //启动 iptables 服务
#service iptables stop                  //停止 iptables 服务
#service iptables restart               //重启 iptables 服务
#service iptables status                //重启 iptables 服务运行状态
//若 iptables 服务已运行,则会显示每个表、链中所有已存在的规则
```

注意：更准确、严格地来说,iptables 不能称为真正意义上的"服务",而应该算是内核提供的功能,因为它运行后并没有守护进程。但由于 iptables 与其他服务一样,可以使用 service 命令来进行启动、停止和重启等操作,所以人们也就习惯地将其称为服务了。

(3) 设置开机自动启动 iptables 服务,操作命令如下。

```
#chkconfig iptables on                  //将 iptables 服务设置为自动启动
#chkconfig --list iptables              //查看 iptables 服务的自动启动状态
iptables       0:off   1:off   2:on    3:on    4:on    5:on    6:off
//可见在运行级别 2、3、4、5 上将开机自动启动 iptables 服务
#
```

(4) 保存和恢复 iptables 规则。当配置了 iptables 规则之后,应使用 iptables-save 命令将 iptables 规则保存到指定的文件中,以便在 iptables 出现故障或者有其他需要时,能够使用 iptables-restore 命令将这些 iptables 规则迅速恢复,操作命令如下。

```
#iptables-save>/etc/iptables_save
//将此前已配置的 iptables 规则保存到/etc/iptables_save 文件中
#iptables-restore</etc/iptables_save
//将保存在/etc/iptables_save 文件中的 iptables 规则进行恢复(生效)
#
```

(5) 使用 service iptables save 命令可以将已配置好的 iptables 规则保存到/etc/sysconfig/iptables 文件(iptables 服务配置文件)中,当 Linux 系统启动时会自动使用该文件中的规则,操作命令如下。

```
#service iptables save                  //保存 iptables 规则到配置文件中
iptables: Saving firewall rules to /etc/sysconfig/iptables:[OK]
#
```

注意：在命令提示符下执行 iptables 命令直接设置防火墙规则仅在关机前有效,系统重启后这些 iptables 规则就不存在了。一般来说,如果不是要让已建立的一个 iptables 规则集开机自动生效,应使用 iptables-save 命令将其保存到用户指定的文件中,特别是需要建立多个规则集时可以存放到多个不同的文件中。虽然这些存放 iptables 规则集的文件不会随 Linux 系统启动而自动生效,但使用 iptables-restore 命令可以迅速恢复并生效。将恢复规则的命令保存在/etc/rc.d/rc.local(随 Linux 启动而自动执行的脚本)文件中,或者将存放 iptables 规则的文件复制为/etc/sysconfig/iptables 配置文件,都能使保存的 iptables 规则成为自动启动生效的 iptables 规则。

8.3.3 企业网络 iptables 防火墙配置实战

通过前面各个项目的实施,我们已经在新源公司内部网络中部署了 DNS、Web、FTP、E-mail 等服务器。现要求所有内网计算机能够访问 Internet,只有 Web 站点对外发布,FTP 和 E-mail 服务器仅对内部员工开放,网络管理员可以通过外网进行远程管理。为了保证企业网络的安全性,需要添加 iptables 防火墙,并配置相应的策略。

1. 设计网络拓扑结构及规划 IP 地址和端口

添加了 iptables 防火墙的新源公司的网络拓扑结构如图 8-23 所示。

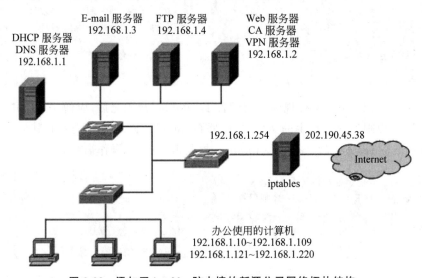

图 8-23 添加了 iptables 防火墙的新源公司网络拓扑结构

各服务器及办公用计算机的 IP 地址已在图 8-23 中标出,这是在项目 1 和项目 2 中已经规划好的。配置 iptables 防火墙的服务器有两块网卡,外网接口为 eth0:202.190.45.38,内网接口为 eth1:192.168.1.254。根据公司的访问需求,需要开放的端口信息如表 8-5 所示。

表 8-5 需要开放的端口信息

服务名称	协议名称	端　口　号
Web 服务器	TCP	80
	UDP	
SSH 服务	TCP	22(管理员用于远程管理)
DNS 服务器	TCP	53
	UDP	

续表

服务名称	协议名称	端　口　号
FTP 服务器	TCP	20、21
	UDP	
E-mail 服务器	TCP	TCP：25
	UDP	TCP/UDP：110、143、993、995
即时通信软件	TCP	80、8000、443、1863
	UDP	8000、4000

2. iptables 配置实施

（1）清除原有策略。主要是针对默认的 filter 表和 nat 表，删除表中的链需要首先删除链中的所有规则(-F)，然后删除空链(-X)，最后将规则链归零(-Z)，操作如下。

```
#iptables -F                              //删除默认的 filter 表中的策略
#iptables -X
#iptables -Z
#iptables -t nat -F                       //删除 nat 表中的策略
#iptables -t nat -X
#iptables -t nat -Z
```

（2）设置默认策略。默认策略是指当比对完链上所有规则均不符合时对数据包的处理方式。在 iptables 安装后，默认全部内置链都是开启的，这样并不利于安全管理。因此，这里关闭 filter 表中的 INPUT 和 FORWARD 链，开启 OUTPUT 链；将 nat 表中的 3 个链 PREROUTING、OUTPUT 和 POSTROUTING 全部开启。最后，鉴于有些服务的测试需要用回送地址，所以需要允许回送地址的通信，操作如下。

```
#iptables -P INPUT DROP                   //设置默认的 filter 表中的默认策略
#iptables -P FORWARD DROP
#iptables -P OUTPUT ACCEPT
#iptables -t nat -P PREROUTING ACCEPT     //设置 nat 表中的默认策略
#iptables -t nat -P OUTPUT ACCEPT
#iptables -t nat -P POSTROUTING ACCEPT
#iptables -A INPUT -i lo -j ACCEPT
```

（3）设置连接状态。添加连接状态设置的目的是简化防火墙配置操作，并提高检查效率，操作如下。

```
#iptables -A INPUT -m state --state ESTABLISHED,RELATED -j ACCEPT
```

（4）设置相关服务端口。公司内网提供了多种网络服务，只要将表 8-5 所列的服务端口打开即可。这些开放端口的规则基本类似，以下仅给出部分配置命令且不再注释，其余请读者自行补齐。

```
#iptables -A FORWARD -p tcp --dport 80 -j ACCEPT
#iptables -A FORWARD -p tcp --dport 53 -j ACCEPT
#iptables -A FORWARD -p udp --dport 53 -j ACCEPT
#iptables -A INPUT -p tcp --dport 22 -j ACCEPT
#iptables -A FORWARD -p tcp --dport 25 -j ACCEPT
#iptables -A FORWARD -p tcp --dport 110 -j ACCEPT
#iptables -A FORWARD -p udp --dport 110 -j ACCEPT
#iptables -A FORWARD -p tcp --dport 143 -j ACCEPT
#iptables -A FORWARD -p udp --dport 143 -j ACCEPT
...
```

（5）设置 NAT。内网地址为私有地址，无法在互联网上使用，因此必须将私有地址转换为服务器的外网地址，连接外网的接口为 eth0。另外，Web 服务器是允许外网访问的，所以需要把内网 Web 服务器 IP 地址（192.168.1.2）映射到外网地址。

```
#iptables -t nat -A POSTROUTING -o eth0 -s 192.168.1.0/24 -j MASQUERADE
#iptables -t nat -A PREROUTING -i eth0 -p tcp --dport 80 -j DNAT --to-dest
ination 192.168.1.2:80
```

（6）保存 iptables 配置。使用重定向命令来保存前面设置的 iptables 规则集。

```
#iptables-save>/etc/iptables-save
```

小　　结

基于纯文本协议 HTTP 的 Web 服务存在明文传输容易被窃听数据、没有验证容易被伪装身份进而被篡改数据等安全问题，人们把 HTTP 通信接口部分采用 SSL 协议代替，利用 SSL 提供的公钥和身份绑定的数字证书验证机制，实现了具有加密通信、身份验证以及完整性保护功能的 HTTPS，使传统的 Web 服务得到了安全保证。这也是以公钥理论和技术支持并提供安全服务的公钥基础设施 PKI 的应用领域之一。PKI 技术是信息安全技术的核心，也是目前电子商务、电子政务等系统以及企业网络安全的关键技术。

数字证书认证机构（CA）专门负责为各种验证需求提供数字证书服务的公正、权威且可信赖的第三方机构，而数字证书就是经 CA 确认、签名并颁发的一个包含公钥及其拥有者信息的文件。对于全球性的商业网站，数字证书通常是从一些国际知名的证书颁发机构（如 VeriSign）购买，以增强网站服务的信誉度，但对于以测试为目的的网站或者用户之间相互信任的个人项目网站，数字证书往往采用无需费用的自签名证书，或者向一些免费的验证供应商（如 StartSSL 等）申请获得。

在 Linux 系统中，OpenSSL 是一个开放源代码的基于 SSL 协议的产品。如果使用 OpenSSL 软件结合自签名证书来架设安全 Web 服务的 HTTPS 网站，一般需要三个步骤：①搭建自己的 CA 证书服务器；②向 Web 服务器颁发证书；③将 Web 站点配置为要求 HTTPS 访问。但因为没有使用由受信任的 CA 颁发的安全证书，所以当客户机使用浏览器首次访问 HTTPS 网站（注意地址以 https://而不是 http://开头）时，会提示安全证书存在问题的警报，这就需要安装来自 Web 服务器的证书，并将其颁发机构存储为受信任的根证书颁发机构之后才能正常访问。

在初步完成企业信息化建设后，包括服务器在内的网络安全问题随之成为需要优先解决的问题。在企业内部网络与外部网络之间架设防火墙，以限制和隔离网络用户某些工作，从而最大限度地阻止网络中的黑客攻击，是企业网络重要的安全技术手段之一。防火墙是计算机硬件和软件结合的一种技术，其工作方式有包过滤、应用级网关和电路级网关等多种类型，而利用免费的、内置于 Linux 内核中的 iptables 来构建防火墙成为众多中小企业的理想选择。iptables 是一种包过滤防火墙，其核心思想是检查所经过的每一个数据包的包头信息，并按预先设定的规则来决定如何处理这个数据包。

实际上 netfilter/iptables 才是一个完整的包过滤系统实体，只是用户往往忽略了内核空间的 netfilter 组件，仅以用户空间供人们使用的命令行工具 iptables 来简称之。netfilter 是 Linux 内核中的一个安全框架，由一些表组成，每个表由若干个链组成，而每条链中又可以包含一条或数条规则。iptables 按照管理员预定义的规则办事，规则就是"如果数据包头符合这样的条件，就这样处理这个数据包"。因此，根据实际"防火"需求来配置 iptables 防火墙，其实就是使用 iptables 工具来管理表和链中的一条条规则，而一条完整的 iptables 规则由表名、命令选项、链名、匹配条件和目标动作 5 个要素组成。其中，表和链是指定 iptables 操作的对象；命令选项是指定管理规则的操作方式；匹配条件用于指定如何匹配一个数据包；而目标动作才是真正要执行的任务。iptables 可以像其他服务那样使用 service 命令来进行启动、停止和重启等。在 iptables 规则配置完成后可以使用 iptables-save 命令将这些规则保存到指定的文件中，需要时可以用 iptables-restore 命令将其恢复。还可以使用 service 命令把规则保存到 iptables 默认配置文件/etc/sysconfig/iptables 中，使用户设置的 iptables 规则随 Linux 系统启动而自动加载和生效。

习　　题

一、简答题

1. 解释下列名词：①HTTPS；②SSL；③CA；④数字证书；⑤PKI。

2. 基于纯文本协议 HTTP 的 Web 服务存在哪些安全问题？

3. PKI 系统主要由哪几部分组成？举例说明 PKI 技术的应用。

4. 数字证书可以通过哪些途径获得？分别适用于什么场合？

5. 在 Linux 中，要配置基于 SSL 的安全 Web 站点，需要安装哪两个软件？

6. 如果使用 OpenSSL 软件结合自签名证书来架设安全 Web 服务的 HTTPS 网站，一般需要做哪些工作？

7. 怎样在客户端访问 HTTPS 网站？其默认端口号是多少？

8. 简述防火墙的作用。

9. 什么是包过滤防火墙？iptables 由哪两个组件组成？

10. iptables 中有哪些表？iptables 有哪些内置链？简述表、链和规则之间的关系。

11. 一条完整的 iptables 规则由哪些要素组成？这些要素在规则中分别起什么作用？

二、训练题

1. 盛达电子公司已在 CentOS 平台下架设了可供外网访问的 Web 服务器，该服务器的 IP 地址为 192.168.3.1，域名为 www.sddz.com。由于该站点具有电子商务功能，为保证 Web 交易的安全，现需将站点架设为基于 SSL 的 HTTPS 站点，采用自签名数字证书实现身份验证以及数据的加密通信，以确保信息传递的安全。

（1）根据上述需求分析，详细设计项目实施方案，并完成盛达电子公司 CA 证书服务器以及基于 SSL 的安全 Web 站点的配置。

（2）在客户端对 HTTPS 站点进行访问测试。

（3）按附录 C 中简化的项目文档撰写 CA 及安全 Web 服务配置项目实施报告。

2. 盛达电子公司除架设有 Web 服务器外，还架设有 FTP 服务器（IP 地址为 192.168.3.2，域名为 ftp.sddz.com）和 E-mail 服务器（IP 地址为 192.168.3.3，域名为 mail.sddz.com）。但只有 Web 服务器可供外网访问，其余服务器只供内部员工访问，且不允许员工使用即时通信软件 QQ。现通过安装有 iptables 防火墙的服务器充当网关连接 Internet，该服务器连接外网的接口为 eth1，公网 IP 地址通过 ISP 自动获取；连接内网的接口为 eth0，IP 地址为 192.168.3.254。

（1）根据上述需求，应该在 iptables 防火墙上开放哪些端口？

（2）根据上述需求，如何初始化 iptables 默认策略较为合理？

（3）完成 iptables 的配置，并保存 iptables 规则。

参 考 文 献

[1] 王宝军.网络服务器配置与管理(Windows 2008+Linux)[M].北京：清华大学出版社,2015.

[2] 於岳.Linux 应用大全.服务器架设[M].北京：人民邮电出版社,2014.

[3] 林天峰,谭志彬.Linux 服务器架设指南[M].2 版.北京：清华大学出版社,2014.

[4] 潘红,张同光.Linux 操作系统[M].北京：高等教育出版社,2006.

[5] 原建伟,李延香.Linux 系统管理与服务配置[M].北京：中国铁道出版社,2017.

[6] SmarTraining 工作室,梁如军,丛日权.Red Hat Linux 9 网络服务[M].北京：机械工业出版社,2006.

[7] 何世晓.Linux 网络服务配置详解[M].北京：清华大学出版社,2011.

[8] 倪继利.Linux 安全体系分析[M].北京：电子工业出版社,2007.

[9] 施威铭研究室.Linux 命令详解词典[M].北京：机械工业出版社,2008.

[10] 王钧民,邢丽.网络服务器配置与管理项目教程[M].北京：电子工业出版社,2009.

[11] 江锦祥,王宝军.计算机网络与应用[M].2 版.北京：科学出版社,2009.

[12] 陈忠文,周志敏.Linux 操作系统实训教程[M].2 版.北京：中国电力出版社,2009.

[13] 杨海艳,冯理明,王月梅.CentOS 系统配置与管理[M].北京：电子工业出版社,2017.

[14] 李晨光.Linux 企业应用案例精解[M].北京：清华大学出版社,2012.

[15] 卧龙小三.实战 Linux Shell 编程与服务器管理[M].北京：电子工业出版社,2010.

[16] 王宝军.微机与操作系统贯通教程[M].北京：清华大学出版社,2009.

[17] 付爱英,曾勋炜,徐知海,等.在 Sendmail 中实现 SMTP 认证的技术方案[J].计算机与现代化,2005 (7).

附录 A　Linux 系统管理基础

A.1　Linux 文件系统

1. 文件系统概述

文件是具有名字的一组相关信息的集合,也是外存上存放信息的基本单位。文件系统就是管理文件有关的软件和数据的集合,是操作系统五大功能模块之一,也是与用户使用计算机结合最紧密的部分。用户通过文件系统可以透明地按名称查找和访问文件,而无须关心文件的物理存取过程。

Linux 最初使用的文件系统是 Minux,但它主要用于教学演示,功能很不完善。目前的 Linux 发行版本使用功能强大的 Ext3 或 Ext4 文件系统,它支持达 4TB 的分区容量,且支持 255 个字符的长文件名。从用户使用的角度来说,Ext 文件系统与 Windows 系统使用的 FAT、FAT32 和 NTFS 文件系统有较大的区别,甚至有些概念完全不同。正因为如此,很多习惯于使用 Windows 的用户在初学 Linux 时都会感觉困难,一旦认识到这些概念和使用上的差别,就能很快学会并适应 Linux 系统管理的各项操作。

Windows 将磁盘的每一个逻辑分区看成是一个独立的磁盘,标识为 C:、D:等这样的盘符,每个盘都有独立的树状目录结构,即每个盘都有一个根目录。但在 Linux 中并不把分区看作一个独立的磁盘,也没有盘符的概念,而是把整个存储空间看作一棵"树",即只有一个根目录。在 Linux 系统启动时,把 Linux 的主分区挂载成根目录"/",其他任何一个逻辑分区或存储设备(如光盘、U 盘、网络盘)都挂载到这棵树的某个目录下,如图 A-1 所示。例如,把光盘挂载到/mnt/cdrom 目录下之后,该目录下的文件列表就是光盘中的文件列表了。

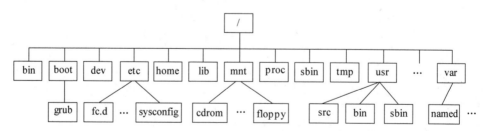

图 A-1　Linux 系统的目录结构

2. Linux 系统目录

Linux 安装完成后,在根目录下已经建立了许多默认的系统目录。这些目录按照不同的用途保存特定的文件,常用的系统目录如下。

（1）/bin：操作系统使用的各种命令程序和不同的 Shell。

（2）/boot：系统启动时必须读取的文件,包括系统核心文件。

（3）/dev：保存外设代号的文件,实际是指向外设的指针。

（4）/etc：保存与系统设置和管理相关的文件,如 GRUB 配置文件 grub.conf、保存用户账号的 passwd 文件等。它包含许多子目录,如/etc/rc.d 下包含了启动或关机时所执行的脚本文件;/etc/X11 下包含了 X Window System 配置文件。

（5）/home：保存用户的专属目录,在创建用户时,默认会自动在该目录下创建一个与用户名同名的目录,作为该用户的专属目录。

（6）/lib：保存一些共享的函数库。其中/lib/modules 目录下保存了系统核心模块。

（7）/lost+found：扫描文件系统时若找到错误片段,则以文件形式存于此处等待处理。

（8）/misc：供管理员存放公共文件的空目录,仅管理员具有写权限。

（9）/mnt：默认用于挂载的目录,如/mnt/cdrom 常用于挂载光驱。

（10）/proc：保存内核与进程信息的虚拟文件,如通过 ps 查看的消息即从此读取。

（11）/root：系统管理员专用的目录,也就是 root 账号的主目录。

（12）/sbin：存放启动系统时需执行的程序,如 fsck、init、lilo 等。

（13）/tmp：供用户或某些应用程序存放临时文件,默认所有用户都可读/写/执行。

（14）/usr：用来存放系统命令、程序等信息。它包含有许多子目录,如/usr/bin 存放用户可执行的命令程序（如 find、gcc 等）;/usr/include 存放供 C 程序语言加载的头文件。

3. Linux 系统中的文件

在 Linux 系统中,任何一个文件都包括两部分：索引节点（包含文件名、权限、文件主、大小、存放位置、建立时间等信息的 i 节点）和数据。文件名最长 255 个字符,可包含除斜杠(/)和空字符以外的任何 ASCII 字符。

注意：在 Linux 系统中,文件名以及命令中的英文字母都是区分大小写的,而且文件名中可包含多个“.”,甚至用“.”开头表示该文件是隐含文件。这与 DOS 和 Windows 系统中不同,Linux 中没有用不同扩展名来表示不同文件类型的概念,通常在文件名后加上后缀只是用户的习惯用法。

在 Linux 中,文件分为普通文件、目录文件和设备文件 3 种类型。

（1）普通文件。普通文件属于无结构文件,只是把文件作为有序的字节流序列提交给应用程序,由应用程序组织和解释并把它们归并为 3 种类型：文本文件、数据文件和可执行二进制程序。可以用 file ＜filename＞命令来查看文件类型。

（2）目录文件。目录文件是一类特殊的文件，它构成文件系统的分层树状结构。每个目录中都有两个固有的、特殊的隐含目录，即当前目录本身（.）和当前目录的父目录（..）。

（3）设备文件。Linux 把所有设备都视为特殊的文件，也就是面向用户的虚拟设备，实现了设备无关性。设备文件都存放在/dev 目录下，分为字符设备和块设备两大类，用于标识各个设备驱动程序。例如，IDE 接口的硬盘分区设备名为 hda1、hda2 等，其中 hd 表示 IDE 接口的硬盘，字母 a 表示第一个物理硬盘（相应可以有 b、c、d），数字 1 表示第 1 个分区，以此类推。又如，sda1 表示第一个 SCSI 接口硬盘的第 1 个分区，或者是 USB 接口上的 U 盘。再如，eth0 表示第 1 个以太网卡接口。

注意：在 PC 系统中，一个物理硬盘最多可划分为 4 个主分区或扩展分区，而扩展分区还可以划分成多个逻辑分区（Windows 中称逻辑盘）。因此，硬盘分区设备名的最后一位数字用 1～4 分别表示 4 个主分区或扩展分区，而数字 5 及以后的编号表示逻辑分区号。但在 GRUB 中表示硬盘分区是从 0 开始编号的。

文件的存取权限总是针对用户而言的，Linux 中描述一个文件的存取权限是针对文件主、同组用户和其他用户这三类不同用户分别表达的；而每一类用户又规定了读（r）、写（w）和执行（x）3 种权限。其中，执行权限对于目录来说，是指可以打开目录并在目录中查找的权限。这里使用 ls -l 或 ll 命令以长格式（详细格式）列出文件目录，来说明文件或目录详细信息的描述格式和含义，如图 A-2 所示。

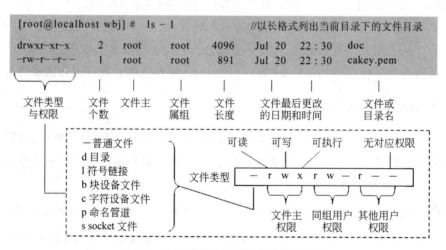

图 A-2　文件或目录详细信息的表达格式

需要说明的是，第 2 列所表示的文件个数，若此项为目录，则表示该目录下包含的文件或目录的个数；若此项为文件，则文件个数就是 1。另外，如果用 ls 命令以简略格式只列出文件或目录名称，则会用不同颜色来表示不同的文件类型，如白色为普通文件、蓝色为目录、绿色为可执行文件、红色为压缩文件、浅蓝色为链接文件、黄色为设备文件等。

4. 文件系统的挂载与卸载

1) 挂载文件系统

启动 Linux 系统时,只有安装 Linux 时创建的 Linux 分区才会自动被挂载到指定的目录,机器上的其他硬盘分区、外部连接的光盘和 U 盘等存储设备都不会自动挂载。当用户要使用这些存储设备上的文件时,必须对它们进行手动挂载。

挂载文件系统命令 mount 的一般格式如下。

```
mount ［选项］［设备名称］［挂载点］
```

其中,设备名称是指明在/dev 下相应的设备文件名;挂载点用于指定挂载到文件系统的哪个目录,常用的选项有以下两个。

(1) -t ＜文件系统类型＞。指定设备的文件系统类型,常用的有 ext3(Ext3)、msdos(FAT16)、vfat(FAT32)、ntfs(NTFS)、iso9660(光盘标准文件系统)、cifs(Internet 文件系统)、auto(自动检测文件系统)等,如挂载 FAT16/32 文件系统可缺省该选项。

(2) -o ＜选项＞。指定挂载文件系统时的选项,常用的有 ro(只读方式挂载)、rw(可写方式挂载)、user(允许一般用户挂载)、nouser(不允许一般用户挂载)、codepage＝×××(代码页,简体中文为 936)、iocharset＝×××(字符集,简体中文为 cp936 或 gb2312)。

注意:挂载点必须是一个已存在的空目录,它可以在整个目录树的任意位置,但系统管理员习惯上会在/mnt 下创建一个新的目录作为挂载点。

以下是用于挂载光驱和 U 盘的命令示例。

```
[root@localhost ~]#mount -t iso9660 /dev/cdrom /mnt/cdrom        //挂载光驱
[root@localhost ~]#mkdir /mnt/udisk              //创建用于挂载 U 盘的 udisk 目录
[root@localhost ~]#mount /dev/sdb1 /mnt/udisk              //挂载 U 盘
```

注意:如果用户的计算机上有内置光驱,则 Linux 安装后就会在/mnt 目录下自动创建一个名为 cdrom 的空目录,这就是用于挂载光驱的默认目录;如果用户使用的是外接光驱,则 cdrom 目录可能并不存在,所以就必须像挂载 U 盘之前创建 udisk 目录那样手动创建 cdrom 目录。

2) 卸载文件系统

凡是使用 mount 命令手动挂载的文件系统,在使用完毕或关机前都必须将其卸载,以免数据丢失。卸载文件系统的命令是 umount,其命令格式如下。

```
umount ［挂载点］
```

以下是用于卸载光驱和 U 盘的命令示例。

```
[root@localhost ~]#umount /mnt/cdrom                          //卸载光驱
[root@localhost ~]#umount /mnt/udisk                          //卸载 U 盘
```

注意：系统启动时自动挂载的文件系统在关机前不需要手动卸载。另外,如果用户要在 VMware 虚拟机上的 Linux 系统中挂载 U 盘,首先需要安装 VMware Tools,接着在插入 U 盘后选择"虚拟机"→"可移动设备"→用户的 U 盘设备→"连接(断开与主机的连接)"命令(见图 A-3),使 U 盘断开与实体机的连接而连接到虚拟机上,然后才能进行挂载操作。

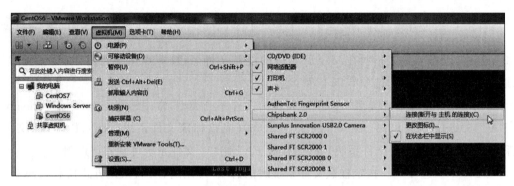

图 A-3　VMware 虚拟机中连接 U 盘设备

3）系统启动时自动挂载

如果希望硬盘的其他分区或其他存储设备能在 Linux 启动时就自动挂载好,可以在/etc/fstab 文件中添加要自动挂载的文件系统。该文件中的每一行包含 6 个字段,用空格或 Tab 分隔,其格式如下。

```
<file system> <dir> <type> <options> <dump> <pass>
```

其中,<file system>为要挂载的文件系统(分区或存储设备);<dir>为文件系统的挂载目录;<type>为要挂载的文件系统类型;<options>为挂载时使用的选项,如 ro(只读方式挂载)、rw(读写方式挂载)、user(允许任意用户挂载)、nouser(不允许普通用户即只允许 root 挂载)、defaults(使用文件系统的默认挂载参数)等,多个选项间用逗号(,)间隔;<dump>用 0 和 1 两个数字来决定是否对该文件系统进行备份,0 表示忽略,1 表示进行备份;<pass>用 0、1、2 三个数字来表示当 fsck 检查文件系统时的检查顺序,通常根目录应当获得最高的优先权 1,其他设备通常设置为 2,而 0 表示不检查文件系统。

以下是在/etc/fstab 中添加一行内容,使系统启动时自动挂载光驱的示例。

```
[root@localhost ~]#vim /etc/fstab                    //在文件最后添加如下一行内容
/dev/cdrom  /mnt/cdrom  iso9660  noauto,codepage=936,iocharset=gb2312 0 0
```

A.2　使用 vi /vim 文本编辑器

vi(Visual Interface)是 Linux 和 UNIX 系统字符终端下使用的标准全屏幕编辑器，vim(vi Improved)是 vi 的增强版。与 DOS 下的 Edit 编辑器使用菜单方式不同，vi/vim 采用不同工作模式切换的方法来完成各种编辑和命令操作，这正是不少初学者抱怨它不如 Edit 好用的主要原因，而一旦熟练使用之后，就会体验到 vi/vim 强大且便捷的编辑功能。

1. vi/vim 的启动与工作模式切换

启动 vim 只须执行 vim 命令即可，通常在命令名称后跟上要编辑的文件名。例如：

```
[root@localhost wang]#vim abc.txt          //启动 vim 编辑当前目录下的 abc.txt 文件
```

vi/vim 编辑器有 3 种不同的工作模式：命令模式、输入模式和末行模式。刚进入编辑界面时处于命令模式下。3 种模式之间相互切换操作如图 A-4 所示。

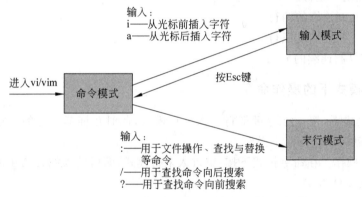

图 A-4　vi/vim 编辑器 3 种工作模式及其相互切换

2. 基本编辑操作

进入 vi/vim 编辑器打开文本后，按 i 键即切换到输入模式下，就可以输入或修改文本的内容。此时的输入模式实际上是插入模式，即输入的字符总是插入在当前光标位置的前面，可以用 Insert 键来切换插入或改写模式。

注意：vi/vim 的按键区分大小写且默认处于小写状态，按非小写字母键时要结合 Shift 键。

下面介绍命令模式下常用于复制、删除、粘贴一块内容的操作方法。

（1）光标移动。除了使用方向键移动光标外，最常用的几个特殊操作是：按 PgDn 键可向后移动一页；按 PgUp 键可向前移动一页；按 0 键移至行首；按 $（即 Shift＋4）键移至行尾;按 H 键移至屏幕第一行;按 M 键移至屏幕中间行;按 L 键移至屏幕最后一行。

(2) 选中要操作的一块内容。将光标移至块首字符,按 v 键后用方向键将光标移至块尾,此时选中的文本内容会反白显示。

(3) 复制、删除与粘贴命令。选中文本后,可使用以下按键执行所需的操作。

① d:删除文本。

② y:复制文本。

③ p:粘贴文本。

④ u:恢复删除。

注意:这里的"删除"操作相当于 Windows 系统中的"剪切",因此,删除与复制都会将选定的文本内容放到暂存区内,将光标移至目标位置后用于粘贴。

(4) 针对一整行或连续多行的特殊操作命令如下。

① dd:删除一整行。

② d2d:删除连续的两行。

③ d3d:删除连续的三行。

④ dnd:删除连续的 n 行。

⑤ yy:复制一整行。

⑥ y2y:复制连续的两行。

⑦ y3y:复制连续的三行。

⑧ yny:复制连续的 n 行。

3. 末行模式下的操作命令

在命令模式下,按:、/或?键都将进入末行模式,此时在屏幕末行的行首会显示相应的字符,然后就可以进行以下操作。

(1) 文件操作。在命令模式下按:键进入末行模式,然后输入如表 A-1 所示的命令即可完成相应的文件操作。

表 A-1　末行模式下的文件操作命令

输入命令	功 能 说 明
q	退出 vi/vim 编辑器,如文件被修改过,则存储文件
q!	强制退出 vi/vim 编辑器,不保存修改过的内容
wq	保存文件并退出 vi/vim 编辑器
e	添加文件,可赋值文件名称
n	加载赋值的文件

(2) 查找文本。在命令模式下按/键或?键进入末行模式(前者用于向后查找,后者用于向前查找),然后在/或?后输入要查找的字符串并按 Enter 键,就会在文本中找到相应的字符串并将光标停留在第一个字符串的位置,此时按 n 键(向后)或 N 键(向前)就可以将光标定位到下一个找到的字符串位置。

（3）替换文本。在命令模式下按：键进入末行模式，输入如下格式的替换命令。

[范围]s/要替换的字串/替换为字串/[c,e,g,i]

其中，范围是指文本中需要查找并替换的范围，其表达有几种不同的方式：用 n,m 表示从第 n 行至第 m 行；用 1,$ 表示第 1 行至最后一行，也可用%代表目前编辑的整个文档，注意范围后要跟一个小写字母 s。可选的[c,e,g,i]4 个选项含义分别是：c 表示每次替换前会询问；e 表示不显示 error；g 表示不询问就全部替换；i 表示不区分大小写。

A.3　Linux 中的软件安装

Linux 中常见的软件安装包大致分为源代码包（简称源码包）和 RPM 包两大类。源码包的安装相对复杂一些，通常需要经过解压/解包、配置、编译和安装等几个步骤；而 RPM 包只须使用一条 rpm 命令即可完成安装，如果用户已配置上网或者已将 RPM 资源存放于本地某个目录，还可以使用 yum 命令自动下载或调取并完成安装。

1. 安装源码包

源码包是将开发完成的软件源代码经过打包并压缩后直接发布的一种安装包。源码包最常见的是后缀为.tar.gz 的包，这种软件安装包是采用 tar 工具将多个文件以及包含的子目录打包为一个文件，然后采用 gzip 工具对打包后的文件进行压缩而生成的。实际中还会遇到另一种后缀为.tar.bz2 的源码包，它与.tar.gz 包相比只是在文件压缩时使用了压缩能力更强的 bzip2 工具。

从源码包的生成过程可见，要安装源码包，首先就要对其进行解压和解包的操作。tar 命令不仅是一个文件打包/解包工具，而且还集成了压缩/解压缩功能，所以只要执行一条 tar 命令就可以完成对源代码安装包的解压和解包。tar 命令的一般格式如下。

tar [选项] [包文件名] [需打包的文件]

tar 命令用于解包时只须指定包文件名即可。用于打包时则需要两个参数：①打包后生成的包文件名；②需要打包的文件，通常是指定某个目录或者是使用通配符来表示的多个文件。至于 tar 是用于打包和压缩还是解压和解包，完全取决于命令所使用的选项，常用的选项如下。

（1）-c：创建新的备份文件，即打包一个目录或者一些文件。

（2）-f：使用备份文件或设备，这个选项通常是必需的。

（3）-x：从备份文件中释放文件，即解包。

（4）-z：调用 gzip 来压缩/解压文件，可将打包的文件压缩，或在解包时先解压。

（5）-j：调用 bzip2 来压缩/解压文件。

（6）-v：显示处理文件信息的进度。

下面以一个名为"俄罗斯方块"的小游戏为例介绍对源码包进行解包以及后续的配

置、编译和安装过程。假设该小游戏的源码包 ltris-1.0.19.tar.gz 已从网上获取,并存放在 U 盘的 game 目录下,则操作步骤如下。

步骤 1　将存放在 U 盘上要安装的软件包复制到 Linux 系统本地指定目录下,并对源码包 ltris-1.0.19.tar.gz 进行解包。

```
[root@localhost~]#cd /mnt
[root@localhost mnt]#mkdir udisk                    //创建用于挂载 U 盘的目录
[root@localhost mnt]#mount /dev/sdb1 udisk       //挂载 U 盘
[root@localhost mnt]#cp udisk/game/ltris-1.0.19.tar.gz /wbj
//将 U 盘 game 目录下的软件包复制到/wbj 目录下,可以指定复制到已存在的其他目录
[root@localhost mnt]#cd /wbj                      //进入软件包所在的目录
[root@localhost wbj]#ls                           //查看已复制的软件包
lost+found ltris-1.0.19.tar.gz soft
[root@localhost wbj]#tar -xzvf ltris-1.0.19.tar.gz
...    //解包至当前目录,显示的解包处理信息略
[root@localhost wbj]#ls
lost+found ltris-1.0.19 ltris-1.0.19.tar.gz soft
//再次查看软件包所在的当前目录,会增加解包后生成的 ltris-1.0.19 目录
[root@localhost wbj]#
```

注意:在进行解包时,通常都需要备份文件,并希望看到解包时处理文件信息的进度,因此,使用 tar 命令对源码包进行解包时,-xzvf 选项组合几乎是一种固定搭配;如果是解包后缀为.tar.bz2 的源码包,只须把其中的-z 选项换成-j,即使用-xjvf 选项组合。同样,tar 命令用于打包并压缩文件的选项组合为-czvf 或-cjvf,建议读者记住这些选项组合。

步骤 2　进入解包后生成的软件目录,通常在该目录下会有一个名为 configure 的可执行脚本文件,执行该脚本就可以完成对软件的配置。

```
[root@localhost wbj]#cd ltris-1.0.19              //进入解包后生成的目录
[root@localhost ltris-1.0.19]#ls
...        //列出的文件目录略,读者应该会看到有一个用于软件配置的 configure 脚本文件
[root@localhost ltris-1.0.19]#./configure        //执行脚本进行软件配置
...        //显示的配置过程信息略,成功完成配置后将生成用于编译的 Makefile 文件
[root@localhost ltris-1.0.19]#
```

注意:有些源码软件包在解包后,通常会将 configure 文件存放在某个下级目录中,如果没有 configure 文件而已有一个用于编译的 Makefile 文件,则可以跳过软件配置的步骤,直接执行编译和安装的步骤。还有一些俗称绿色软件的软件包在解包后生成的目录中直接就有该软件名称的一个可执行脚本,运行它即可启动软件,而无须进行配置、编译和安装。但不管怎样,在解包后的软件目录中,通常会有一个 README 文件,读者可以根据该文件中描述的步骤来安装和使用软件。

步骤 3 对软件进行编译。

```
[root@localhost ltris-1.0.19]#make            //对软件进行编译
...      //显示的编译过程信息略
[root@localhost ltris-1.0.19]#
```

步骤 4 对软件实施安装。

```
[root@localhost ltris-1.0.19]#make install        //对软件实施安装
...      //显示的安装过程信息略,至此安装完成
```

步骤 5 软件安装后的处理以及软件的运行。

```
[root@localhost ltris-1.0.19]#make clean       //清除编译产生的文件
[root@localhost ltris-1.0.19]#make distclean     //清除配置产生的文件
[root@localhost ltris-1.0.19]#cd /usr/local/bin
[root@localhost bin]#ls ltris
ltris                    //该文件就是软件的可执行程序(显示为绿色)
[root@localhost bin]#./ltris        //执行脚本即可运行所安装的软件
[root@localhost bin]#
```

    注意:源码包一般都不带有自动反安装程序,这使得软件的升级、卸载等管理工作尤为困难。源码包的安装步骤虽稍显烦琐,但上述从解包、配置、编译到安装的过程几乎是通用且固定的,所以也并不难掌握。默认情况下,大多数应用软件都会被安装到/usr/local/bin 或/usr/bin 目录下,可执行脚本的文件名通常就是软件安装包名称开头的英文单词。对于有经验的管理员来说,实际上在进行软件配置时也可以指定安装位置。例如:

```
[root@localhost ltris-1.0.19]#./configure--prefix=/usr/local/ltris
```

2. 安装和管理以 RPM 包形式发布的软件

    RPM(Red Hat Packet Manager)是 Red Hat 公司开发的软件包管理器,而符合 RPM 规范的软件安装包就称为 RPM 包,其典型格式为:软件名-版本号-释出号.体系号.rpm。RPM 包其实是一个可执行程序形式的软件安装包,在终端字符界面下使用 rpm 命令就可以很方便地对软件进行安装、升级、卸载和查询等操作;而在图形界面下安装和管理软件则更为简便,如同在 Windows 中使用"添加/删除程序"那样。RPM 遵循 GPL 版权协议,用户可以在符合 GPL 协议的条件下自由使用和传播。

    一般来说,软件包的安装就是把包内的各个文件复制到特定的目录。但 RPM 安装软件包不仅如此,在软件安装前、后还会做以下工作。

    (1)检查软件包的依赖。RPM 格式的软件包中通常包含有依赖关系的描述,如软件执行时需要什么动态链接库和其他程序以及版本号等。当 RPM 检查时发现所依赖的链接库或程序等不存在或不符合要求时,默认的做法是终止软件包的安装。

（2）检查软件包的冲突。有的软件与某些软件不能共存，软件包的作者会将这种冲突记录到 RPM 包中。安装时若检测到有冲突存在，将会终止安装。

（3）安装前执行脚本程序。此类程序由软件包的作者设定，需要在安装前执行，通常是检测操作环境、建立有关目录、清理多余文件等，为顺利安装作准备。

（4）处理配置文件。用户往往会根据需要对软件的配置文件做相应的修改，rpm 命令对配置文件采取的措施是：将原配置文件先做一个备份（原文件名上再加 .rpmorig 后缀），而不是简单地覆盖，这样用户可以根据需要恢复配置，避免了重新设置带来的麻烦。

（5）解压软件包并存放到相应位置。这是安装软件包最关键的部分，rpm 命令将软件包解压，把释放的所有文件存放到正确的位置，并正确设置文件的操作权限等属性。

（6）安装后执行脚本程序。这是为软件的正确执行设定相关资源。

（7）更新 RPM 数据库。安装后 rpm 命令将所安装的软件及相关信息记录到其数据库中，以便于以后升级、查询、校验和卸载。

（8）安装时执行触发脚本程序。触发脚本程序在软件包满足某种条件时才触发执行，用于软件包之间的交互控制。

rpm 命令的一般格式如下。

```
rpm［选项］［RPM 软件包名］
```

常用的选项说明如下。

-i：安装软件包。

-e：卸载（删除）软件。

-U：升级软件包。

-V：校验软件包。

-v：显示附加信息。

-h：显示安装进度的 hash 记号（#）。

-q：查询软件包，常紧跟-a 选项以查询所有安装的软件。

注意：在下载 RPM 软件包的 FTP 站点上经常会看到两种目录：RPMS/ 和 SRPMS/。其中，RPMS/ 下存放的就是以上所说的以 .rpm 结尾的软件安装包，它们是由软件的源代码编译成可执行文件再包装成 RPM 软件包的；而 SRPMS/ 下存放的都是以 .src.rpm 结尾的文件，是由软件的源代码直接包装而成的，要安装这类 RPM 软件包，必须使用"rpm --recompile 包名"命令把源代码解包、编译并安装，如果使用"rpm --rebuild 包名"命令，则不仅会把源代码解包、编译并安装，而且在安装完成后还会把编译生成的可执行文件重新包装成 RPM 软件安装包。

下面将安装中文终端软件 CCE，并对其进行查询、校验、安装和卸载。假设已得到 RPM 包 cce-0.51-1.i386.rpm，并存放在/wbj 目录下。

```
[root@localhost bin]#cd /
[root@localhost /]#rpm -qa |grep cce          //查询 CCE 软件包
[root@localhost /]#                            //无显示表示未安装
[root@localhost /]#rpm -V cce                  //检验 CCE 软件包
package cce is not installed                   //显示未安装
[root@localhost /]#cd /wbj
[root@localhost wbj]#ls
cce-0.51-1.i386.rpm  lost+found  ltris-1.0.19  ltris-1.0.19.tar.gz  soft
[root@localhost wbj]#rpm -ivh cce-0.51-1.i386.rpm    //安装 CCE 软件包
Preparing...            ###########################################[100% ]
   1:cce                ###########################################[100% ]
[root@localhost /]#rpm -qa |grep cce          //查询 CCE 软件包
cce-0.51-1.i386                                //显示已安装该软件
[root@localhost wbj]#rpm -V cce                //检验 XMMS 软件包
[root@localhost wbj]#                          //无显示表示已安装
[root@localhost wbj]#rpm -e cce                //卸载 CCE 软件
[root@localhost wbj]#
```

注意：管理员在安装软件时总是希望看到安装进度（hash 记号＃）和一些附加信息，所以用 rpm 命令安装软件时，-ivh 选项组合几乎是固定搭配，上述用于查询软件的命令也是一种习惯用法。这些选项组合务必牢记。另外，源自 Debian 的 Linux 发行版（如 Ubuntu、Knoppix）都使用 DPKG 软件包管理器，用于安装和管理后缀为.deb 的软件包。

3. 使用 yum 自动下载并安装 RPM 软件包

虽然 RPM 在一定程度上简化了 Linux 中的软件安装与管理，但它只能用于安装已经下载到本地的 RPM 包，而且 RPM 包有一个很大的缺点就是文件的依赖性（关联性）太大，有时安装一个软件就要安装很多依赖的其他软件包，而用户事先又不了解与哪些软件包具有怎样的依赖关系，这使得软件的搜寻、下载和安装还是非常麻烦。

yum 能够自动处理 RPM 软件包之间的依赖关系，它是一个在 Fedora、Red Hat 以及 SUSE 中基于 RPM 的 Shell 前端软件包管理器，可以从指定的软件仓库中自动查找和下载要安装的软件及其所有与之依赖的 RPM 包，并自动完成安装。其中，软件仓库（Repository）也称为 yum 源，可以是由用户设定的本地软件池，也可以是网络服务器（HTTP 或 FTP 站点）。yum 起源于由 Yellow Dog 这一 Linux 发行版的开发者 Terra Soft 研发的 yup，后经杜克大学的 Linux@Duke 开发团队改进为 yum。

要使 yum 能够自动查找、下载和安装软件，关键就是要配置可靠的 yum 源，或者说正确搭建 yum 服务器。yum 源配置文件存放在/etc/yum.repos.d 目录下，其文件名必须以.repo 结尾。默认情况下，CentOS 已经有一些配置文件，用 vi 打开 CentOS-Base.repo 文件就可以看到 baseurl 路径为 CentOS 官网自身的一个 yum 源的路径。如果用户要创建和使用自己的 yum 源，可以将这些默认的配置文件先移到其他目录（如/opt）下，或者直接在/etc/yum.repos.d 目录下将配置文件重命名（如结尾再添加.bak）。当然，也可以先备份这些默认配置文件，然后用 vi 编辑 CentOS-Base.repo 文件，将其中的 baseurl 修改为自己需要的 yum 源的路径,如设置成国内的阿里云源 http://mirrors.aliyun.com/repo/Centos-6.repo。

注意:无论是在/etc/yum.repos.d 目录下建立自己的 yum 源还是修改系统原有的默认 yum 源,切记要对默认的配置文件进行备份。事实上凡是要修改系统配置文件,都要养成先备份原文件的习惯。

下面以建立本地 yum 源和外网 yum 源两个案例来说明 yum 源的配置方法。

(1) 建立本地 yum 源。在服务器无法上网的情况下,可以直接将 CentOS 安装光盘上存放所有 RPM 软件包中的/Packages 目录,或者将其中所有文件复制到本地某个目录作为 yum 源来使用。这里假设已将光盘上所有 RPM 软件包复制在/centos6 目录下,建立该本地 yum 源的方法如下。

```
[root@localhost wbj]#cd /
[root@localhost /]#mv /etc/yum.repos.d/* /opt        //备份默认 yum 源
[root@localhost /]#vi /etc/yum.repos.d/local.repo //创建 local.repo
//输入以下内容
[CentOS]                                    //资源标识,整个文本中唯一
name=CentOS                                 //资源名称,整个文本中唯一
baseurl=file:///centos6/                    //本地资源的路径
enabled=1                        //打开仓库,若为 0,则关闭仓库
gpgcheck=1                       //是否进行 GPG 检查,1 表示检查,0 表示不检查
//GPG 检查是在使用 yum 安装软件时对软件输入公钥进行验证,看来源是否安全
//若要检查,则设置 gpgkey,使用 file 协议导入公钥,其路径为系统自带的公钥存放位置
gpgkey=file:///etc/pki/rpm-gpg/RPM-GPG-KEY-CentOS-6     //保存并退出
[root@localhost /]#
```

(2) 建立外网 yum 源。以建立 http://mirrors.163.com/上的软件资源为例,建立此外网 yum 源的方法如下。

```
[root@localhost /]#vi /etc/yum.repos.d/163.repo               //创建 163.repo
//输入以下内容
[BASE]
name=centos6
baseurl=http://mirrors.163.com/centos/$releasever/os/$basearch
enabled=1
gpgecheck=1
gpgkey=http://mirrors.163.com/centos/RPM-GPG-KEY-CentOS-6  //保存并退出
[root@localhost /] yum clean all               //清除缓存,通常在新建 yum 源后使用
```

接下来就可以使用 yum 来安装和管理软件了。yum 提供了查找、安装、更新、删除指定的一个或者一组甚至全部软件包的命令,而且命令非常简明好记。这里仅给出常用的yum 命令使用格式与功能。

(1) yum check-update:列出所有可更新的软件清单。

（2）yum update：安装所有软件更新。

（3）yum install package_name：安装指定的软件。

（4）yum update package_name：更新指定的软件。

（5）yum list package_name：列出指定可安装的软件清单。

（6）yum remove package_name：删除指定的软件。

（7）yum search package_name：查找指定的软件。

（8）yum list installed：列出所有已安装的软件包。

（9）yum list extras：列出所有已安装但不在 yum 源内的软件包。

（10）yum info package_name：列出指定软件包的信息。

（11）yum provides package_name：列出软件包提供哪些文件。

（12）yum clean all：清除缓存目录（/var/cache/yum）下的软件包及旧的 headers。

有些软件在安装过程中会出现一些提示信息，并要求用户输入 yes 或 no。为了简化安装过程，yum 命令在用于软件安装时还可以使用-y 选项，这样每当出现要求用户确认的提示时将全部自动选择为 yes，也就无须与用户交互了。

A.4　Shell 编程基础

Linux 的 Shell 除了可以交互式地解释和执行用户输入的命令外，还可以利用定义变量和参数的手段以及丰富的程序控制结构来设计功能复杂的程序。使用 Shell 编写的程序称为 Shell 脚本（Shell Script），又称为 Shell 程序或 Shell 命令文件。

如同学习一门其他计算机语言的程序设计一样，要完全掌握 Shell 编程技术不是一蹴而就的，这里通过几个简单任务的实施来引领读者入门 Shell 脚本的设计。

1. 建立和执行一个简单功能的 Shell 脚本

Shell 脚本实际上就是为实现特定目标或功能而将 Shell 命令按某种序列集合在一起的一个文本文件，可以用任何文本编辑器（如 vi/vim）来编写。由于 Shell 脚本是解释执行的，所以不需要编译成目标程序。Shell 脚本的第一行通常是♯!/bin/bash，其中♯表示该行是注释，!表示运行紧跟其后的/bin/bash 命令，并让/bin/bash 去执行 Shell 脚本的内容。

下面首先来编写一个功能非常简单的 Shell 脚本，文件名为 exam1.sh，其中的每一行都是前面学过的 Linux 命令，请读者自行分析。

```
[root@localhost /]#cd /wang
[root@localhost wang]#vi exam1.sh                      //编写脚本,输入以下内容
#!/bin/bash
#this is a example
mkdir /wang/shem
```

```
echo - n "My name is " >/wang/shem/myself.txt
NAME="WANG Bao-jun."                               //定义变量 NAME 并赋初值
echo $NAME >>/wang/shem/myself.txt
date >>/wang/shem/myself.txt
cat /wang/shem/myself.txt                          //输入结束,保存并退出
[root@localhost wang]#ls -l exam1.sh
-rw-r--r--.  1  root  root  202  Aug 16 12:24  exam1.sh
[root@localhost wang]#
```

执行 Shell 脚本有以下 3 种方法。

```
bash Shell 脚本名    //方法 1:调用一个新的 bash,将 Shell 脚本文件作为参数传递给它
bash <Shell 脚本名   //方法 2:利用输入重定向使 Shell 命令解释程序的输入来自脚本文件
Shell 脚本名         //方法 3:须将 Shell 脚本设置为可执行文件,才能直接执行脚本
```

一般来说,对于新建的 Shell 脚本的正确性还没有把握时,应当使用前两种方法来试着执行;而在 Shell 脚本调试好之后,应使用 chmod 命令将其设置为可执行文件(即添加执行权),以后就可以如同执行一个 Linux 命令那样,只要输入 Shell 脚本文件名即可执行,而且它还可以被其他的 Shell 脚本调用。

注意:虽然可以和执行 Linux 命令一样,只输入文件名来执行一个具有可执行权的 Shell 脚本,但如果该 Shell 脚本不在 PATH 设定的那些路径下,则必须在文件名前指定路径,即使是存放在当前目录下,也要加上“./”的路径名称,否则就会提示 command not found 的出错信息。因此,如果希望任何情况下都只输入 Shell 脚本文件名就能执行,而无须指定路径,就必须将 Shell 脚本存放到 PATH 设定的默认路径下(如/bin、/usr/bin 等),也可以修改环境变量 PATH 的值,把存放 Shell 脚本的目录也添加到 PATH 包含的路径中。

下面使用两种方法来执行 exam1.sh,查看此 Shell 脚本的执行结果。

```
[root@localhost wang]#bash exam1.sh                    //第 1 种方法执行脚本
My name is WANG Bao-jun.
Thu Aug 16 12:38:41 CST 2018
[root@localhost wang]#chmod a+x exam1.sh               //第 2 种方法,先添加执行权
[root@localhost wang]#ls -l exam1.sh
-rwxr-xr-x.   1    root    root   202    Aug 16 12:24  exam1.sh
[root@localhost wang]#./exam1.sh
mkdir: cannot create directory '/wang/shem': File exists
My name is WANG Bao-jun.
Thu Aug 16 12:54:14 CST 2018
[root@localhost wang]#
```

由于第一次执行时已建立了/wang/shem 目录,所以在第二次执行 exam1.sh 时提示该目录已经存在的出错信息,这正是需要通过程序控制结构来进一步优化的问题。

2. Shell 中的变量

Shell 有 4 种变量：用户自定义变量、环境变量、预定义变量和位置变量。

（1）用户自定义变量。这是用户按照下面的语法规则定义的变量。

```
变量名=变量值
```

为了区别于 Shell 命令，变量名习惯上使用大写字母。要引用变量值时须在变量名前加 $，在特定条件下还可以使用变量替换，这时变量名要用大括号 { } 括起来，例如：

```
[root@localhost wang]#MN=wangbaoj                    //定义变量 MN 并赋值
[root@localhost wang]#echo $MN                       //引用变量 MN 的值
wangbaoj
[root@localhost wang]#MYNAME=${MN}un                 //使用变量替换
[root@localhost wang]#echo $MYNAME
wangbaojun
[root@localhost wang]#unset MN                       //删除变量 MN
[root@localhost wang]#echo $MN

[root@localhost wang]#
```

（2）环境变量。环境变量是一些已定义的与系统工作环境有关的变量，以下是一些常用的环境变量。

① CDPATH：用于 cd 命令的查找路径。

② HOME：用于保存注册目录的完全路径名。

③ PATH：保存用冒号分隔的目录路径，Shell 将按此顺序搜索可执行的命令。

④ PS1：主提示符，默认特权用户是 #；普通用户是 $。

⑤ PS2：若输入命令行以 \ 结尾并按 Enter 键，就显示这个辅助提示符（默认为 >）。

⑥ PWD：当前工作目录的绝对路径名，其值随 cd 命令的使用而变化。

（3）预定义变量。与环境变量类似，也是系统中已定义的变量，不同的是用户只能使用，而不能重新定义它们。这类变量都是由 $ 符和另一个符号组成的，以下是一些常用的预定义变量。

① $0：当前执行的进程名。

② $!：后台运行的最后一个进程号。

③ $?：命令执行后的返回码，即检查上一命令是否正确执行，0 为正确，非 0 为出错。

④ $*：所有位置参数的内容。

⑤ $#：位置参数的数量。

⑥ $$：当前进程的进程号。

⑦ $-：使用 set 及执行时传递给 Shell 的标志位。

⑧ $@：所有参数，个别的用双引号括起来。

（4）位置变量。这是在调用 Shell 程序的命令行中按照各自的位置决定的变量，是在程序名之后输入的参数。位置变量之间用空格分隔，Shell 取第 1 个位置变量替换程序文件中

的 $1,第 2 个替换 $2,以此类推。注意 $0 是一个特殊变量,是当前 Shell 程序的文件名。

3. 测试命令 test

与传统语言不同的是,Shell 用于指定条件值的不是布尔表达式,而是 test 命令和测试表达式。

test 测试表达式

test 命令主要用于以下 4 种情况。

(1) 两个整数值的比较。常用比较符有:等于(-eq)、大于或等于(-ge)、大于(-gt)、小于或等于(-le)、小于(-lt)和不等于(-ne)。

(2) 字符串比较。常用比较或测试符有:相等(=)、不相等(!=)、字符串长度为零(-z 字符串)和字符串长度不为零(-n 字符串)。

(3) 文件操作。常用测试符有:文件存在且为块文件(-b)、文件存在且为字符型文件(-c)、文件存在且为目录(-d)、文件存在(-e)、文件存在且为普通文件(-f)、文件存在且可读(-r)、文件存在且至少有一个字符(-s)、文件存在且可写(-w)和文件存在且可执行(-x)。

(4) 逻辑操作。用于表达两个或多个命令之间在执行上的关系,有 && 和 || 两个测试符。这里假设 c1、c2 和 c3 为 3 个不同的命令,逻辑操作符的常见用法如下。

① c1 && c2:仅当 c1 执行成功时才执行 c2。

② c1 || c2:仅当 c1 执行出错时才执行 c2。

③ c1 && c2 && c3:仅当 c1 和 c2 执行成功时才执行 c3。

④ c1 && c2 || c3:仅当 c1 执行成功,c2 执行出错时才执行 c3。

test(测试)命令在 Shell 编程中起着十分重要的作用,为了能与其他编程语言一样便于阅读和组织,bash 在使用 test 时还可以采用另一种表达方法,即用方括号将整个 test 的内容括起来。下面通过一些实例来说明 test 的用法,读者自行分析显示的结果。

```
[root@localhost wang]#NUM1=55
[root@localhost wang]#NUM2=0055
[root@localhost wang]#test $NUM1 -eq $NUM2
[root@localhost wang]#echo $?              //显示上一命令执行的返回码
0                                          //显示为 0,表示测试结果为真
[root@localhost wang]#test $NUM1 -ne $NUM2
[root@localhost wang]#echo $?
1                                          //显示为 1,表示测试结果为假
[root@localhost wang]#STR1=wangbaojun
[root@localhost wang]#STR2=wbj
[root@localhost wang]#test $STR1 =$STR2
[root@localhost wang]#echo $?
1
[root@localhost wang]#test -n $STR1
[root@localhost wang]#echo $?
```

```
0
[root@localhost wang]#test -d /etc/httpd
[root@localhost wang]#echo $?
0
[root@localhost wang]#test -d /wang/exam1.sh
[root@localhost wang]#echo $?
1
[root@localhost wang]#test -x /wang/exam1.sh
[root@localhost wang]#echo $?
0
[root@localhost wang]#test -w /wang/exam1.sh && test -d /root && echo OK!
OK!
[root@localhost wang]#test -w /wang/exam1.sh && test -d /root || echo OK!
[root@localhost wang]#                                  //此时无显示,未能执行 echo 命令
[root@localhost wang]#[ -x /wang/exam1.sh ] && echo executable
executable
[root@localhost wang]#[ -w /wang/exam1.sh ] && [ !-d /root ] || echo OK!
OK!
[root@localhost wang]#
```

4. 其他常用的内部命令

在 Shell 编程中,除 test、echo 等命令外,还有以下几个常用的内部命令。

(1) expr。常用于计算给定表达式的值,包括算术、比较、关系等运算。

(2) eval。该命令后面往往跟一个命令(用 cmd 表示以便说明),eval 会对 cmd 进行两遍扫描。如果 cmd 是个普通命令,则 eval 第一遍扫描后就执行 cmd;如果 cmd 中含有变量的间接引用,则 eval 第一遍扫描时会进行所有的置换,第二遍扫描时才执行 cmd。

(3) readonly。用于将指定的变量定义为只读变量(赋值后就不再改变)。

(4) export。用于将指定的变量定义为全局变量,使该变量在之后运行的所有命令或程序中都可以访问到。

(5) read。read 后跟变量名列表,用于从键盘上接收一个或多个以空格或 Tab 键间隔的数据,依次赋给该命令变量列表中的各个变量。

5. Shell 编程中的流程控制

(1) 复合结构。bash 中可以使用一对花括号{}或圆括号()将多条命令复合在一起,使它们在逻辑上成为一条命令。其中,使用{}括起来的多条命令一般出现在管道符|的左边,bash 将从左到右依次执行各条命令,并将结果汇集在一起形成输出流,作为|后面的输入。执行()中的命令时,会创建一个新的子进程,由这个子进程去执行其中的命令。这样,在命令运行时对状态的改变不会影响下面语句的执行。

(2) 分支结构。分支结构有以下三种格式。

if 条件语句	elif-then 结构	case 条件选择结构
if 条件命令串 then 　　条件为真时的命令串 else 　　条件为假时的命令串 fi	if 条件命令串 then 　　命令串 elif 条件命令串 then 　　命令串 elif 条件命令串 then 　　命令串 fi	case string in 　pattern1) 　　命令串;; 　pattern2) 　　命令串;; 　… 　*) 其他命令串;; esac

(3) 循环结构。循环结构有以下三种格式。

for 循环	while 循环	until 循环
for 变量名 in 参数 1 参数 2 …参数 n do 　　命令串 done	while 条件命令串 do 　　命令串 done	until 条件命令串 do 　　命令串 done

(4) 无条件控制。有时候在编程中要用到一种以 true 或 false 作为条件命令串的无限循环技巧,在这种情况下,在循环体命令行中就需要用 break 或 continue 命令来退出循环。其中,遇到 break 命令则立即退出循环;而遇到 continue 命令则忽略本次循环中剩余的命令,继续下一次循环。

(5) 使用 shift 命令。由于 bash 的位置参数变量为 $1～$9,因此,通过位置变量只能访问前 9 个参数,如果要访问前 9 个参数之后的参数,就必须使用参数移位命令 shift。而且 shift 后可加整数实现一次多个移位,如 shift 3。

6. 利用分支和循环结构编写 Shell 脚本示例

为了使前面建立的 exam1.sh 脚本无论执行多少次,都不会出现/wang/shem 目录已经存在的出错信息,需要对其做这样的改进:能判断/wang/shem 目录是否存在,若该目录已经存在,则无须创建;若该目录不存在,则创建该目录。

```
[root@localhost wang]#vi exam1.sh                //修改 exam1.sh
#!/bin/bash
#this is a example
if [ !-d /wang/shem ]                            //修改了此处 4 行
then
    mkdir /wang/shem
fi
echo -n "My name is " >/wang/shem/myself.txt
NAME="WANG Bao-jun."
echo $NAME >>/wang/shem/myself.txt
```

```
date >>/wang/shem/myself.txt
cat /wang/shem/myself.txt                         //修改结束,保存并退出
[root@localhost wang]#./exam1.sh
My name is WANG Bao-jun.
Thu Aug 16 23:14:25 CST 2018
[root@localhost wang]#./exam1.sh
My name is WANG Bao-jun.
Thu Aug 16 23:47:25 CST 2018                       //执行 2 次均无出错提示
[root@localhost wang]#
```

下面利用循环结构编写一个 Shell 脚本(add.sh),将脚本执行时后面跟着的多个整数值求和,最后输出求和的结果。

```
[root@localhost wang]#vi add.sh                    //编写脚本,输入以下内容
#!/bin/bash
#This is a summation script.
SUM=0
until [ $#-eq 0 ]
do
    SUM=` expr $SUM +$1 `
    shift
done
echo "sum is: $SUM"                                //脚本内容输入结束,保存并退出
[root@localhost wang]#bash add.sh 15 20 33
sum is: 68
[root@localhost wang]#
```

注意: Shell 脚本中经常用到 3 种引号:单引号、双引号和反引号。单引号(')内的所有内容都原样输出,可以说是所见即所得;双引号(")内如果有变量、特殊转义符或者反单引号中的命令,将解析或执行得到结果后再输出最终的内容;反单引号(`)一般用于执行命令,如 add.sh 脚本中 SUM=` expr $SUM+ $1`命令就是将反单引号中命令的执行结果赋给 SUM 变量。

A.5　Linux 常用命令速览

这里仅以列表的形式给出 Linux 系统管理最常用的命令,以及这些命令最基本也最常见的选项和使用方法,如表 A-2 所示,以供读者速览。如果要更全面、深入地学习 Linux 系统管理命令,读者可以参阅本书相关章节介绍或其他 Linux 命令手册和资料,也可以使用"man 命令名"来了解指定命令的使用方法。

表 A-2　常用 Linux 命令的功能及基本使用方法

命令名	功　能	命令格式与常用选项	范例及说明

mkdir	创建目录	mkdir［选项］目录名
		-m：新建目录的同时设置存取权限
		-p：若指定目录路径中某些目录不存在也一并创建，即一次创建多个目录
			♯ mkdir /wbj
			//在根目录下创建 wbj 目录
			♯ mkdir -p /wbj/soft/game
			//soft 和 game 一并被创建

rmdir	只能删除空目录	rmdir［选项］目录名 -p：递归删除目录，当该目录删除后其父目录为空则一同被删除	♯ rmdir /wbj/soft/game //删除 game 目录

cd	改变当前工作目录	cd［目标目录］
		注：目标目录可用绝对路径或相对路径描述。路径中常用"."表示当前目录，".."表示父目录，"～"表示当前用户主目录，其他命令中用法相同
			♯ cd /wbj/soft
			//进入 soft 目录
			♯ cd ..
			//回到父目录
			♯ cd
			//改变至用户主目录
			♯ cd ～/bin
			//改变至用户主目录下的 bin 目录
			♯ pwd
			//显示当前目录
			/root/bin

pwd	显示当前工作目录	pwd	♯ pwd /root　　//当前目录绝对路径

ls	显示文件目录列表	ls［选项］［目录或文件名］
		-a：列出指定目录下所有子目录与文件，包括隐藏文件
		- l：长格式显示文件目录的详细信息
			♯ ls -l
			//长格式列文件目录
			♯ ls /wbj
			//列出/wbj 目录下的所有文件
			♯ ls /etc/i *
			//列出以 i 开头所有文件
			♯ ls /etc/inittab
			//列出指定文件

cp	复制文件或目录	cp［选项］源文件或目录 目标文件或目录
		- f：覆盖已存在的目标文件而不提示
		- i：与-f 相反，覆盖目标文件之前给出提示要求用户确认（y/n）
		- r：若复制的源和目标为目录，将递归复制该目录下所有的子目录和文件
			♯ cp /etc/inittab /bak
			//将文件同名复制到 bak 下
			♯ cp /etc/inittab /bak/inittab.bak
			//改名复制到 bak 下
			♯ cp -f /wbj/a * /bak
			//强行复制以 a 开头的所有文件
			♯ cp -i a.txt b.txt c.txt /bak
			//复制多个文件到 bak 下
			♯ cp -r /wbj/soft /
			//将 soft 目录树复制到根下

mv	移动文件或目录	mv［选项］源文件或目录 目标文件目录 选项用法与 cp 命令基本相同	♯ mv dd.txt abc.txt //此用法相当于文件改名

续表

命令名	功 能	命令格式与常用选项	范例及说明

rm	删除文件或非空目录	rm［选项］文件或目录列表
		-f：强制删除文件或目录而不提示
		-i：交互式删除，即删除前提示确认（y/n）
		-r：递归删除指定目录及其包含的所有文件和子目录
			♯ rm -rf /wbj/bak
			//强制删除 bak 目录且不提示
			♯ rm -i ab *
			//交互删除当前目录下以 ab 开头的
			//所有文件

cat	显示指定文件内容	cat［选项］文件列表 -s：连续多个空白行压缩为一个空白行	♯ cat /wbj/a.txt /wbj/bak/b.txt //显示指定的两个文件内容

	连接多个文件内容重定向到指定文件	cat 文件列表 ＞ 文件名	♯ cat a.txt b.txt c.txt ＞abc.txt
			//三个文件内容连接在一起后存入
			//abc.txt 文件

	键盘输入内容重定向到文件	cat ＞ 文件名 注：执行该命令后光标在行首，输入一行或多行文件内容后，要按 Enter 键另起新行。按 Ctrl＋C 组合键结束输入	♯ cat ＞/wbj/ab.txt My name is wbj. //此时按 Ctrl＋C 组合键 ♯

touch	修改文件或目录时间或创建空文件	touch［选项］［文件或目录］
		-a：将文件的存取时间改为系统当前时间
		-m：将文件的修改时间改为系统当前时间
		-d＜日期时间＞：将文件或目录的时间更改为指定的时间而非系统时间，时间格式可包含月份、时区名等文字表述
		-t＜日期时间＞：与-d 相同，但时间格式使用"年月日时分秒"
		-r＜参考文件＞：将文件或目录的时间设成与参考文件时间相同
			♯ cd /tmp
			♯ touch ab.txt　//创建空文件
			♯ touch -a ab.txt
			♯ touch -m ab.txt
			♯ touch -d "2 days ago"
			//将文件时间改为 2 天前
			♯ touch -t 201401301759.50
			//将文件时间改为 2014 年 1 月 30 日
			//17 时 59 分 50 秒
			♯ touch -r /wbj/abc.txt ab.txt

more	分屏显示文件内容	more［选项］文件列表 注：选项及命令用法与 cat 相似，文件内容较长时可分屏显示，常用于管道符后	♯ more /wbj/abc.txt ♯ cat /wbj/abc.txt ｜ more //按空格键往后翻页直至结束
less	分屏显示文件内容	less［选项］文件列表 注：类似于 more，但有更强的互动操作界面，如同全屏幕编辑界面浏览文件	♯ less /wbj/abc.txt ♯ cat /wbj/abc.txt ｜ less //可用光标键或翻页键，按 Q 键退出

命令名	功　能	命令格式与常用选项	范例及说明

find	查找文件	find［起始目录］［查找条件］
		注：从指定的起始目录开始递归地搜索各个子目录，查找满足条件的文件。可用-a（and）、-o（or）、-n（not）运算符组成多个复合条件，常用的选项如下
		-name filename：查找指定文件名的文件
		-user username：查找指定用户名的文件
		-group grpname：查找指定组名的文件
		-size n：查找大小为 n 块的文件
		-exec command：对匹配文件执行 command
			# find /wbj/ -name abc.txt
			//在 wbj 下搜索 abc.txt 文件
			# find /home/ - user wbj
			//在 home 下搜索 wbj 用户的文件
			# find / -name ifcfg * ｜ more
			//从根开始查找所有以 ifcfg 开头的
			//文件，并将查找结果分屏显示。注
			//意：从根开始搜索需要运行较长
			//时间

locate	查找文件	locate 文件名
		注：该命令是从由系统每天的例行工作程序（Crontab）所建立的资料数据库中搜索指定文件，而不是从目录结构中进行搜索，因此比 find 搜索速度快
			# locate /etc/inittab
			# locate /etc/in *
			# locate /wbj/abc.txt
			//有些未被 Crontab 收录进数据库
			//的文件是找不到的

whereis	查找文件	whereis［选项］文件名 注：该命令只能用于查找三类文件，缺省选项则返回所有找到的三类文件信息 -b：查找二进制文件 -s：查找源代码文件 -m：查找说明文件	# whereis -b find find：/bin/find /usr/bin/find # whereis -s find //未找到无返回信息显示

grep	筛选包含指定字符串的行	grep 字符串
		注：该命令也可查找文件，但最常用于管道｜后面，在前一条命令的输出结果中筛选包含指定字符串的行
			# rpm -qa ｜ grep dhcp
			//查询所有已安装的软件包，并筛选
			//出包含 dhcp 的行

sort	将文本文件内容排序后输出	sort［选项］［文件名］ -b：忽略每行开头的空格字符 -c：检查文件是否已经按照顺序排序 -n：依照数值的大小排序 -r：以相反的顺序来排序 注：该命令也常用于管道｜后面，将前一条命令的输出结果排序后再输出	# cat /wang/test.txt banana apple # sort /wang/test.txt apple banana # ls / ｜ sort
diff	比较并显示文本文件或目录的异同	diff［选项］文件或目录 1 文件或目录 2 注：以逐行的方式比较两个文本文件的异同；若指定的是目录，则比较目录中相同文件名的文件，但默认不会比较其子目录 -b：不检查空格字符的不同 -c：显示全部内容，并标出不同之处 -i：不检查大、小写的不同 -l：将结果交由 pr 程序来分页 -q：仅显示有无差异，不显示详细信息 -r：比较子目录中的文件 -w：忽略全部的空格字符	# cat aa.txt my name is wbj. ＋＋＋＋＋＋＋＋＋＋＋ # cat bb.txt my name is wbj. # # # # # # # # # # # # diff aa.txt bb.txt 2c2 ＜ ＋＋＋＋＋＋＋＋＋＋＋ --- ＞ # # # # # # # # # # # # diff -q aa.txt bb.txt Files aa.txt and bb.txt differ

续表

命令名	功 能	命令格式与常用选项	范例及说明
cmp	显示两个文件不同之处的信息	cmp［选项］文件名 1 文件名 2 -l：给出两个文件不同的每个字节的 ASCII 码 -s：不显示比较结果，仅返回状态参数	＃ cmp aa.txt bb.txt aa.txt bb.txt differ：byte 17，line 2 ＃ cmp -l aa.txt bb.txt
wc	统计文件的行数、字数和字符数	wc［选项］文件名 -l：统计文件的行数 -w：统计文件的字数 -c：统计文件的字符数 注：不加选项，则三者都统计	＃ wc aa.txt 2 5 32 aa.txt //2 行 5 字 32 字符 ＃ wc -c aa.txt 32 aa.txt
head	显示文件头部	head［选项］文件名 -i：输出文件的前 i 行，默认为头 10 行	＃ head aa.txt ＃ head -1 aa.txt
tail	显示文件尾部	tail［选项］文件名 -i：输出文件最后 i 行，默认为尾 10 行 ＋i：从文件的第 i 行开始显示	＃ tail aa.txt ＃ tail -1 aa.txt ＃ tail ＋2 aa.txt

tar	文件打包或解包	tar［选项］［包文件名］［文件］
		-c：创建新的备份文件（即打包指定文件）
		-f：使用备份文件或设备（常为必选选项）
		-r：把文件追加到备份文件末尾
		-t：列出备份文件中所包含的文件
		-v：显示处理文件信息的进度
		-x：从备份文件中释放文件（即解包）
		-z：用 gzip 来压缩或解压缩文件
		注：-z 选项用于打包文件的同时压缩文件、解压文件的同时解包文件。最常见的两种用法是：在安装源代码软件包时，使用固定搭配的-xzvf 选项组合，将.tar.gz 后缀的包进行解压、解包；使用固定搭配的-czvf 选项组合，将文件打包并压缩为.tar.gz 后缀的包
			＃ tar -cf exam.tar /app/ *
			//打包文件
			＃ tar -rf exam.tar /wbj/help.txt
			//在现有的包中追加文件
			＃ tar -tf exam.tar
			//列出包中含有哪些文件
			＃ tar -xzvf rp-pppoe-3.7.tar.gz
			//解压解包 pppoe 源码包
			＃ tar -czvf exam.tar.gz /app/ *
			//将 app 下所有文件打包并压缩为/exam.tar.gz 包

ln	建立文件或目录的链接	ln［选项］源文件或目录 目标文件或目录
		-s：建立符号链接（Symbolic Link）
		注：链接有硬链接和符号链接两种。硬链接是指一个文件可以有多个名称，链接文件和被链接文件必须位于同一个文件系统，并且不能建立指向目录的硬链接；符号链接是指产生一个特殊的文件，其内容是指向另一个文件的位置，它可以跨越不同的文件系统
			＃ ln /wbj/abc.txt /abc.ln
			//在根目录下建立 abc.txt 的硬链接
			//文件 abc.ln
			＃ ln -f /wbj/abc.txt /abc.ln
			//目标存在时强制覆盖
			＃ ln -s /wbj/abc.txt abc.ln
			//在当前目录下建立 abc.txt 文件的
			//符号链接文件 abc.ln

续表

命令名	功 能	命令格式与常用选项	范例及说明

useradd 或 adduser	创建用户账号或将用户加入指定组	useradd［选项］用户名
		-d＜登入目录＞：指定用户登入的起始目录
		-e＜有效期限＞：指定账号的有效期限
		-g＜组＞：指定用户所属的群组
		注：如不指明登入目录（即用户主目录），则自动在/home 下创建与用户名同名的目录作为用户主目录；UID 和 GID 根据已有的用户和组数量自动编号（≥501）；所建账号被自动保存在/etc/passwd 文件中
			# useradd user1
			//创建 user1 用户
			# ls /home user1
			# useradd -d /wbj wbj
			//创建 wbj 用户并指定主目录
			# useradd -g users wbj
			//将用户 wbj 加入 users 组

userdel	删除用户账号	userdel［选项］用户名 -r：删除用户的同时，将该用户主目录及其包含的文件一并删除；不带该参数则仅删除/etc/passwd 中的账号信息	# userdel wbj # userdel -r user1
usermod	修改用户账号属性	usermod［选项］用户名 -l＜账号名＞：修改用户名 注：其他选项用法与 useradd 命令相同	# usermod -l wangbaojun wbj

passwd	设置用户密码	passwd［用户名］
		注：创建用户后应立即使用该命令为用户创建密码。只有超级用户才可以指定用户名，普通用户只能用不带参数的格式修改自己的密码，两次密码输入正确后，该密码被加密存放在/etc/shadow 文件中
			# passwd wbj
			New password：
			Retype new password：
			//注意输入密码时无显示
			# passwd
			//注意当前是 root 登录，用不带
			//户名的命令修改 root 密码

groupadd	创 建 用户组	groupadd［选项］组名
		-r：强制创建用户组
		-g＜组 ID＞：指定新建组的 ID，无此选项则自动从 501 开始编号，500 及之前保留给系统各项服务的账号使用
		注：新建组后即可用 useradd 或 usermod 命令向该组添加用户；新建用户组信息自动保存在/etc/group 文件中
			# groupadd mygroup
			# adduser -g mygroup wbj
			//若已有用户 wbj，则将其加入
			//mygroup 组；若用户 wbj 不存在，
			//则新建用户后加入组

groupdel	删 除 用户组	groupdel 组名	# groupdel mygroup
groupmod	修改用户组属性	groupmod［选项］组名 -g＜组 ID＞：修改指定组的 ID -n＜组名＞：修改指定组的组名	# groupmod -n myg mygroup
who	查看登录系统用户	who［选项］ -q：只显示登录系统的用户名和总人数	# who root tty1 July 9 22：44
id	显示用户 ID 及其所属组 ID	id［选项］［用户名］ -a：显示用户名、标识及所属的所有组	# id # id root

续表

命令名	功 能	命令格式与常用选项	范例及说明

whoami	显示当前终端上的用户	whoami［选项］
		--help：在线帮助
		--version：显示版本信息
			♯ whoami
			//注：此处两个选项在其他命令中都
			//可以使用

last	显示登录过系统的用户信息	last［选项］［账号名］［终端号］ -a：在末行显示登录系统的主机名或 IP -d：将 IP 地址转换成主机名 -x：显示关机、重启以及执行等级的改变等信息	♯ last ♯ last tty2 ♯ last -a wbj
login	用户登录	login	♯ login
logout	用户注销	logout	♯ logout

su	改变用户身份	su［选项］［用户名］
		-c：执行完指定指令后即恢复原来身份
		-l：变更身份的同时变更工作目录以及其他环境变量
		-m：变更身份时保留环境变量不变
			$ su
			//未指定用户名则默认变更为 root
			//身份
			Password：
			♯
			♯ exit //退出当前身份

chmod	改变文件或目录的存取权限	chmod｛u|g|o|a｝｛＋|－|＝｝｛r|w|x｝文件或目录名 chmod［mode］文件或目录名 符号法：也称为相对设定方法。｛u|g|o|a｝指明用户类别，四个字母分别代表文件主、组用户、其他用户、所有用户；｛＋|－|＝｝表示添加、取消或赋予由｛r|w|x｝指定的读、写或执行权限 数字法：也称为绝对设定方法。在表述文件或目录权限的 9 个位中，相应位有权限则为 1，无权限则为 0，mode 即为此 9 位二进制数转换而成的 3 位八进制数值	♯ ls -l /wbj/abc.txt -rwxr--r-- 1 root … abc.txt ♯ chmod g＋wx /wbj/abc.txt ♯ ls -l /wbj/abc.txt -rwxrwxr- 1 root … abc.txt ♯ chmod a-x /wbj/abc.txt ♯ ls -l /wbj/abc.txt -rw-rw-r-- 1 root … abc.txt ♯ chmod 754 /wbj/abc.txt ♯ ls -l /wbj/abc.txt -rwxr-xr-- 1 root … abc.txt ♯ chmod 777 /wbj/abc.txt ♯ ls -l /wbj/abc.txt -rwxrwxrwx 1 root … abc.txt
chown	改变文件或目录的所有者	chown［选项］用户名 文件或目录名 -R：适用目录，更改该目录及其包含的子目录下所有文件的属主 注：一般由超级用户使用，普通用户只能对自己为属主的文件更改所有者	♯ ls -l /wbj/abc.txt -rwxrwxrwx 1 root … abc.txt ♯ chown wbj /wbj/abc.txt ♯ ls -l /wbj/abc.txt -rwxrwxrwx 1 wbj … abc.txt
ps	显示系统中的进程	ps［选项］ -A：显示所有进程 -a：显示当前终端上启动的所有进程 -u：显示较详细的信息，包括用户名或 ID -x：显示没有控制终端的进程，同时显示每个进程的完整命令、路径和参数	♯ ps ♯ ps -a ♯ ps -au ♯ ps -aux ♯ ps -aux |grep kded

续表

命令名	功　能	命令格式与常用选项	范例及说明
pstree	以树状图显示进程	pstree［选项］ -a：显示每个进程的完整指令 -h：特别标明正在执行的进程 -l：采用长格式显示树状图 -n：用进程 ID 排序（默认以进程名排序） -u：显示用户名	＃ pstree ＃ pstree -a ＃ pstree -l｜grep e
top	实时动态地显示各个进程的资源占用状况	top［选项］ -d：指定屏幕刷新的间隔时间 -u＜用户名＞：指定用户名 -p＜进程号＞：指定进程号 -n＜次数＞：循环显示的次数 注：类似于 Windows 的任务管理器，可监测多方面信息的系统综合性能分析工具；默认刷新间隔时间为 5s；按 Q 键退出	＃ top ＃ top -d 10 ＃ top -u wbj
kill	向进程发信号或终止进程	kill［选项］进程号 -9：强行终止进程，即发送 KILL 信号 -15：终止进程，即发送 TERM 信号 -17：将进程挂起，即发送 CHLD 信号 -19：激活挂起的进程，即发送 STOP 信号 -l：列出全部信号名称 -s：指定发送给进程的信号名称 注：进程号可通过 ps 命令查看，默认发送 TERM 信号，即终止进程	＃ kill -l　//列出全部信号名称 ＃ kill 1143　//终止进程 ＃ kill -15 1143　//等同于 kill 1143 ＃ kill -9 1143//强行终止进程 1143
df	检查磁盘空间占用的情况	df［选项］［设备文件名］ -a：显示所有文件系统的磁盘使用情况 -k：显示空间以 KB 为单位 -m：显示空间以 MB 为单位 -t：列指定类型文件系统的空间使用情况	＃ df ＃ df -a ＃ df -am

du	统计目录或文件占用磁盘空间的情况	du［选项］［目录或文件名］
		-a：递归显示指定目录中各文件及子目录中各文件占用的数据块数
		-b：以字节为单位（默认以 KB 为单位）
		-s：只给出占用数据块总数（每块 1KB）
			＃ du
			＃ du -a /wbj
			＃ du -s
			//不指定目录或文件名，则对当前目
			//录进行统计

fdisk	创建磁盘分区或显示磁盘分区情况	fdisk［选项］［设备名］ -u：列出分区表时以扇区大小替代柱面大小 -l：列出指定设备的分区表，如未指定设备则列出/proc/partitions 中设备的分区表	＃ fdisk /dev/hda ＃ fdisk -l
free	查看系统内存使用的情况	free［选项］ -k：以 KB 为单位显示 -m：以 MB 为单位显示	＃ free //默认（或加-b）以字节为单位

命令名	功　能	命令格式与常用选项	范例及说明
procinfo	显示系统状态	procinfo［选项］ -a：显示所有信息	# procinfo
uname	显示系统版本信息	uname［选项］ -a：显示完整的 Linux 版本信息	# uname -a
clear	清除屏幕	clear	# clear

date	显示或设置系统日期和时间	date［-u］［-d ＜字符串＞］［＋％时间格式符］
		date［-s ＜字符串＞］
		［MMDDhhmmCCYYss］
		-d ＜字符串＞：显示字符串指定的日期与时间,字符串必须加双引号
		-s ＜字符串＞：根据字符串设置日期与时间
		时间格式符略
		注:只有超级用户才有权限设置系统时间,普通用户只能显示系统时间
			# date
			Mon Nov 8 14:12:36 CST 2013
			# date ＋％r
			02:12:47 PM
			# date 042723592014.30
			//将系统时间设为 2014 年 4 月 27 日
			//23 时 59 分 30 秒
			# date -s"＋5 minutes"
			//将系统时间设为 5 分钟后

cal	显示日历	cal［选项］［月份［年份］］ - j：显示给定月中的每一天是一年中的第几天(从 1 月 1 日算起) - y：显示当年整年的日历	# cal 　　//默认为当前月的日历 # cal -y 　//显示当前全年日历 # cal 2013 　//显示 2013 全年日历 # cal 12 2014 //只显示指定月的日历
man	显示命令帮助文件	man 命令名	# man cp
help	显示内部命令的帮助信息	help 命令名 -s：输出命令的短格式帮助信息,仅包括命令的格式 注:仅用于获得内部命令的帮助信息	# help adduser no help topics match 'adduser'. # help -s echo echo : echo [-neE] [arg ...]
type	查看命令类型	type 命令名	# type pwd 　　//内部命令 pwd is a shell builtin # type cat 　　//外部命令 cat is /bin/cat
enable	关闭或激活指定的内部命令	enable［选项］［内部命令名］ - a：显示系统中所有激活的内部命令 - n：关闭指定的内部命令,不加此选项则可重新激活被关闭的内部命令	# enable -a # enable -n echo # enable cat enable: cat not a shell builtin
runlevel	查看当前运行级别	runlevel	# runlevel N 3

253

续表

命令名	功 能	命令格式与常用选项	范例及说明

shutdown	关机或重启系统	shutdown［选项］［时间］［警告信息］
		-h：关机
		-k：仅发送信息给所有用户,但不关机
		-r：关机后立即重新启动
		-f：快速关机,重启时跳过 fsck
		-n：快速关机,不调用 init 进程
		-t：指定延迟时间后执行 shutdown 指令
		-c：取消已经运行的延迟 shutdown 指令
			# shutdown -h now
			//立刻关机
			# shutdown -h ＋10 "System needs a rest."
			//10 分钟后关机并发送消息
			# shutdown -c
			//取消前面的关机指令
			# shutdown -r 11:50
			//系统将在 11:50 重启

reboot	重启系统	reboot［选项］ -d：重启时不把数据写入/var/tmp/wtmp -f：强制重启,不调用 shutdown 功能 -i：重启之前先关闭所有网络界面 -w：仅把重启数据写入/var/log/wtmp 记录,并不真正重启系统	# reboot
halt	关闭系统	halt［选项］ -p：halt 之后,执行 poweroff 注:其余选项类似于 reboot 命令	# halt # halt -p

init	初始化运行级别	init 运行级别
		0：关闭系统
		1：单用户模式
		2：多用户模式,但不支持 NFS
		3：完全多用户模式
		4：未使用
		5：GUI 图形模式
		6：重启系统
			# init 0
			//立即关闭系统
			# init 5
			//初始化为图形模式。注意与 startx
			//操作不同,startx 是保留字符终端
			//而进入图形界面
			# init 6
			//立即重启系统

rpm	安装、升级、卸载和查询 RPM 软件包	rpm［选项］［RPM 软件包名］
		-i：安装软件包
		-e：删除(卸载)软件包
		-U：升级软件包
		-V：校验软件包
		-v：显示附加信息
		-h：显示安装进度的 hash 记号(#)
		-q：查询软件包
		注:安装 RPM 软件包时,-ivh 几乎是固定选项组合;查询软件包时常加-a 选项以查询所有安装的软件包
			# rpm -qa｜grep sendmail
			sendmail-cf-8.14.4-8.el6.noarch
			sendmail-8.14.4-8.el6.i686
			//查询到两个包已安装
			# rpm -V cce
			package cce is not installed
			# rpm -ivh cce-0.51-1.i386.rpm
			//安装软件包
			# rpm -e cce
			//卸载软件包

续表

命令名	功 能	命令格式与常用选项	范例及说明
yum	在线安装和管理 RPM 软件包	yum 选项[package_name] install：安装指定的软件包 update：更新指定的软件包 remove：删除指定的软件包 search：查找指定的软件包 clean all：清除缓存的软件包及旧的 headers 注：以上仅列出最常用的 yum 用法；使用 yum 自动下载和安装软件包，关键要配置可靠的 yum 源，配置文件在/etc/yum.repos.d 目录下，文件名必须以.repo 结尾	# yum install cce # yum info cce Installed Packages Name　　: cce Arch　　: i386 Version　: 0.51 Release　: 1 Size　　: 7.8 M Repo　　: installed Summary : CCE 0.51 License　: GPL …
echo	显示提示信息	echo [选项] 字符串或环境变量 -n：输出文字后不换行，默认则换行	# echo my name is wbj. # echo my name is wbj. ＞ abc.txt
test	测试表达式值	test 测试表达式 注：可用于整数值、字符串比较，以及文件操作和逻辑操作。结果为 0 表示真，结果为非 0 表示假	# NUM1＝55 # NUM2＝0055 # test ＄NUM1 -ne ＄NUM2 # echo ＄？ 1　//输出 1 为假 # test -d /etc/httpd # echo ＄？ 0　//输出 0 为真
expr	计算整数表达式的值和字符运算	expr 表达式	# expr 3 ＋ 5　//注意空格 8 # expr 3 \＊ 5　//注意转义符 15 # num＝5 # expr `expr 5 ＋ 7`/ ＄num 2

ifconfig	显示或设置网络接口参数	ifconfig [网络接口]
		注：缺省网络接口，则显示所有网络接口参数
		ifconfig [网络接口] [IP 地址] [netmask 子网掩码] [down] [up]
		注：设置网络接口参数
		down：关闭网络接口
		up：启动网络接口
			# ifconfig ｜ more
			//分屏显示所有网络接口参数
			# ifconfig eth0
			//显示 eth0 网络接口参数
			# ifconfig eth0 192.168.0.1 netmask 255.255.255.0
			//设置 eth0 网络接口参数
			# ifconfig eth0 down　//关闭 eth0
			# ifconfig eth0 up　//启动 eth0

setup	进入文本菜单界面进行系统配置	setup 注：可使用 setup 菜单执行相应的命令。如选择 system→config→network，将进入网络配置的文本菜单界面	# setup

255

命令名	功　能	命令格式与常用选项	范例及说明

service	启动、停止、重启系统服务或查看服务状态	service 服务名称 status/start/stop/restart
		status：查看系统服务状态
		start：启动系统服务
		stop：停止系统服务
		restart：重启系统服务
		注：仅用于临时启动或关闭服务
			＃ service network restart
			//重启网络
			＃ service dhcpd status
			dhcpd is stopped
			//查看 DHCP 服务运行状态

ntsysv	服务配置	ntsysv 注：进入服务配置的文本菜单界面，用于设置服务永久开启或关闭	＃ ntsysv

chkconfig	检查、设置系统的各种服务	chkconfig [--list] [服务名称]
		注：检查系统服务在各运行级别下是否自动启动
		chkconfig [--level n] [服务名称] [on/off]
		注：永久设置系统服务在指定运行级别下自动启动与否，其中 n 为运行级别，指定多个运行级别时数字可连写
			＃ chkconfig --list │more
			//分屏显示所有系统服务在各运行
			//级别下是否自动启动
			＃ chkconfig --list httpd
			//检查 httpd 服务是否自动启动
			＃ chkconfig --level 35 httpd on
			//将 httpd 服务设置为 3 级和 5 级
			//系统启动时自动启动

ip	管理路由、网络设备、策略路由和隧道等	ip [选项] 对象 {命令│help}
		address：设备上的协议（IP/IPv6）地址
		link：网络设备
		maddress：多播地址
		route：路由表项
		rule：路由规则
			＃ ip link show
			//显示所有网络接口信息
			＃ ip link set eth0 up
			//开启 eth0 网络接口
			＃ ip addr show
			//显示网卡 IP 信息
			＃ ip addr add 192.168.0.1/24 dev eth0
			//设置网卡 eth0 的 IP 地址

ping	测试网络连通性	ping [选项] 主机名或 IP 地址 -c ＜n＞：指定发送 ICMP 数据包个数 注：与 Windows 中的 ping 命令不同的是，若不用-c 选项，则会不停地发送 ICMP 数据包，按 Ctrl＋C 组合键才会终止	＃ ping -c 4 127.0.0.1 ＃ ping -c 4 172.20.1.68 ＃ ping -c 4 www.163.com
traceroute	追踪数据包的传输路由	traceroute [选项] 主机名或 IP 地址 注：通过发送小的数据包到目标设备直至返回来测量它所经历的时间，默认每个设备测 3 次，输出结果包括每次测试的时间（ms）和设备名（如果有）及其 IP 地址	＃ traceroute 210.33.156.5 ＃ traceroute www.163.com
nslookup	测试 DNS 服务器域名解析是否成功	nslookup[主机名或 IP 地址] 注：执行不给定参数的命令会出现大于号（＞）的命令提示符，再输入要求解析的域名或 IP 地址，要退出，则执行 exit 命令	＃ nslookup ＞ www.zjvtit.edu.cn Server：210.33.156.5 Address：210.33.156.5＃53 Name：www.zjvtit.edu.cn Address：60.191.9.25 //以上显示正向解析成功

续表

命令名	功 能	命令格式与常用选项	范例及说明
mtr	网络连通性判断工具	mtr［选项］主机名或 IP 地址 -r：以报告模式显示 -c：每秒发送数据包个数,默认为 10 个 -n：不对 IP 地址做域名解析 -s：指定 Ping 数据包的大小 -a：设置发送包的 IP 地址(用于多 IP 地址情况)	# mtr -r jtxx.zjvtit.edu.cn

netstat	查看整个 Linux 系统的网络状态信息	netstat［选项］
		-a：显示所有连线中的 Socket
		-c：持续列出网络状态
		-i：显示网络界面信息表单
		-l：显示监控中的服务器的 Socket
		-n：直接使用 IP 而不通过域名服务器
		-p：显示正在使用 Socket 的程序名称
		-s：显示网络工作信息统计表
		-t：显示 TCP 协议的连线状况
		-u：显示 UDP 协议的连线状况
			# netstat -a
			//列出所有的端口,包括监听的和未
			//监听的
			# netstat -tnl | grep 443
			//查看端口 443 是否被占用
			# netstat -t
			# netstat -ap | grep './server'
			//找出程序占用的端口
			# netstat -ap | grep '1024'
			//找出占用端口的程序名
			# netstat -nltp

附录 B　主要配置文件详解

B.1　GRUB 配置与命令详解

项目 1 中介绍了 GRUB 的基本概念、设备命名和默认配置,并对默认引导的操作系统和延迟时间进行了简单设置。这里进一步详细介绍 GRUB 配置文件 grub.conf 中各配置行的说明、控制台应用以及可用命令。

1. GRUB 的用户界面

GRUB 的用户界面有 3 种:命令行模式、菜单模式和菜单编辑模式。

(1) 命令行模式。进入命令行模式后,GRUB 会给出一个命令提示符 grub>,此时就可以输入命令,按 Enter 键执行。此模式下可执行的命令是在 menu.lst 中可执行命令的一个子集,允许类似于 Bash Shell 的命令行编辑功能。

(2) 菜单模式。当存在/boot/grub/menu.lst 文件时,系统启动后会自动进入该模式。菜单模式下用户只须用上、下箭头来选择想启动的程序或者执行某个命令块。菜单定义在 menu.lst 文件中,也可以从菜单模式按 C 键进入命令行模式,并且可以按 Esc 键从命令行模式返回菜单模式。菜单模式下按 E 键将进入菜单编辑模式。

(3) 菜单编辑模式。菜单编辑模式用来对菜单项进行编辑,其界面和菜单模式的界面十分相似,不同的是菜单中显示的是对应某个菜单项的命令列表。如果在菜单编辑模式下按 Esc 键,将取消所有当前对菜单的编辑,并回到菜单模式下。在编辑模式下选中一个命令,就可以对它进行修改,修改完毕按 Enter 键,GRUB 将会提示用户确认。

2. 文件名称及 GRUB 的根文件系统

当在 GRUB 中输入包括文件的命令时,文件名必须直接在设备和分区后指定。绝对文件名的格式为如下。

```
(.)/path/to/file
```

大多数时候可以通过在分区上的目录路径后加上文件名来指定文件。另外,也可以将不在文件系统中出现的文件指定给 GRUB,比如在一个分区最初几块扇区中的链式引导装载程序。为了指定这些文件,需要提供一个块列表,由它来逐块地告诉 GRUB 文件在分区中的位置。当一个文件是由几个不同的块组合在一起时,需要有一个特殊的方式来写块列表。每个文件片段的位置由一个块的偏移量以及从偏移点开始的块数来描述，这些片段以一个逗号分界的顺序组织在一起。

考虑块列表：$0+50,100+25,200+1$，这个块列表告诉 GRUB 使用一个文件，这个文件起始于分区的第 0 块，使用了第 0 块到第 49 块，第 99 块到第 124 块，以及第 199 块。

当使用 GRUB 装载诸如 Windows 这样采用链式装载方式的操作系统时，知道如何写块列表是相当有用的。如果从第 0 块开始，那么可以省略块的偏移量。作为一个例子，当链式装载文件在第一个硬盘的第一个分区时可以命名为：$(hd0,0)+1$。

下面给出一个带类似块列表名称的 chainloader 命令。它是在设置正确的设备和分区作为根后，在 GRUB 命令行中给出的是：chainloader$+1$。

GRUB 的根文件系统是用于特定设备的根分区，与 Linux 的根文件系统没有关系。GRUB 使用这个信息来挂载这个设备并从它载入文件。在 Red Hat Linux 中，一旦 GRUB 载入它自己的包含 Linux 内核的根分区，那么 kernel 命令就可以将内核文件的位置作为一个选项来执行。一旦 Linux 内核开始引导，它就设定自己的根文件系统，此时的根文件系统就是用户用来与 Linux 联系的那个根文件系统。然而最初的 GRUB 根文件系统以及它的挂载都将被去掉。

3. GRUB 配置文件 grub.conf 中各配置项说明

（1）default$=n$，用来指定默认引导的操作系统项，n 表示默认启动第 $n+1$ 个 title 行所指定的操作系统。

（2）timeout$=n$，用来指定默认的等待时间（以秒为单位），表示 GRUB 菜单出现后，用户在 n 秒内没有做出选择，将自动启动由 default 指定的默认操作系统。

（3）splashimage，用来指定开机画面文件所存放的路径和文件名。

（4）title，后面的字符串用来指定在 GRUB 菜单上显示的选项，通常是注明操作系统的名称和描述信息，如 CentOS 7.3、Windows 10 等。

（5）root(hd0,7)，用来指定 title 所对应的操作系统的安装位置，此处是表示第 1 块硬盘的第 8 个分区。

（6）kernel，用来指定 title 所对应的操作系统内核的路径和文件名，以及传递给内核的参数，其中常用的参数有：ro 表示内核以只读方式载入；root$=$LABEL$=/$表示载入 kernel 后的根文件系统，此处表示 LABEL(标签)为"/"的那个分区。

（7）initrd，用来初始化 Linux 映像文件，并设置相应的参数。

（8）rootnoverify(hd0, 0)，与 root 配置项类似，也是用来指定 title 所对应的操作系统的安装位置，此处是表示第 1 块硬盘的第 1 个分区。在安装的 Windows 操作系统项中默认使用的是 rootnoverify，但有时候会出现 Windows 无法启动的情况，此时可以在 GRUB 中引导 Windows 项那段中把 rootnoverify 改为 root。root 的意思是根，在这里是让 Linux 知道自己所处的位置，也就是 Linux 的根分区"/"所在的位置。

（9）chainloader$+1$，表示装入一个扇区的数据，然后把引导权交给它。GRUB 使用了链式装入器(chainloader)，由于它创建了从一个引导装入器到另一个引导装入器的链，所以这种技术被称为链式装入技术，可用于引导任何版本的 DOS 或 Windows 操作系统。

4. GRUB 控制台应用

下面以安装 GRUB 到硬盘上的过程为例，说明 GRUB 控制台的使用方法。

步骤 1 在 Linux 命令提示符（♯）下执行 grub 命令，即可进入 GRUB 控制台，在提示符 grub＞后可以执行 GRUB 的命令。

```
[root@localhost ~]#grub
grub>
```

步骤 2 指定哪个硬盘分区将成为 GRUB 根分区，在这个分区的/boot/grub 目录下要有 stage1 和 stage2 两个文件，将它们复制到 hda8 的/boot/grub 目录中。执行以下命令。

```
grub>root (hd0,7)
```

步骤 3 指定将 GRUB 安装到 MBR 还是安装到 Linux 根分区。执行以下命令。

```
grub>setup (hd0)          #指定安装到 MBR，即指定整个硬盘而不必指定分区
grub>setup (hd0,4)        #指定安装到/dev/hda5 的引导记录中
```

步骤 4 退出控制台。命令如下。

```
grub>quit
```

步骤 5 重启系统，即可进入 GRUB 菜单界面，通过菜单来选择进入相应的操作系统。

提示：GRUB 控制台与 Shell 一样也具有命令行的自动补齐功能。

5. GRUB 可用命令详解

表 B-1 列出了 GRUB 的可用命令及其说明。其中，序号 1～4 是仅用于菜单的命令，不包括菜单项内部的启动命令；序号 5 是在菜单（不包括菜单项内部）和命令行模式下都可用的命令；序号 6 以后的是仅用于命令行模式或者菜单项内部的命令。

表 B-1 GRUB 的可用命令及其说明

序号	命 令	说 明
1	default num	设置菜单中的默认选项为 num（默认为 0，即第一个选项），超时将启动该选项
2	fallback num	如果默认菜单项启动失败，将启动这个 num 的后备选项
3	password passwd new-config-file	关闭命令行模式和菜单编辑模式，要求输入密码，如果密码输入正确，将使用 new-config-file 作为新的配置文件代替 menu.lst，并继续引导
4	timeout sec	设置超时，将在 sec 秒后自动启动默认选项
5	title name ...	开始一个新的菜单项，并以 title 后的字符串作为显示的菜单名
6	bootp	以 bootp 协议初始化网络设备

续表

序号	命 令	说 明
7	color normal [highlight]	改变菜单的颜色,normal 用于指定菜单中非当前选项的行的颜色,highlight 用于指定当前菜单选项的颜色。如果不指定 highlight,GRUB 将使用 normal 的反色来作为 highlight 颜色。指定颜色的格式是"前景色/背景色",前景色和背景色的选择如下：black、blue、green、cyan、red、magenta、brown、light-gray。下面的颜色只能用于背景色：dark-gray、light-blue、light-green、light-cyan、light-red、light-magenta、yellow、white
8	device drive file	在 GRUB 命令行中,把 BIOS 中的一个驱动器 drive 映射到一个文件 file。可以用这条命令创建一个磁盘映像或者当 GRUB 不能正确判断驱动器时进行纠正
9	dhcp	用 DHCP 协议初始化网络设备。这条指令其实是 bootp 的别名,两者效果一样
10	rarp	用 RARP 协议初始化网络设备
11	setkey to_key from_key	改变键盘的映射表,将 from_key 映射到 to_key,注意这条指令并不是交换键映射,如果要交换两个键的映射,需要用两次 setkey 命令,例如： grub> setkey capslock control grub> setkey control capslock
12	unhide partition	仅对 DOS/Windows 分区有效,清除分区表中的"隐藏"位
13	blocklist file	显示文件 file 所占磁盘块的列表
14	boot	仅在命令行模式下需要,当参数都设置完成后,用这条指令启动操作系统
15	cat file	显示文件 file 的内容,可用来得到某个操作系统的根文件系统所在的分区,例如： grub> cat /etc/fstab
16	chainloader ['--force'] file	把 file 装入内存进行 chainloader,除了能够通过文件系统得到文件外,这条指令也可以用磁盘块列表的方式读入磁盘中的数据块,如'+1'指定从当前分区读出第一个扇区进行引导。如果指定了'--force'参数,则无论文件是否有合法的签名都强迫读入
17	cmp file1 file2	比较文件的内容,如果文件大小不一致,则输出两个文件的大小;如果两个文件的大小一致但在某个位置上的字节不同,则输出不同的字节和它们的位置;如果两个文件完全一致,则什么都不输出
18	configfile file	将 file 作为配置文件替代 menu.lst
19	embed stage1-2 device	如果 device 是一个磁盘设备,将 stage1-2 装入紧靠 MBR 的扇区内;如果 device 是一个 FFS 文件分区,将 stage1-2 装入此分区的第一个扇区。如果装入成功,则输出写入的扇区数
20	displaymem	显示系统所有内存的地址空间分布图
21	find filename	在所有的分区中查找指定的文件 filename,输出所有包含这个文件的分区名。参数 filename 必须使用绝对路径

续表

序号	命 令	说 明
22	fstest	启动文件系统测试模式。打开这个模式后，每当有读设备请求时，输出向底层程序读请求的参数和所有读出的数据。输出格式为：先是由高层程序发出的分区内的读请求，输出"＜分区内的扇区偏移，偏移（字节数），长度（字节数）＞"；之后是由底层程序发出的扇区读请求，输出"[磁盘绝对扇区偏移]"。可以用 intall 或者 testload 命令关闭文件系统测试模式
23	geometry drive [cylinder head sector [total_sector]]	输出驱动器 drive 的信息
24	help [pattern...]	在线命令帮助，列出符合 pattern 的命令列表。如果不给出参数，则显示所有的命令列表
25	impsprobe	检测 Intel 多处理器，启动并配置找到的所有 CPU
26	initrd file...	为 Linux 格式的启动映像装载初始化的 ramdisk，并且在内存中的 Linux setup area 中设置适当的参数
27	nstall stage1_file ['d'] dest_dev stage2_file [addr] ['p'] [config_file] [real_config_file]	这是用来完全安装 GRUB 启动块的命令，一般很少用到
28	ioprobe drive	探测驱动器 drive 使用的 I/O 接口，这条命令将会列出所有 drive 使用的 I/O 接口
29	kernel file...	装载内核映像文件。文件名 file 后可跟内核启动时所需要的参数，如果使用了这条命令，所有以前装载的模块都要重新装载
30	makeactive	使当前的分区成为活跃分区，这条指令的对象只能是 PC 上的主分区，不能是扩展分区
31	map to_drive from_drive	映射驱动器 from_drive 到 to_drive。这条指令在装载一些操作系统的时候可能是必需的，这些操作系统如果不是在第一个硬盘上，可能不能正常启动，所以需要进行映射。使用示例如下： grub＞map (hd0) (hd1) grub＞map (hd1) (hd0)
32	module file...	对于符合 multiboot 规范的操作系统可以用这条指令来装载模块文件 file，file 后可以跟 module 所需要的参数。注意，必须先装载内核，再装载模块，否则装载的模块无效
33	modulenounzip file...	与 module 命令类似，唯一的区别是不对 module 文件进行自动解压
34	pause message...	输出字符串 message，等待用户按任意键继续
35	quit	退出 GRUB Shell。GRUB Shell 类似于启动时的命令行模式，不过它是在用户启动系统后执行/sbin/grub 而进入的，两者差别不大
36	read addr	从内存的地址 addr 处读出 32 位的值，并以十六进制显示出来
37	root device [hdbias]	将当前根设备设为 device。参数 hdbias 是用来告诉 BSD 内核在当前分区所在磁盘的前面还有多少个 BIOS 磁盘编号。例如，系统有一个 IDE 硬盘和一个 SCSI 硬盘，而用户的 BSD 安装在 IDE 硬盘上，此时就需要指定 hdbias 参数为 1

序号	命　　令	说　　明
38	rootnoverify　device [hdbias]	和上一条 root 命令类似,但是不 mount 该设备。在当 GRUB 不能识别某个硬盘文件系统但是仍然必须指定根设备时使用该命令
39	setup install _ device [image_device]	安装 GRUB 引导程序在 install_device 上。这条指令实际上调用的是更加灵活但也更加复杂的 install 指令。如果 image_device 也指定了,则将在 image_device 中查找 GRUB 的文件映像,否则在当前根设备中查找
40	testload file	用来测试文件系统代码,它以不同的方式读取文件 file 的内容,并将得到的结果进行比较。如果正确,则输出的"i＝X, filepos＝Y"中的 X 和 Y 的值应该相等,否则就说明有错误。通常这条指令如果正确执行,之后就可以正确无误地装载内核
41	uppermem kbytes	强迫 GRUB 认为高端内存只有千字节的内存,GRUB 自动探测到的结果将变得无效。这条指令很少使用,可能只在一些配置较低的早期计算机上才有必要,通常 GRUB 都能够正确地得到系统的内存数量

B.2　Apache 配置文件 httpd.conf 详解

Apache 的主配置文件/etc/httpd/conf/httpd.conf 中包含了许多默认配置信息,下面说明该文件中各配置项的含义和作用。对于初学者来说,首先应掌握几个最重要的配置项,如设置服务器根目录、监听端口号、运行服务器的用户和用户组、根文档路径、根目录访问权限、Web 服务器默认文档等。

```
ServerTokens OS
```

ServerTokens 用于当服务器响应主机头信息时,显示 Apache 的版本和操作系统的名称。

```
ServerRoot"/etc/httpd"
```

ServerRoot 用于指定守护进程 httpd 的运行目录,httpd 启动后会自动将进程的当前目录改变为这个目录。因此,如果设置文件中指定的文件或目录是相对路径,那么真实路径就位于这个 ServerRoot 定义的路径之下。

```
ScoreBoardFile /var/run/httpd.scoreboard
```

httpd 使用 ScoreBoardFile 来维护进程的内部数据,因此通常不需要改变这个选项,除非管理员想在一台计算机上运行几个 Web 服务器,这时每个 Web 服务器都需要独立的配置文件 httpd.conf,并使用不同的 ScoreBoardFile。

```
#ResourceConfig conf/srm.conf
#AccessConfig conf/access.conf
```

这两个选项用于与使用 srm.conf 和 access.conf 配置文件的旧版本 Apache 兼容。如果没有兼容的需要,可以将对应的配置文件指定为/dev/null,表示不存在其他配置文件,而仅使用 httpd.conf 文件来保存所有的设置。

```
PidFile /var/run/httpd.pid
```

PidFile 指定的文件将记录 httpd 守护进程的进程号,由于 httpd 能自动复制其自身,因此系统中有多个 httpd 进程,但只有一个进程为最初启动的进程,它作为其他进程的父进程,对这个进程发送信号,将影响所有的 httpd 进程。

```
Timeout 300
```

Timeout 定义客户程序和服务器连接的超时单位为秒,超过这个时间后服务器将断开与客户端的连接。

```
KeepAlive On
```

在 HTTP 1.0 中,一次连接只能请求一次 HTTP 传输,KeepAlive 选项用于支持 HTTP 1.1 版本的一次连接、多次传输功能,即保持连接功能,这样就可以在一次连接中传送多个 HTTP 请求。虽然只有较新的浏览器才支持这个功能,但建议设置为保持连接。

```
MaxKeepAliveRequests 100
```

在使用保持连接功能时,可以设置客户的最大请求次数。将其值设为 0,则支持在一次连接内进行无限次传送请求。事实上没有客户程序在一次连接中请求太多的页面,通常达不到这个上限就完成连接了。

```
KeepAliveTimeout 15
```

在使用保持连接功能时,可以设置一次连接中的多次传输请求之间的时间间隔,如果服务器已经完成了一次请求,但一直没有接收到客户程序的下一次请求,在超过这个时间之后,服务器就会断开连接。

```
<IfModule prefork.c>
    StartServer            8
    MinSpareServers        5
    MaxSpareServers        20
    MaxClients             150
    ThreadsPerChild        50
    MaxRequestsPerChild    1000
</IfModule>
```

以上代码设置 prefork MPM 运行方式的参数,此运行方式是 Red Hat 的默认方式。其中,StartServer 设置服务器启动时运行的进程数。MinSpareServers 表示 Apache 在运行时会根据负载自动调整空闲子进程的数目,若存在 5 个以下的空闲子进程,就创建一个新的子进程准备为客户提供服务。MaxSpareServers 表示若存在多于 20 个空闲子进程,就逐一删除子进程来提高系统性能。MaxClients 用于限制同一时间的连接数的最大值。ThreadsPerChild 用于设置服务器使用进程的数目,这是以服务器的响应速度为准的,数目太大则会变慢。MaxRequestsPerChild 用于限制每一个子进程在结束处理请求之前能处理的连接请求设置值为 1000。

还需要说明的是,使用子进程的方式提供服务的 Web 服务,常用的方式是一个子进程为一次连接服务,这样造成的问题就是每次连接都需要生成、退出子进程的系统操作,使得这些额外的处理过程消耗了计算机大量的处理能力。因此,最好的方式是一个子进程可以为多次连接请求服务,这样就避免了生成、退出进程的系统消耗,Apache 就采用了这样的方式。在一次连接结束后,子进程并不退出,而是停留在系统中等待下一次服务请求,这样就极大地提高了系统性能。

在处理过程中子进程要不断地申请和释放内存,次数多了就会造成一些内存垃圾,从而影响系统的稳定性和系统资源的有效利用。因此,在一个副本处理过一定次数的请求之后,就可以让这个子进程副本退出,再从原始的 httpd 进程中重新复制一个干净的副本,这样就能提高系统的稳定性。每个子进程处理服务请求的次数由 MaxRequestPerChild 定义,默认值为 30,这对于具备高稳定性特点的系统来说是过于保守的设置,可以设置为 1000 甚至更高。如果设置为 0,则表示支持每个副本进行无限次的服务处理。

```
<IfModule worker.c>
    ...
</IfModule>
```

以上代码设置使用 work MPM 运行方式的参数。

```
<IfModule perchild.c>
    ...
</IfModule>
```

以上代码设置使用 perchild MPM 运行方式的参数。

```
#Listen 3000
#Listen 12.34.56.78:80
#BindAddress *
```

Listen 选项用于设置服务器的监听端口号,即指定服务器除了监视标准的端口 80 之外,还监视其他端口的 HTTP 请求。由于 FreeBSD 系统可以同时拥有多个 IP 地址,因此也可以指定服务器只听取对某个 BindAddress</B>的 IP 地址的 HTTP 请求。如果没有配置这一项,则服务器会回应对所有 IP 的请求。

虽然使用 BindAddress 选项使服务器只回应对一个 IP 地址的请求,但是通过使用扩展的 Listen 选项,仍然可以让 HTTP 守护进程响应对其他 IP 地址的请求。

```
Include conf.d/ * .conf
```

Include 用于将/etc/httpd/conf.d 目录下所有以 conf 结尾的配置文件包含进来。

```
LoadModule access_module modules/mod_access.so
LoadModule auth_module modules/mod_auth.so
...
LoadModule proxy_http_module modules/mod_proxy_http.so
LoadModule proxy_connect_module modules/mod_proxy_connect.so
```

LoadModule 用于动态加载模块。

```
<IfModule prefork.c>
    LoadModule cgi_module modules/mod_cgi.so
</IfModule>
```

以上代码表示当使用内置模块 prefork.c 时动态加载 cgi_module。

```
<IfModule worker.c>
    LoadModule cgid_module modules/mod_cgid.so
</IfModule>
```

以上代码表示当使用内置模块 worker.c 时动态加载 cgid_module。

```
User apache
```

User 用于设置运行 Apache 的用户,默认用户名为 apache。

```
Group apache
```

Group 用于设置运行 Apache 的用户组,默认用户组名为 apache。

```
#ExtendedStatus On
```

Apache 可以通过特殊的 HTTP 请求来报告自身的运行状态,设置 ExtendedStatus 为 On,可以让服务器报告更全面的运行状态信息。

```
ServerAdmin root@localhost
```

ServerAdmin 设置 Web 服务器管理员的 E-mail 地址。这将在 HTTP 服务出现错误的情况下传送信息给浏览器,以便让 Web 使用者和管理员联系,报告错误。习惯上使用服务器上的 webmaster 作为 Web 服务器的管理员,通过邮件服务器的别名机制,将发送到 webmaster 的电子邮件发送给真正的 Web 管理员。

```
UseCanonicalName Off
```

若关闭此项(Off),当 Web 服务器需连接自身时,将使用 ServerName:port 作为主机名,例如 www.xinyuan.com:80;若打开此项(On),将使用 www.xinyuan.com port 80 作为主机名。

```
ServerName localhost
```

默认情况下,并不需要指定 ServerName,服务器将自动通过名字解析过程来获得自己的名称,但如果服务器的名称解析有问题,通常为反向解析不正确,或者没有正式的 DNS 名字,也可以在这里指定 IP 地址。当 ServerName 设置不正确的时候,服务器不能正常启动。

通常一个 Web 服务器可以有多个名称,客户浏览器可以使用所有这些名称或 IP 地址来访问这台服务器,但在没有定义虚拟主机的情况下,服务器总是以自己的正式名称响应浏览器。ServerName 定义了 Web 服务器自己承认的正式名称,例如一台服务器名称(在 DNS 中定义了 A 类型)为 freebsd.example.org.cn,同时为了方便记忆,还定义了一个别名(CNAME 记录)为 www.example.org.cn,那么 Apache 自动解析得到的名称就为 freebsd.example.org.cn,这样不管客户浏览器使用哪个名称发送请求,服务器总是告诉客户程序自己为 freebsd.example.org.cn。虽然这一般并不会造成什么问题,但是考虑到某一天服务器可能迁移到其他计算机上,而只想通过更改 DNS 中的 www 别名配置就完成迁移任务,所以若不想让客户在其书签中使用这个服务器的地址,就必须使用 ServerName 来重新指定服务器的正式名称。

```
DocumentRoot"/var/www/html"
```

设置对外发布的超文本文档存放的路径,客户程序请求的 URL 就被映射为这个目录下的网页文件。这个目录下的子目录以及使用符号链接指出的文件和目录都能被浏览器访问,只是要在 URL 上使用同样的相对目录名。注意,符号链接虽然逻辑上位于根文档目录下,但实际上它也可以位于计算机上的任意目录中,因此可以使客户程序能访问那些根文档目录之外的目录,这样做虽然增加了灵活性,但同时也降低了安全性。Apache 在目录的访问控制中提供了 FollowSymLinks 选项来打开或关闭支持符号链接的特性。

```
<Directory />                        //设置 Web 服务器根目录的访问权限
    Options FollowSymLinks           //允许符号链接跟随,访问不在本目录下的文件
    AllowOverride None               //禁止读取.htaccess 配置文件内容
</Directory>
```

Apache 可以针对目录进行文档的访问控制,然而访问控制可以通过两种方式来实现:①在配置文件 httpd.conf 或 access.conf 中针对每个目录进行设置;②在每个目录下设置访问控制文件,通常访问控制文件名称为.htaccess。虽然使用这两种方式都能用于控制浏览器的访问,但使用配置文件的方式要求每次改动后都要重新启动 httpd 守护进程,这样做相对不够灵活。因此,它主要用于配置服务器系统的整体安全控制策略,而使用每个目录下的.htaccess 文件设置具体目录的访问控制会更为灵活方便。

Directory 是用来定义目录的访问限制的。上例的这个设置是针对系统的根目录进行的,设置了允许符号链接的选项 FollowSymLinks,以及使用 AllowOverride None 禁止读取这个目录下的访问控制文件。

由于 Apache 对目录的访问控制设置能够被下级目录继承,因此对根目录的设置将影响到它的下级目录。由于 AllowOverride None 的设置,Apache 没必要查看根目录下的访问控制文件,也没必要查看以下各级目录下的访问控制文件。如果在 httpd.conf 或 access.conf 文件中为某个目录指定了允许 AllowOverride,即允许查看访问控制文件,Apache 就可以直接从 httpd.conf 中具体指定的目录向下搜寻,从而减少了搜寻的级数,提高了系统性能。因此,对于系统根目录设置 AllowOverride None 不但对系统安全有帮助,也有益于系统的性能。

```
<Directory "var/www/html">
    Options Indexes FollowSymLinks
    AllowOverride None
    Order allow,deny                  //先执行 allow 访问规则后执行 deny 规则
    Allow from all                    //设置 allow 访问规则,允许所有连接
</Directory>
```

这里设置的是系统对外发布文档目录的访问权限。Options 选项用于定义该目录的特性。配置文件和每个目录下的访问控制文件都可以设置访问限制。设置文件是由管理员设置的,而每个目录下的访问控制文件是由目录的属主设置的,因此,管理员可以规定目录的属主是否能覆盖系统在配置文件中的设置,要实现这一目标,就需要使用 AllowOverride 进行设置。

(1) All:默认值,使访问控制文件可以覆盖系统配置。

(2) None:服务器忽略访问控制文件的设置。

(3) Options:允许访问控制文件中可以使用 Options 定义目录的选项。

(4) FileInfo:允许访问控制文件中可以使用 AddType 等选项。

(5) AuthConfig:允许访问控制文件使用 AuthName、AuthType 等针对每个用户的验证机制,这使目录属主能用密码和用户名来保护目录。

(6) Limit:允许对访问目录的客户机的 IP 地址和名字进行限制。

Options 选项用于设置服务器的特性,使每个目录具备一定的特性,以下为常用的特性选项。

(1) All:所有的目录特性都有效,这是默认状态。

(2) None:所有的目录特性都无效。

(3) FollowSymLinks:允许使用符号链接,这将使浏览器有可能访问文档根目录(DocumentRoot)之外的文档。

(4) SymLinksIfOwnerMatch:只有符号链接的目标与符号链接本身为同一用户所拥有时才允许访问,这个设置将增加一些安全性。

(5) ExecCGI:允许这个目录下的 CGI 程序执行。

(6) Indexes:允许浏览器可以生成这个目录下所有文件的索引,使得这个目录下没

有 index.html(或其他索引文件)时能向浏览器发送这个目录下的文件列表。

此外,Order、Allow、Deny 等选项是当 AllowOverride 设置为 Limit 时用来根据浏览器的域名和 IP 地址控制访问的一种方式。其中,Order 定义处理 Allow 和 Deny 的顺序,而 Allow、Deny 则针对名称或 IP 地址进行访问控制设置。使用 Allow from all 表示允许所有的客户端访问这个目录,而不进行任何限制。

```
<LocationMatch "^/$">
    Options -Indexes
    ErrorDocument 403 /error/noindex.html
</LocationMatch>
```

以上选项设置对 Web 服务器的访问不生成目录列表,同时指定错误输出页面。

```
<IfModule mod_userdir.c>
    UserDir disable
</IfModule>
```

以上选项设置不允许为每个用户进行服务器的配置。

```
DirectoryIndex index.html index.html.var
```

很多情况下,URL 中并没有指定文档的名字,只是给出了一个目录名,此时 Web 服务器会自动返回这个目录中由 DirectoryIndex 定义的文件。可以 URL 中指定多个文件,系统会在这个目录下顺序搜索。当所有由 DirectoryIndex 指定的文件都不存在时,Web 服务器将根据系统设置生成这个目录下的所有文件列表,供用户选择。此时该目录的访问控制选项中的 Indexes 选项必须打开,以使服务器能够生成目录列表;否则将拒绝访问。

```
AccessFileName .htaccess                    //指定保护目录配置文件的名称
```

AccessFileName 定义每个目录下的访问控制文件的文件名,默认为.htaccess,可以通过更改这个文件来改变不同目录的访问控制限制。

```
<Files ~ "^\.ht">          //拒绝访问以 .ht 开头的文件,保证 .htaccess 文件不被访问
    Order allow,deny
    Deny from all
</Files>
```

除了可以针对目录进行访问控制外,还可以根据文件来设置访问控制,这就是 Files 选项的任务。使用 Files 选项,不管文件处于哪个目录,只要名称匹配,就必须接受相应的访问控制。这个选项对系统安全比较重要,例如,拒绝所有的使用者访问.htaccess 文件,就可以避免.htaccess 中的关键安全信息不至于被客户获取。

```
TypesConfig /etc/mime.types
```

TypesConfig 指定负责处理 MIME 格式的配置文件的存放位置,在 Red Hat Linux 中默认设置为/etc/mime.types。

```
DefaultType text/plain
```

DefaultType 指定默认的 MIME 文件类型为纯文本文件或 HTML 文件。如果 Web 服务器不能决定一个文件的默认类型,这通常是因为文件使用了非标准的后缀,那么服务器就使用 DefaultType 定义的 MIME 类型将文件发送给客户浏览器。因此,将 MIME 类型设置为 text/plain 的问题是,如果服务器不能判断出文档的 MIME 类型,通常会认为这个文档为一个二进制文档,但使用 text/plain 格式发送回去,浏览器将只能在内部打开它,而不会有保存提示,因此,建议将这个设置更改为 application/octet-stream,这样浏览器将提示用户进行保存。

```
<IfModule mod_mime_magic.c>
    MIMEMagicFile conf/magic
</IfModule>
```

以上选项设置当 mod_mime_magic 模块被加载时,Magic 信息码配置文件的存放位置。除了通过文件的后缀判断文件的 MIME 类型外,Apache 还可以进一步分析文件的一些特征,以判断文件的真实 MIME 类型。这个功能是由 mod_mime_magic 模块来实现的,它需要一个记录各种 MIME 类型特征的文件,以进行分析判断。上面的设置是一个条件语句,如果载入这个模块,就必须指定相应的标志文件 magic 的位置。

```
HostnameLookups Off
```

通常服务器仅仅可以得到客户机的 IP 地址,如果要想获得客户机的主机名以进行日志记录和提供给 CGI 程序使用,就需要使用 HostnameLookups 选项。将其设置为 On,可打开 DNS 反向查找功能,但是这将使服务器对每次客户请求都进行 DNS 查询,增加了系统开销,使反应变慢,因此默认设置为 Off。关闭选项之后,服务器就不会获得客户机的主机名,而只能记录客户机的 IP 地址。

```
ErrorLog /var/log/httpd-error.log
LogLevel warn
LogFormat "%h %l %u %t \"%r\" %>s %b \"%{Referer}i\" \"%{User-Agent}i\""
combined
LogFormat "%h %l %u %t \"%r\" %>s %b" common
LogFormat "%{Referer}i ->%U" referer
LogFormat "%{User-agent}i" agent
#CustomLog /var/log/httpd-access.log common
#CustomLog /var/log/httpd-referer.log referer
#CustomLog /var/log/httpd-agent.log agent
CustomLog /var/log/httpd-access.log combined
```

以上选项定义了系统日志的形式。对于服务器错误记录,由 ErrorLog、LogLevel 来定义不同的错误日志文件及其内容。

对于系统的访问日志,默认使用 CustomLog 参数定义日志的位置。默认使用 combined 指定将所有的访问日志放在一个文件中。也可以通过在 CustomLog 中指定不同的记录类型将不同种类的访问日志放在不同的日志记录文件中,common 表示普通的对单页面请求的访问记录;referer 表示每个页面的引用记录,由此可以看出一个页面中包含的请求数;agent 表示对客户机的类型记录。显然可以将现有的 combined 的设置行注释掉,并使用 common、referer 和 agent 作为 CustomLog 的参数,来为不同种类的日志分别指定日志记录文件。

LogFormat 用于定义不同类型的日志进行记录时使用的格式,这里使用了以%开头的宏定义,以记录不同的内容。如果这些参数指定的文件使用的是相对路径,那么就是相对于 ServerRoot 的路径。

```
ServerSignature On
```

有时当客户请求的网页并不存在时,服务器将生成错误提示文档。默认情况下,由于 ServerSignature 选项设置为 On,错误提示文档的最后一行将包含服务器的名称、Apache 的版本等信息。有的管理员更倾向于不对外显示这些信息,就将该选项设置为 Off,或者设置为 E-mail 地址,将最后一行替换为对 ServerAdmin 的 E-mail 提示。

```
Alias /icons/ "/var/www/icons/"        //设置目录的访问别名
<Directory "/var/www/icons">           //设置 icons 目录的访问权限
    Options Indexes MultiViews
    AllowOverride None
    Order allow,deny
    Allow from all
</Directory>
```

Alias 选项用于将 URL 与服务器文件系统中的真实位置进行直接映射,一般的文档在 DocumentRoot 中进行查询,然而使用 Alias 定义的路径将直接映射到相应的目录下。因此,Alias 可用来映射一些公用文件的路径,如保存了各种常用图标的 icons 路径。这使得除了使用符号链接外,文档根目录以外的目录也可以通过 Alias 映射提供给浏览器访问。

定义好映射的路径之后,就应该使用 Directory 选项设置访问限制。

```
Alias /manual/ "/var/www/manual/"      //设置 Apache 使用手册的访问别名
<Directory "/var/www/manual/">         //设置 manual 目录的访问权限
    Options Indexes FollowSymLinks MultiViews
    AllowOverride None
    Order allow,deny
    Allow from all
</Directory>
```

271

与前面的配置类似,这里设置的是 Apache 使用手册文件(/var/www/manual/)的访问别名,以及该目录的访问权限。

```
<IfModule mod_dav_fs.c>
    DAVLockDB /var/lib/dav/lockdb
</IfModule>
```

以上选项指定 DAV 加锁数据库文件的存放位置。

```
ScriptAlias /cgi-bin/ "/var/www/cgi-bin/"         //设置 CGI 目录的访问别名
<IfModule mod_cgi-cgid.c>
    Scriptsock run/httpd.cgid
</IfModule>
<Directory "/var/www/cgi-bin/">                   //设置 CGI 目录的访问权限
    AllowOverride None
    Options None
    Order allow,deny
    Allow from all
</Directory>
```

ScriptAlias 也是用于 URL 路径的映射,但与 Alias 不同的是,ScriptAlias 用于映射 CGI 程序。这个路径下的文件都是 CGI 程序,通过执行它们来获得结果,而非由服务器直接返回其内容。

由于 Red Hat Linux 中不使用 worker MPM 运行方式,所以不加载 mod_cgid.c 模块。

```
#Redirect old-URL new-URL
```

Redirect 选项用来重定向 URL。当浏览器访问 Web 服务器上的某个已经不存在的资源时,服务器就会返回给浏览器新的 URL,告诉浏览器从该 URL 中获取资源。这主要用于原来存在于服务器上的文档,在改变了位置之后,而又希望继续使用原来的 URL 能访问,以保持与以前的 URL 兼容。

```
IndexOptions FancyIndexing
AddIconByEncoding (CMP,/icons/compressed.gif) x-compress x-gzip
AddIconByType (TXT,/icons/text.gif) text/*
AddIconByType (IMG,/icons/image2.gif) image/*
AddIconByType (SND,/icons/sound2.gif) audio/*
AddIconByType (VID,/icons/movie.gif) video/*
AddIcon /icons/binary.gif .bin .exe
AddIcon /icons/binhex.gif .hqx
AddIcon /icons/tar.gif .tar
AddIcon /icons/world2.gif .wrl .wrl.gz .vrml .vrm .iv
AddIcon /icons/compressed.gif .Z .z .tgz .gz .zip
AddIcon /icons/a.gif .ps .ai .eps
```

```
AddIcon /icons/layout.gif .html .shtml .htm .pdf
AddIcon /icons/text.gif .txt
AddIcon /icons/c.gif .c
AddIcon /icons/p.gif .pl .py
AddIcon /icons/f.gif .for
AddIcon /icons/dvi.gif .dvi
AddIcon /icons/uuencoded.gif .uu
AddIcon /icons/script.gif .conf .sh .shar .csh .ksh .tcl
AddIcon /icons/tex.gif .tex
AddIcon /icons/bomb.gif core
AddIcon /icons/back.gif ..
AddIcon /icons/hand.right.gif README
AddIcon /icons/folder.gif ^^DIRECTORY^^
AddIcon /icons/blank.gif ^^BLANKICON^^
DefaultIcon /icons/unknown.gif
```

当一个 HTTP 请求的 URL 是一个目录时,服务器就会返回这个目录中的索引文件。但如果一个目录中不存在默认的索引文件,并且该服务器又许可显示目录文件列表时,服务器就会给出这个目录中的文件列表。为了使这个文件列表具有可理解性,而不仅仅是一个简单的列表,就需要进行以上设置。

如果使用了 IndexOptions FancyIndexing 选项,就可以使服务器生成的目录列表中针对各种不同类型的文档引用各种图标。而具体哪种文件使用哪种图标,则需要使用 AddIconByEncoding、AddIconByType 以及 AddIcon 分别依据 MIME 的编码、类型以及文件的后缀来定义。如果不能确定文档使用的图标,可使用 DefaultIcon 定义的默认图标。

```
#AddDescription "GZIP compressed document" .gz
#AddDescription "tar archive" .tar
#AddDescription "GZIP compressed tar archive" .tgz
ReadmeName README.html
HeaderName HEADER.html
```

当客户端请求的 URL 是一个目录时,服务器返回该目录中文件的列表,AddDescription 用于为指定类型的文件加入一个类型描述,而 ReadmeName 和 HeaderName 所指定文件的内容会同时显示在文件列表中。其中,ReadmeName 指定的服务器默认的 README 文件内容将会追加到文件列表的最后,而 HeaderName 指定的 HEADER 文件内容将会显示在文件列表的最前面。以上代码中指定的两个文件也可以缺省后缀.html。如果在访问目录的权限配置的 Options 配置项中有 MultiViews,则服务器总是先找.html 文件;如果不存在则继续找.txt 文件,然后将纯文本内容添加到文件列表中。

```
IndexIgnore .?? * *~ *# HEADER* README* RCS CVS *,v *,t
```

IndexIgnore 选项让服务器在列出文件列表时忽略相应的文件,这里使用模式匹配的方式定义文件名。

```
AddEncoding x-compress Z
AddEncoding x-gzip gz tgz
```

AddEncoding 设置在线浏览用户可以实时解压缩.Z、gz、tgz 类型的文件,并非所有浏览器都支持。

```
AddLanguage en .en
AddLanguage fr .fr
AddLanguage de .de
AddLanguage da .da
AddLanguage el .el
AddLanguage it .it
LanguagePriority en da nl et fr de el it ja kr no pl pt pt-br ltz ca es sv
```

一个 HTML 文档可以同时具备多个语言的版本,如 file1.html 文档可具备 file1.html.en、file1.html.fr 等不同的版本,但每个后缀必须使用 AddLanguage 进行定义。这样,服务器可以针对不同国家或地区的客户,通过与浏览器进行协商发送不同的语言版本。而 LanguagePriority 定义不同语言的优先级,以便在浏览器没有特殊要求时,按照顺序使用不同的语言版本响应对 file1.html 的请求。

```
ForceLanguagePriority Prefer Fallback
```

Prefer 是指当有多种语言可以匹配时,使用 LanguagePriority 列表的第一项;Fallback 是指当没有语言可以匹配时,使用 LanguagePriority 列表的第一项。

```
AddDefaultCharset ISO-8859-1                        //设置默认字符集
```

AddDefaultCharset 用于设置浏览器端的默认编码,简体中文网站应设置为 GB2312。

```
AddCharset ISO-8859-1 .iso8859-1 .latin1            //设置各种字符集
...
AddCharset shift_jis .sjis
#AddType application/x-tar .tgz                      //添加新的 MIME 类型
#AddType application/x-httpd-php3 .phtml
#AddType application/x-httpd-php3-source .phps
...
```

AddType 选项可以为特定后缀的文件指定 MIME 类型,这里的设置将覆盖 mime.types 中的 MIME 类型设置。

```
#AddHandler type-map var                   //设置 Apache 对某些扩展名的处理方式
#AddHandler cgi-script .cgi
...
```

AddHandler 用于指定非静态的处理类型,它定义文档为一个非静态(动态)的文档类型,需要进行处理时才能向浏览器返回处理结果。例如,上面被注释的语句是将.cgi 文件设置为 cgi-script 类型,那么服务器将启动这个 CGI 程序。还应注意,在配置文件、这个目录中的.htaccess 以及其上级目录的.htaccess 中必须允许执行 CGI 程序,这需要通过 Options ExecCGI 参数设定。

```
#AddType text/html .shtml
#AddHandler server-parsed .shtml
```

另外一种动态处理的类型为 server-parsed,由服务器自身预先分析网页内的标记,并将标记更改为正确的 HTML 标记。由于 server-parsed 需要对 text/html 类型的文档进行处理,因此首先定义.shtml 为 text/html 类型。

要支持 SSI,还要先在配置文件或.htaccess 中使用 Options Includes 允许该目录下的文档可以为 SSI 类型,或使用 Options IncludesNOExec 允许执行普通的 SSI 标记,但不执行其中引用的外部程序。

也可以使用 XBitBack 指定 server-parsed 类型。如果将 XBitBack 设置为 On,则服务器将检查所有 text/html 类型的文档,如果发现文件可执行,则认为它是服务器分析文档,需要服务器进行处理。推荐使用 AddHandler 进行设置,将 XBitBack 设置为 Off,因为使用 XBitBack 将对所有的 HTML 文档都执行额外的检查,会降低效率。

```
#AddHandler send-as-is asis
#AddHandler imap-file map
#AddHandler type-map var
```

上面被注释的 AddHandler 用于支持 Apache 的 asis、map 和 var 处理能力。

```
#Action media/type /cgi-script/location
#Action handler-name /cgi-script/location
```

因为 Apache 内部提供的处理能力有限,所以可以使用 Action 为服务器定义外部程序协助处理。这些外部程序与标准的 CGI 程序相同,都是对输入的数据处理之后再输出不同 MIME 类型的结果。例如要定义一个特殊后缀 wri,需要先执行 wri2txt 进行处理操作,再返回结果的操作,可以使用如下命令。

```
Action windows-writer /bin/wri2txt
AddHandler windows-writer wri
```

也可以直接使用 Action 定义对某个 MIME 类型预先进行处理。但如果文档后缀没有正式的 MIME 类型,还需要先定义一个 MIME 类型。

```
Alias /error/ "/var/www/error/"          //设置错误页面目录的访问别名
<IfModule mod_negotiation.c>             //设置 error 目录的访问权限
    <IfModule mod_include.c>
      <Directory "/var/www/error">
```

```
                    Options Indexes NoExec
                    AllowOverride None
                    AddOutputFilter Includes html
                    AddHandler type-map var
                    Order allow,deny
                    Allow from all
                    LanguagePriority en es de fr
                    ForceLanguagePriority Prefer Fallback
        </Directory>
        ErrorDocument 400 /error/HTTP_BAD_REQUEST.html.var
        ...
        ErrorDocument 506 /error/HTTP_VARIANT_ALSO_VARIES.html.var
    </IfModule>
</IfModule>
```

如果客户请求的网页不存在或者没有访问权限等,服务器会生成一个错误代码,同时也会向客户浏览器传送一个标识错误的网页。ErrorDocument 用于设置当出现错误时应该回应给客户浏览器什么内容。ErrorDocument 的第一个参数为错误的序号,第二个参数为回应的数据,可以是简单的文本、本地网页、本地 CGI 程序以及远程主机上的网页。

```
BrowserMatch "Mozilla/2" nokeepalive                     //设置浏览器匹配
BrowserMatch "MSIE 4\.0b2;" nokeepalive downgrade-1.0 force-response-1.0
BrowserMatch "RealPlayer 4\.0" force-response-1.0
BrowserMatch "Java/1\.0" force-response-1.0
BrowserMatch "JDK/1\.0" force-response-1.0
```

BrowserMatch 选项用于为特定的客户程序设置特殊的选项,以保证对老版本浏览器的兼容,并支持新浏览器的新特性。

```
#ProxyRequests On
#Order deny,allow
#Deny from all
#Allow from .your_domain.com
#ProxyVia On
#CacheRoot "/usr/local/www/proxy"
#CacheSize 5
#CacheGcInterval 4
#CacheMaxExpire 24
#CacheLastModifiedFactor 0.1
#CacheDefaultExpire 1
#NoCache a_domain.com another_domain.edu joes.garage_sale.com
```

Apache 本身具有代理的功能,但需要加载 mod_proxy 模块。这可以使用 IfModule 语句进行判断。如果存在 mod_proxy 模块,就将 ProxyRequests 选项设置为 On,以打开代理支持。此后的 Directory 用于设置 Proxy 功能的访问权限,以及对缓冲的各个选项进行设置。

```
#NameVirtualHost 12.34.56.78:80
#NameVirtualHost 12.34.56.78
#ServerAdmin webmaster@host.some_domain.com
#DocumentRoot /www/docs/host.some_domain.com
#ServerName host.some_domain.com
#ErrorLog logs/host.some_domain.com-error_log
#CustomLog logs/host.some_domain.com-access_log common
```

默认配置文件中被注释的这些内容提供了用于设置命名虚拟主机的范本。其中,
NameVirtualHost 用来指定虚拟主机使用的 IP 地址,这个 IP 地址将对应多个 DNS 名
字,如果 Apache 使用了 Listen 选项控制了多个端口,那么就可以在这里加上端口号以进
一步区分不同端口的不同连接请求。此后,使用 VirtualHost 语句,以 NameVirtualHost
指定的 IP 地址作参数,对每个名称都定义对应的虚拟主机。

通过虚拟主机可以在一台 Web 服务器上为多个单独域名提供 Web 服务,并且每个
域名都完全独立,包括具有完全独立的文档目录结构及设置。因此,使用每个域名访问到
的内容完全独立。

有两种设定虚拟主机的方式,一种是基于 HTTP 1.0 标准,需要一个具备多 IP 地址
的服务器,再配置 DNS 服务器,为每个 IP 地址分配不同的域名,最后才能配置 Apache,
使服务器针对不同域名返回不同的 Web 文档。由于需要使用额外的 IP 地址,且每个提
供服务的域名都要使用单独的 IP 地址,因此这种方式实现起来问题较多,也会影响网络
性能。

HTTP 1.1 标准规定浏览器和服务器通信时,服务器能够跟踪浏览器请求的是哪个
主机名字,因此可以利用这个新特性,使用更轻松的方式设定虚拟主机。这种方式不需要
额外的 IP 地址,但需要新版本浏览器的支持。这种方式已经成为建立虚拟主机的标准
方式。

要建立非基于 IP 地址的虚拟主机,多个域名是必不可少的配置,因为每个域名对应
一个虚拟主机。因此需要更改 DNS 服务器的配置,为服务器增加多个 CNAME 选项,
例如:

```
freebsd IN A 192.168.1.64
vhost1 IN CNAME centos
vhost2 IN CNAME centos
```

如果要为 vhost1 和 vhost2 设定虚拟主机,可以利用默认配置文件的虚拟主机设置
范本中的大部分选项来重新定义几乎所有针对服务器的设置。

```
NameVirtualHost 192.168.1.64
DocumentRoot /usr/local/www/data
ServerName centos.example.org.cn
DocumentRoot /vhost1
ServerName vhost1.example.org.cn
DocumentRoot /vhost2
ServerName vhost2.example.org.cn
```

这里需要注意的是,虚拟主机的地址一定要和 NameVirtualHost 定义的地址一致,Apache 才承认这些设置是为这个 IP 地址定义的。如果 Apache 只设置了一个 IP 地址,或者并非配置基于 IP 地址的多个虚拟主机,NameVirtualHost 以及后续的虚拟主机定义的 IP 地址处可以用"＊"替代,表示匹配任意一个 IP 地址。这样做的好处是,即使改变了 Web 服务器的 IP 地址,也无须修改这两个配置项,因此适用于 Web 服务器是从 ISP 那里动态获取 IP 地址的情况。

对于服务器采用动态 IP 地址的另一种解决方法是,NameVirtualHost 和虚拟主机定义的 IP 地址处直接使用域名替代,如 NameVirtualHost www.xxx.org,但这样服务器需要将域名映射为 IP 地址才能访问虚拟主机,也就不能使用 localhost、127.0.0.1、计算机名等这样的地址访问虚拟主机了。

```
#VirtualHost example:
#Almost any Apache directive may go into a VirtualHost container.
#The first VirtualHost section is used for requests without a known
#server name.
<VirtualHost 192.168.0.1>                              //第一个虚拟主机的 IP 地址
    ServerAdmin 111@xxx.com                            //第一个虚拟主机的管理员 E-mail
    DocumentRoot H:/web001                             //第一个虚拟主机的目录
    ServerName www.xxx.org                             //第一个虚拟主机的域名
    ErrorLog logs/www.xxx.org-error.log              //第一个虚拟主机的错误日志
    CustomLog logs/www.xxx.org-access.log common      //第一个虚拟主机的数据
</VirtualHost>
<VirtualHost 192.168.0.2>                              //第二个虚拟主机的 IP 地址
    ServerAdmin 111@xxx.com                            //第二个虚拟主机的管理员 E-mail
    DocumentRoot H:/web002                             //第二个虚拟主机的目录
    ServerName www.xxx2.org                            //第二个虚拟主机的域名
    ErrorLog logs/www.xxx2.org-error.log             //第二个虚拟主机的错误日志
    CustomLog logs/www.xxx2.org-access.log common     //第二个虚拟主机的数据
</VirtualHost>
```

这是一个虚拟主机定义的实例。以此类推,可以增加更多的虚拟主机。

B.3 宏配置文件 sendmail.mc 详解

在邮件服务器的配置过程中,SMTP 服务的配置比 POP3 服务的配置要复杂得多。Linux 平台下 sendmail 服务的功能和性能取决于其核心配置文件/etc/mail/sendmail.cf,但这个配置文件包含了大量的宏语句,内容十分复杂,而且通过直接编辑 sendmail.cf 文件来配置 sendmail 服务难度又很大。

于是,sendmail 采用了一个语法较为简单、易懂的宏配置文件/etc/mail/sendmail.mc,并提供了两个软件包:配置文件包 sendmail-cf 和处理配置文件程序包 m4。只要用户安装了这两个软件包,就可以通过修改宏配置文件 sendmail.mc 来配置 sendmail 服务,然后使用 m4 程序,由 sendmail.mc 文件自动生成 sendmail.cf 文件。命令用法如下。

```
#m4 /etc/mail/sendmail.mc > /etc/mail/sendmail.cf
```

以下是/etc/mail/sendmail.mc 文件默认的内容。其中，以 dnl ♯ 开头的行是说明性的注释；以 dnl 开头并以 dnl 结尾的行是作为注释的配置行，行尾的 dnl 表示去掉此后的所有换行符。

```
divert(-1)dnl                       //在生成配置文件时删除额外的输出
dnl #
dnl #This is the sendmail macro config file for m4. If you make changes to
dnl #/etc/mail/sendmail.mc, you will need to regenerate the
dnl #/etc/mail/sendmail.cf file by confirming that the sendmail-cf package is
dnl #installed and then performing a
dnl #
dnl #        /etc/mail/make
dnl #
include('/usr/share/sendmail-cf/m4/cf.m4')dnl
//将 sendmail 所需的规则 sendmail-cf/m4/cf.m4 文件包含进来
VERSIONID('setup for linux')dnl
//指出配置文件所针对的版本信息,可以是任意值
OSTYPE('linux')dnl
//定义操作系统类型为 Linux,以获得 sendmail 所需文件的正确位置
dnl #
dnl #Do not advertize sendmail version.
dnl #
dnl define('confSMTP_LOGIN_MSG', '$j Sendmail; $b')dnl
//指定 SMTP 登录信息,不公告 sendmail 版本信息
dnl #
dnl #default logging level is 9, you might want to set it higher to
dnl #debug the configuration
dnl #
dnl define('confLOG_LEVEL', '9')dnl
//设置日志记录级别,默认日志记录级别为 9
dnl #
dnl #Uncomment and edit the following line if your outgoing mail needs to
dnl #be sent out through an external mail server:
dnl #
dnl define('SMART_HOST', 'smtp.your.provider')dnl
//指定邮件服务中继,如需通过外部邮件服务器发送邮件,则取消注释并指定服务器
dnl #
define('confDEF_USER_ID', ''8:12'')dnl
//指定以 mail 用户(UID:8)和 mail 组(GID:12)的身份运行守护进程
dnl define('confAUTO_REBUILD')dnl
//如果有必要,sendmail 将自动重建别名数据库
define('confTO_CONNECT', '1m')dnl
//将 sendmail 等待连接的最长时间设置为 1 分钟
define('confTRY_NULL_MX_LIST', 'True')dnl
```

```
//设为 True 时，若接收服务器是 MX 记录指向的主机，则直接把邮件发送给自己的 MX 客户
define('confDONT_PROBE_INTERFACES', 'True')dnl
//设为 True 时，sendmail 守护进程不会将服务器新增的网络接口加入，视为有效地址
define('PROCMAIL_MAILER_PATH', '/usr/bin/procmail')dnl
//设置分发接收邮件程序(默认是 procmail) 的路径
define('ALIAS_FILE', '/etc/aliases')dnl
//设置分发接收邮件的别名数据库文件路径
define('STATUS_FILE', '/var/log/mail/statistics')dnl
//设置分发接收邮件的状态文件的路径
define('UUCP_MAILER_MAX', '2000000')dnl
//设置 UUCP 邮件程序接收的最大信息量(以字节计)，默认为 2MB
define('confUSERDB_SPEC', '/etc/mail/userdb.db')dnl
//设置用户数据库文件的位置(在该数据库中可替换特定用户的默认邮件服务器)
define('confPRIVACY_FLAGS', 'authwarnings,novrfy,noexpn,restrictqrun')dnl
//限制邮件命令中的指定标志
define('confPRIVACY_FLAGS', 'authwarnings,novrfy,noexpn,restrictqrun')dnl
//强制 sendmail 使用某种邮件协议，限制某些邮件命令的标志。如 authwarnings 表示
//使用 X-Authentication-Warning 标题，并记录在日志文件中；novrfy 和 noexpn
//用于设置防止请求相应的服务；restrictqrun 用于禁止 sendmail 使用-q 选项
define('confAUTH_OPTIONS', 'A')dnl
//设置 SMTP 验证，仅在授权成功时，将 AUTH 参数加到邮件的信头中
dnl #
dnl #The following allows relaying if the user authenticates, and disallows
dnl #plaintext authentication (PLAIN/LOGIN) on non-TLS links
dnl #
dnl define('confAUTH_OPTIONS', 'A p')dnl                //设置使用明文登录
dnl #
dnl #PLAIN is the preferred plaintext authentication method and used by
dnl #Mozilla Mail and Evolution, though Outlook Express and other MUAs do
dnl #use LOGIN. Other mechanisms should be used if the connection is not
dnl #guaranteed secure.
dnl #Please remember that saslauthd needs to be running for AUTH.
dnl #
dnl TRUST_AUTH_MECH('EXTERNAL DIGEST-MD5 CRAM-MD5 LOGIN PLAIN')dnl
//允许 sendmail 使用明文密码以外的其他验证机制，忽略 access 中的设置，转发
//那些通过 EXTERNAL、LOGIN、PLAIN、CRAM-MD5 或 DIGEST-MD5 等方式验证的邮件
dnl define('confAUTH_MECHANISMS', 'EXTERNAL GSSAPI DIGEST-MD5 CRAM-MD5
LOGIN PLAIN')dnl
//定义 sendmail 的验证方式(Outlook Express 支持的验证方式是 LOGIN)
dnl #
dnl #Rudimentary information on creating certificates for sendmail TLS:
dnl #      cd /etc/pki/tls/certs; make sendmail.pem
dnl #Complete usage:
dnl #      make -C /etc/pki/tls/certs usage
dnl #
dnl define('confCACERT_PATH', '/etc/pki/tls/certs')dnl
dnl define('confCACERT', '/etc/pki/tls/certs/ca-bundle.crt')dnl
dnl define('confSERVER_CERT', '/etc/pki/tls/certs/sendmail.pem')dnl
```

```
dnl define('confSERVER_KEY', '/etc/pki/tls/certs/sendmail.pem')dnl
```
//以上 4 行用于启用证书(创建 sendmail TLS 证书基本信息的方法参见此前的注释)
```
dnl #
dnl #This allows sendmail to use a keyfile that is shared with OpenLDAP's
dnl #slapd, which requires the file to be readble by group ldap
dnl #
dnl define('confDONT_BLAME_SENDMAIL', 'groupreadablekeyfile')dnl
```
//如果密钥文件需要被除 sendmail 外的其他服务读取,则使以上配置行有效
```
dnl #
dnl define('confTO_QUEUEWARN', '4h')dnl
```
//设置邮件发送被延期多久之后向发送人发送通知消息,默认为 4 小时
```
dnl define('confTO_QUEUERETURN', '5d')dnl
```
//设置多长时间无法发送则返回一个无法传递的消息,默认为 5 天
```
dnl define('confQUEUE_LA', '12')dnl
```
//设置排队接收邮件的系统负载平均水平
```
dnl define('confREFUSE_LA', '18')dnl
```
//设置拒绝接收邮件的系统负载平均水平
```
define('confTO_IDENT', '0')dnl
```
//设置等待接收 IDENT 查询响应的超时值(默认为 0,永不超时)
```
dnl FEATURE(delay_checks)dnl
```
//定义 FEATURE 宏用于设置一些特殊的 sendmail 特性
```
FEATURE('no_default_msa', 'dnl')dnl
```
//允许 MSA 被 DAMEMON_OPTIONS 覆盖的默认设置
```
FEATURE('smrsh', '/usr/sbin/smrsh')dnl
```
//设置邮件发送器 smrsh 的存放路径,它是 sendmail 用来接收命令的简单 Shell
```
FEATURE('mailertable', 'hash -o /etc/mail/mailertable.db')dnl
```
//设置邮件发送器数据库 mailertable 的类型及存放路径
```
FEATURE('virtusertable', 'hash -o /etc/mail/virtusertable.db')dnl
```
//指定虚拟邮件域数据库 virtusertable 的类型及存放路径,sendmail 读取该数据库
//并将虚拟域地址映射为实际地址,虚拟邮件域数据库文件由 virtusertable 文件生成,
//其形式类似于 aliases 文件,即"虚拟域地址 真实地址",中间用 Tab 键分开
```
FEATURE(redirect)dnl
```
//支持 REDIRECT 虚拟域,允许拒绝接收已移走的用户的邮件并提供其新地址
```
FEATURE(always_add_domain)dnl
```
//在所有发送邮件的本地邮件地址后面添加本地域名
```
FEATURE(use_cw_file)dnl
```
//使用/etc/sendmail.cw 或/etc/mail/local-host-names 文件中定义的本地主机名
```
FEATURE(use_ct_file)dnl
```
//使用/etc/sendmail.ct 文件中定义的可信用户,可信用户可以用另一个用户名发送
//邮件而不会收到警告消息
```
dnl #
dnl #The following limits the number of processes sendmail can fork to accept
dnl #incoming messages or process its message queues to 20.) sendmail refuses
dnl #to accept connections once it has reached its quota of child processes.
dnl #
dnl define('confMAX_DAEMON_CHILDREN', '20')dnl
```
//限制 sendmail 可以分开接收传入消息或将其消息队列处理为 20,sendmail 在达到
//其子进程配额后拒绝接受连接

```
dnl #
dnl #Limits the number of new connections per second. This caps the overhead
dnl #incurred due to forking new sendmail processes. May be useful against
dnl #DoS attacks or barrages of spam. (As mentioned below, a per-IP address
dnl #limit would be useful but is not available as an option at this writing.)
dnl #
dnl define('confCONNECTION_RATE_THROTTLE', '3')dnl
```
//限制每秒新连接的数量。这限制了由于新的 sendmail 进程而产生的开销,可能对 DoS
//攻击或垃圾邮件攻击有用
```
dnl #
dnl #The -t option will retry delivery if e.g. the user runs over his quota.
dnl #
FEATURE(local_procmail, '', 'procmail -t -Y -a $h -d $u')dnl
```
//使用 procmail 作为本地邮件传送程序,并指定其启动参数
```
FEATURE('access_db', 'hash -T< TMPF> -o /etc/mail/access.db')dnl
```
//指定使用 access 数据库的类型及存放路径,从 access.db 装载可以中继的域
```
FEATURE('blacklist_recipients')dnl
```
//允许根据 access 数据库的值过滤特定收件人的邮件,blacklist_recipients 特性
//对防止垃圾邮件有用
```
EXPOSED_USER('root')dnl
```
//禁止伪装发送者地址中出现 root 用户
```
dnl #
dnl #For using Cyrus-IMAPd as POP3/IMAP server through LMTP delivery uncomment
dnl #the following 2 definitions and activate below in the MAILER section the
dnl #cyrusv2 mailer.
dnl #
dnl define('confLOCAL_MAILER', 'cyrusv2')dnl
```
//通过 LMTP 传递将 Cyrus-IMAPd 用作 POP3/IMAP 服务器
```
dnl define('CYRUSV2_MAILER_ARGS', 'FILE /var/lib/imap/socket/lmtp')dnl
```
//激活 cyrusv2 邮件器,指定 lmtp 文件的路径
```
dnl #
dnl #The following causes sendmail to only listen on the IPv4 loopback address
dnl #127.0.0.1 and not on any other network devices. Remove the loopback
dnl #address restriction to accept email from the internet or intranet.
dnl #
DAEMON_OPTIONS('Port=smtp,Addr=127.0.0.1, Name=MTA')dnl
```
//设置 sendmail 作为 MTA 运行时监听的端口号及 IP 地址,默认只允许接收本地主机创建
//的邮件。可将 127.0.0.1 改为此邮件服务器的 IP 地址;如果要允许接收从 Internet
//或其他网络接口(如局域网)传入的邮件,则应将此行改为注释或将 IP 地址改为 0.0.0.0
```
dnl #
dnl #The following causes sendmail to additionally listen to port 587 for
dnl #mail from MUAs that authenticate. Roaming users who can't reach their
dnl #preferred sendmail daemon due to port 25 being blocked or redirected find
dnl #this useful.
dnl #
dnl DAEMON_OPTIONS('Port=submission, Name=MSA, M=Ea')dnl
```
//当端口 25 被阻塞或重定向而无法到达首选 sendmail 守护程序时,指定 sendmail
//从认证的 MUA 中从端口 587 监听邮件

```
dnl #
dnl #The following causes sendmail to additionally listen to port 465, but
dnl #starting immediately in TLS mode upon connecting. Port 25 or 587 followed
dnl #by STARTTLS is preferred, but roaming clients using Outlook Express can't
dnl #do STARTTLS on ports other than 25. Mozilla Mail can ONLY use STARTTLS
dnl #and doesn't support the deprecated smtps; Evolution < 1.1.1 uses smtps
dnl #when SSL is enabled--STARTTLS support is available in version 1.1.1.
dnl #
dnl #For this to work your OpenSSL certificates must be configured.
dnl #
dnl DAEMON_OPTIONS('Port=smtps, Name=TLSMTA, M=s')dnl
```
//设置 sendmail 附加监听端口 465,为此必须配置 OpenSSL 证书
```
dnl #
dnl #The following causes sendmail to additionally listen on the IPv6 loopback
dnl #device. Remove the loopback address restriction listen to the network.
dnl #
dnl DAEMON_OPTIONS('port=smtp,Addr=::1, Name=MTA-v6, Family=inet6')dnl
```
//设置 sendmail 附加监听 IPv6 回送地址设备
```
dnl #
dnl #enable both ipv6 and ipv4 in sendmail:
dnl #
dnl DAEMON_OPTIONS('Name=MTA-v4, Family=inet, Name=MTA-v6, Family=inet6')
```
//在 sendmail 中同时启用 IPv4 和 IPv6
```
dnl #
dnl #We strongly recommend not accepting unresolvable domains if you want to
dnl #protect yourself from spam. However, the laptop and users on computers
dnl #that do not have 24x7 DNS do need this.
dnl #
FEATURE('accept_unresolvable_domains')dnl
```
//接收未解析域名的文件,使得能够接收域名不可解析的主机发送来的邮件。如有需要使
//用邮件服务器的客户机(如拨号计算机),可启用该选项;关闭该选项有助于防止垃圾邮件
```
dnl #
dnl FEATURE('relay_based_on_MX')dnl
dnl #
dnl #Also accept email sent to "localhost.localdomain" as local email.
dnl #
LOCAL_DOMAIN('localhost.localdomain')dnl
```
//使域名 localhost.localdomain 作为本地计算机名被接收,通常可改为服务器域名
```
dnl #
dnl #The following example makes mail from this host and any additional
dnl #specified domains appear to be sent from mydomain.com
dnl #
dnl MASQUERADE_AS('mydomain.com')dnl
```
//使来自该主机和任何其他指定的域的邮件伪装为都从 mydomain.com 发送
```
dnl #
dnl #masquerade not just the headers, but the envelope as well
```

```
dnl #
dnl FEATURE(masquerade_envelope)dnl
//伪装的不仅仅有标题,还有信封
dnl #
dnl # masquerade not just @ mydomainalias.com, but @ *.mydomainalias.com
as well
dnl #
dnl FEATURE(masquerade_entire_domain)dnl
//伪装的不仅仅是@mydomainalias.com,还包括@*.mydomainalias.com
dnl #
dnl MASQUERADE_DOMAIN(localhost)dnl
dnl MASQUERADE_DOMAIN(localhost.localdomain)dnl
dnl MASQUERADE_DOMAIN(mydomainalias.com)dnl
dnl MASQUERADE_DOMAIN(mydomain.lan)dnl
dnl #
MAILER(smtp)dnl                        //声明 smtp 作为投递代理
MAILER(procmail)dnl                    //声明 procmail 作为投递代理
dnl MAILER(cyrusv2)dnl                 //声明 cyrusv2 作为投递代理
```

虽然 sendmail 配置模板文件 sendmail.mc 的内容很复杂,但对于配置一个具有基本功能的邮件服务器来说,其中需要修改的最重要的是以下三行。

(1) 通常将以下配置行中的 127.0.0.1 改为本邮件服务器的 IP 地址,以允许中继到达本邮件服务器的邮件,项目 6 中将其改为了 192.168.1.3。

```
dnl DAEMON_OPTIONS('Port=smtp,Addr=127.0.0.1, Name=MTA')dnl
//只允许中继来自服务器自身的邮件。通常将 127.0.0.1 改为此邮件服务器的 IP 地址,以
//允许中继到达本邮件服务器的邮件;为扩大监听范围,即允许中继来自 Internet 或其他
//网络接口传入的邮件,也常常将 127.0.0.1 改为 0.0.0.0,或者注释掉此行
```

(2) 通常将以下配置行中的 localhost.localdomain 改为邮件服务器的域名,项目 6 中将其改为了 xinyuan.com。

```
LOCAL_DOMAIN('localhost.localdomain')dnl
//设置邮件服务器的域,默认为 localhost.localdomain,通常将其改为邮件服务器的域名
```

(3) 以下配置行用于配置虚拟邮件用户数据库,这与 Apache 类似。

```
FEATURE('virtusertable', 'hash -o /etc/mail/virtusertable.db')dnl
//使 sendmail 读取虚拟邮件域数据库文件/etc/mail/virtusertable.db 的内容,并将
//虚拟域地址映射为实际地址。虚拟邮件域数据库文件由/etc/mail/virtusertable 文件
//生成,该文件形式类似于 aliases 文件,即"虚拟域地址 真实地址",以 Tab 键分开
```

表 B-2 列出了/etc/mail/virtusertable 的使用方法。

表 B-2 将虚拟域地址映射为真实地址举例

举　　例	说　　明
someone@xinyuan.com localuser	发送给 someone@xinyuan.com 的邮件现在要发送给本机的用户 localuser
@xinyuan.com test@testdomain.com	所有发往 ×××@xinyuan.com 的邮件都会被发送到 test@testdomain.com
@xinyuan.com％1@testdomain.com	user1@xinyuan.com 的邮件被发送到 user1@testdomain.com，user2@xinyuan.com 的邮件被发送到 user2@testdomain.com……
@xinyuan.com％1abc@testdomain.com	user1@xinyuan.com 的邮件被发送到 user1abc@testdomain.com，user2@xinyuan.com 的邮件被发送到 user2abc@testdomain.com……

由 virtusertable 生成数据库文件 virtusertable.db 的方法与根据 access 生成数据库文件 access.db 的方法相同,命令如下。

```
#makemap hash virtusertable.db < virtusertable
```

注意：要想使虚拟域用户能够工作有以下前提：①配置 DNS,并设置虚拟域的 MX 记录；②将虚拟域添加到文件/etc/mail/local-host-names 中作为本地域别名；③将虚拟域添加到文件/etc/mail/access 并使用 RELAY 选项,使该虚拟域用户的邮件允许通过此邮件服务器转发到任何其他邮件服务器。

附录 C 简化的项目文档

一、项目规划书

项目组成员	
项目背景	
需求分析	
方案设计	1. 项目的网络拓扑结构

方案设计	2. 网络服务器配置方案			
	服务器名称	IP 地址	域 名	实施平台
	DHCP 服务器			
	DNS 服务器			
	Web 服务器			
	FTP 服务器			
	E-mail 服务器			
	VPN 服务器			
	CA 服务器			

项目组成员及分工	姓名	项目职务	工 作 职 责
	教师	项目经理	
	成员 A	项目执行经理	
	成员 B	安全评估顾问	
	成员 C	信息技术顾问	
	成员 D	系统管理员	
	成员 E	系统管理员	
	成员 F	系统管理员	

项目执行经理 （签字） 年 月 日	项目经理 （教师评价） 年 月 日

二、项目实施报告

项目名称	DHCP 服务器配置与管理		
项目组成员			
需求分析			
方案设计			
实施方法与步骤			
小结			
报告人 （签字）		项目经理 （教师评价）	
	年　月　日		年　月　日

项目名称	DNS 服务器配置与管理
项目组成员	

需求分析	
方案设计	
实施方法与步骤	
小结	

报告人 （签字）		项目经理 （教师评价）	
	年　月　日		年　月　日

续表

项目名称	Web 服务器配置与管理
项目组成员	
需 求 分 析	
方 案 设 计	
实 施 方 法 与 步 骤	
小 结	

报告人 （签字） 年　月　日		项目经理 （教师评价） 年　月　日	

项目名称	FTP 服务器配置与管理
项目组成员	
需求分析	
方案设计	
实施方法与步骤	
小结	

报告人 （签字）		项目经理 （教师评价）	
	年　月　日		年　月　日

续表

项目名称	E-mail 服务器配置与管理
项目组成员	

需求分析	
方案设计	
实施方法与步骤	
小结	

报告人 （签字）		年　月　日	项目经理 （教师评价）	年　月　日

续表

项目名称	VPN 服务器配置与管理
项目组成员	
需求分析	
方案设计	
实施方法与步骤	
小结	

报告人 （签字）	年 月 日	项目经理 （教师评价）	年 月 日

续表

项目名称	CA 及安全 Web 服务配置		
项目组成员			
需求分析			
方案设计			
实施方法与步骤			
小结			
报告人（签字）	年　月　日	项目经理（教师评价）	年　月　日

三、个人工作总结

本人在项目中承担的工作任务	
工作中遇到的问题及解决方案	
收获与体会	

项目组成员（签字）	年　月　日	项目经理（教师评价）	年　月　日